普通高校本科计算机专业特色教材精选·数据库

数据库管理系统概论

徐　述　习胜丰　杨轶芳　主　编
谭新良　何　骞　汪　彦　副主编

清华大学出版社
北京

内 容 简 介

本书系统阐述数据库技术的核心软件——数据库管理系统,详细讲解其基本功能、工作模式、系统结构和实现技术,并对新型数据库管理系统予以介绍和展望,为有兴趣的读者指明研读方向。全书共分为 11 章:第 1 章绪论;第 2 章数据库管理系统的数据组织与存储;第 3 章 DBMS 数据定义、操纵与完整性约束;第 4 章查询处理;第 5 章查询优化;第 6 章事务;第 7 章并发控制;第 8 章数据库安全;第 9 章数据库恢复;第 10 章数据库管理系统性能配置;第 11 章新型数据库管理系统。

本书可以作为高等学校计算机类专业、信息管理与信息系统等相关专业本科生和研究生“数据库”及相关课程的教材或教学参考书,也可供从事数据库管理系统研究、开发和应用的人员参考。

图书在版编目(CIP)数据

数据库管理系统概论/徐述等主编. —北京:清华大学出版社,2018
(普通高校本科计算机专业特色教材精选·数据库)
ISBN 978-7-302-50571-6

Ⅰ. ①数… Ⅱ. ①徐… Ⅲ. ①数据库管理系统 Ⅳ. ①TP311.13

中国版本图书馆 CIP 数据核字(2018)第 141831 号

责任编辑: 袁勤勇
封面设计: 傅瑞学
责任校对: 时翠兰
责任印制: 李红英

出版发行: 清华大学出版社
    网 址:http://www.tup.com.cn,http://www.wqbook.com
    地 址:北京清华大学学研大厦 A 座   邮 编:100084
    社 总 机:010-62770175   邮 购:010-62786544
    投稿与读者服务:010-62776969,c-service@tup.tsinghua.edu.cn
    质量反馈:010-62772015,zhiliang@tup.tsinghua.edu.cn
    课件下载:http://www.tup.com.cn,010-62795954
印 装 者: 三河市少明印务有限公司
经 销: 全国新华书店
开 本: 185mm×260mm **印 张:** 15.5 **字 数:** 350 千字
版 次: 2018 年 10 月第 1 版 **印 次:** 2018 年 10 月第 1 次印刷
定 价: 39.00 元

产品编号:078766-01

前言

数据库管理系统是对数据进行存储、管理、处理与维护的系统软件，是数据库技术的核心部分。随着计算机硬件、软件技术的迅速发展，数据库技术在各行各业的广泛应用以及大数据时代的到来，数据库管理系统的理论与技术及其发展越来越成为计算机科学与技术教育中必不可少的部分。

本书详细讲述数据库管理系统的基本概念、工作模式、体系结构、功能模块组成以及主流实现技术；并介绍大数据时代下，数据库管理系统发展的新兴成果与方向。

全书分为 11 章，第 1 章对数据库管理系统及其工作模式、系统结构与主要功能进行综述；第 2 章讲述数据库管理系统的数据组织与存储，包括记录格式、文件格式、索引结构与实现技术；第 3 章讲述数据库管理系统的数据操纵与数据完整性约束；第 4 章讲述查询处理，包括查询处理的一般步骤、选择运算实现、排序与连接处理、表达式计算；第 5 章讲述查询优化，包括代数优化与物理优化；第 6 章讲述数据库管理系统运行与管理的基本单位——事务；第 7 章讲述并发控制，包括并发操作问题、并发事务调度的可串行化与可恢复性、并发控制主流技术，重点讨论封锁技术；第 8 章讲述数据库安全性控制，基于数据库系统安全模型与数据库管理系统安全控制模型讨论自主存取控制、审计、强制存取控制、数据加密等 DBMS 安全性措施；第 9 章讲述数据库恢复，包括故障类型、恢复原理、恢复算法、最佳恢复算法 ARIES 以及容灾备份机制等；第 10 章讲述数据库管理系统性能配置；第 11 章介绍新型数据库管理系统，包括面向对象数据库管理系统、对象关系数据库管理系统、XML 数据库管理系统、大数据管理系统。

本书针对数据库管理系统的内容详细丰富，弥补了数据库教学中对 DBMS 原理、实现技术与算法涉及不深的不足。读者可以根据需要阅读或者学习书中部分章节。

　　全书由徐述组织与执笔。 湖南城市学院习胜丰教授、谭新良教授、何骞博士参与编撰和校阅，并提出了许多宝贵意见；杨轶芳老师、汪彦老师给予了英文检索与翻译支持。 在此也感谢家人特别是女儿的默默付出与支持！

　　限于水平，书中难免存在疏漏、欠妥之处，欢迎读者批评指正。

徐　述

2018 年 3 月

目 录

CONTENTS

第 *1* 章

CHAPTER 1

绪 论

数据库技术是计算机科学技术的重要分支,是迄今为止数据管理的有效技术。设计数据库的目的是方便管理大量信息。作为数据库技术的核心软件——数据库管理系统(Database Management System,DBMS),其主要目的是提供一种方便、高效地存取数据库信息的途径。数据库管理系统对数据的管理涉及信息存储结构、信息操作及信息安全等方面。

在信息资源已经成为重要资源和财富的今天,作为信息系统核心和基础的数据技术已经普及各行各业。从信息管理系统到联机事务处理,从计算机辅助设计与制造到电子政务、电子商务,从地理信息系统到大数据兴起,信息在社会各个方面已经离不开数据库技术与数据库管理系统的支撑。数据库管理系统如何有效地管理与维护数据,主流的数据库管理系统技术有哪些都是本书所关注的重点。

本章介绍数据库管理系统的概念、系统结构、工作原理与基本功能。目前,数据库管理系统大部分为关系型数据库管理系统(Relational Database Management System,RDBMS),如无特殊说明,本书讨论的数据库管理系统均为关系型数据库管理系统。

1.1 数据库管理系统

数据库管理系统是数据库系统的核心,是介于操作系统与用户之间管理数据库的系统软件。

1.1.1 数据库管理系统概述

数据库管理系统是一种操纵和管理数据库的大型系统软件,用于建立、使用和维护数据库。它对数据库进行统一的管理和控制,以保证数据库的安全性和完整性。用户通过数据库管理系统访问数据库中的数据,数据库管理员也通过数据库管理系统进行数据库的维护工作。数据库管理系统可供多个应用程序或用户通过不同的方法同时或分时去建立、修改和查询数据库。

DBMS 提供数据定义语言(Data Definition Language,DDL)和数据操作语言(Data Manipulation Language,DML),供用户定义数据库的模式结构与权限约束,实现对数据的插入、删除、修改以及检索等操作。

数据库管理系统就是实现把用户层面上抽象的逻辑数据处理转换成为计算机中具体的物理数据处理的软件。有了数据库管理系统,用户就可以在抽象意义下处理数据,而不必考虑这些数据在计算机中的布局和物理位置。

1.1.2 数据库管理系统工作模式

作为数据库系统的核心组成部分,数据库系统中管理数据的最重要软件,DBMS 负责对数据库的一切操作,包括定义、查询、更新及各种控制。

数据库管理系统的工作模式如图 1-1 所示。

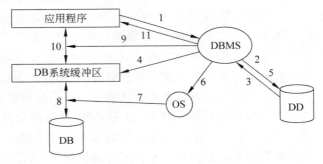

图 1-1 数据库管理系统的工作模式

DBMS 工作模式描述如下。

(1) 数据库管理系统接受用户应用程序提出的数据处理请求。例如,查询某关系的某一行数据。

(2) 数据库管理系统首先对数据请求进行语法检查、语义检查以及用户存取权限检查。具体做法:DBMS 读取数据字典,检查数据请求涉及的关系及相应的字段是否存在、该用户是否有权限操作数据等,确认语义正确与权限合法之后,DBMS 开始执行数据请求命令;否则,拒绝执行,返回错误信息。

(3) 数据库管理系统进行查询优化。优化器根据数据字典中的相关信息进行优化,将数据请求转换成一串单存取操作序列。DBMS 重复以下各步骤逐个执行单存取操作,直到序列结束。

(4) 数据库管理系统在系统缓冲区中查找单存取操作涉及的记录,若找到该记录则转到(9),否则转到(5)。

(5) 若单存取操作涉及的记录不在系统缓冲区中,则数据库管理系统查找内模式,决定到哪个数据文件用什么方式读取相应的物理记录。

(6) 数据库管理系统根据(5)的结果,向操作系统发出读取物理记录的命令。

(7) 操作系统执行读取记录的相关操作。

（8）操作系统将记录从数据库的存储区送至系统缓冲区。

（9）数据库管理系统根据结构化查询语言（Structured Query Language，SQL）命令和数据字典的外模式定义，导出用户要读取的记录格式。

（10）数据库管理系统将转换格式后的记录从系统缓冲区传送到应用程序用户工作区。

（11）数据库管理系统将单存取操作的执行状态信息返回给应用程序。执行状态信息指读取成功或者不成功的系统提示、例外状态信息等。

数据库管理系统的各层模块紧密配合，相互依赖，共同完成对数据库的操作。其他操作，如插入、删除、修改，与查询操作类似。

1.2 数据库管理系统结构

从系统结构角度来讲，数据库管理系统与操作系统一样，其体系结构是分层的。分层的 DBMS 体系结构有助于数据库管理系统的设计与维护，也有利于用户更清楚地认识数据库管理系统。

数据库管理系统体系结构从高到低分为应用层、语言处理层和存储管理层，如图 1-2 所示。

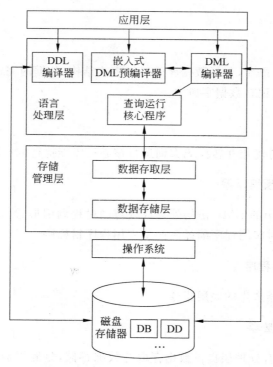

图 1-2　DBMS 体系结构

数据库管理系统之下是操作系统，操作系统为数据库管理系统提供最基本的磁盘读写服务，处理对象是数据文件的物理块。操作系统提供存取原语和基本存取方法作为接口供数据库管理系统存储管理层调用,保证数据库管理系统对数据逻辑上的读写真实地映射到物理数据文件上。本书讨论 DBMS 的功能与结构,略去了操作系统。

1.2.1 应用层

最上层是应用层,位于关系数据库管理系统核心之外。应用层处理的对象是各式各样的数据库应用,如利用开发工具开发的应用程序、存储过程、嵌入式 SQL、终端用户发出的事务请求或者交互式 SQL 等。应用层是关系数据库管理系统与用户或应用程序的界面层。

1.2.2 语言处理层

语言处理层的对象是数据库语言,以 SQL 为主;向上提供应用层需要的数据,处理对象是关系或者视图,即元组的集合。

语言处理层的功能是对数据库语言的各类语句进行语法分析、视图转换、完整性检查、安全性检查、查询优化等;通过对下层基本模块的调用,生成可执行代码,代码的执行即可完成数据库语句的功能要求。

查询处理器有四个主要模块:DDL 编译器,DML 编译器,嵌入式 DML 预编译器及查询运行核心程序。

1. DDL 编译器

编译或解释 DDL 语句,包括数据库的三级模式结构、数据的完整性约束、保密与权限限制等约束,并将其登记在数据字典中。

2. DML 编译器

对 DML 语句进行优化并转换成查询运行核心程序能执行的底层指令。

3. 嵌入式 DML 预编译器

将嵌入在主语言中的 DML 语句处理成规范的过程调用形式。应用程序主语言编译程序和 DML 编译器对应用程序编译后产生应用程序目标码。

4. 查询运行核心程序

执行 DML 编译器产生的底层指令。

1.2.3 存储管理层

存储管理层为语言处理层提供数据存取与数据存储,是底层数据和应用程序之间的接口。

数据存取处理的对象是元组,应用层处理的关系或视图在数据存取角度被转换为单记录操作。DBMS 执行表扫描、排序,元组的查询、更新(增、删、改)、封锁等基本操作,以完成数据记录的存取、存取路径维护、事务管理、并发控制与恢复等工作。

数据存储处理的对象是数据页和系统缓冲区,DBMS 通过执行文件的逻辑打开/关闭、读页、写页、缓冲区读写、页面淘汰等操作,完成系统缓冲区的管理、内外存交换以及外存数据管理等功能。

有些书籍将存储管理层分为数据存取与数据存储上下两层。本书将其合称为存储管理层。

存储管理器可以分成四个功能模块:权限和完整性管理器,事务管理器,文件管理器及缓冲区管理器。

1. 权限和完整性管理器

权限和完整性管理器检查用户访问数据的合法性,测试应用程序是否满足完整性约束条件。

2. 事务管理器

数据库系统的逻辑工作单元称为事务,事务由数据库的操作序列组成。数据库系统是以事务为基本逻辑单位来运行的。事务管理器负责保证并发事务操作的正确执行,也负责保证数据库的一致性。

3. 文件管理器

文件管理器负责数据库磁盘空间的合理分配,管理物理文件的存储结构与存取方式。

4. 缓冲区管理器

缓冲区管理器为应用程序开辟数据库系统缓冲区,负责将数据从磁盘读出并送入内存的缓冲区,决定哪些数据进入高速缓冲存储器(Cache)。

原理上数据库管理系统体系结构按照图 1-2 划分,具体系统在划分细节上是多样的,根据 DBMS 的实现环境以及系统规模灵活处理。

1.3　语言处理层

数据库管理系统向应用程序提供多种形式的语言,如交互式 SQL、嵌入式 ESQL、存储过程等,这些语言都由语言处理层支持。

语言处理层的任务就是将各种用户应用提交给数据库管理系统的数据库操作,并将其转换成对 DBMS 内层可执行的基本存取模块的调用序列。

用户应用涉及的数据库操作分为数据定义、数据操纵、数据控制三类,对应 DBMS 数据定义语言、数据操纵语言以及数据控制语言。SQL 集三种语言于一体。

对于数据定义,语言处理层完成语法分析后,将其翻译成内部表示,然后存储在数据字典中。

对于数据控制的定义部分,如安全保密定义、存取权限定义、完整性定义等的处理与数据定义相同。

对于数据操纵,语言处理层要做的工作比数据定义与数据控制定义复杂一些,如图 1-3 所示。数据字典是数据操纵处理、执行以及数据库管理系统运行管理的基本依据。关系数据库管理系统中数据字典通常采用和普通数据一样的表达方式,即也用关系表 (Table)来表示。关系数据字典包括关系定义表、属性表、视图表、视图属性表、视图表达式、用户表、用户存取权限表等。

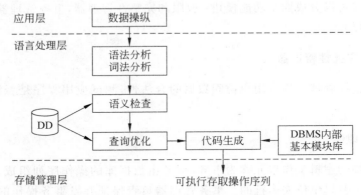

图 1-3 DBMS 中数据操纵的处理过程

数据操纵处理过程如下。

(1) 进行词法和语法分析,把外部关系名、属性名转化为内部名。

外部名只是便于用户记忆和使用,整齐规范的内部名借助存取数据字典完成符号名转换。词法和语法分析通过后便生成语法分析树。

(2) 根据数据字典进行语义检查,包括调用权限和完整性管理器审核用户的存取权限与完整性检查。

这里的完整性检查是参照数据字典中的完整性约束规则进行的静态约束检查,例如检查数据类型、数据范围是否在定义范围等。更多的完整性约束是执行时的动态检查,例如实体完整性约束是在执行数据插入或者修改时检查相应的主键值是否唯一、参照完整性检查等;对于某些动态完整性规则,它们与执行过程数据的具体取值相关,也在操作执行时进行检查。

查询检查还包括视图消解,也称为视图转换。视图消解指数据操纵语句涉及对视图的操纵时,首先从数据字典中取出视图的定义,再根据该定义将对视图的操作转换为对基本表的操作。

(3) 查询优化。优化分为代数优化与物理优化两种。代数优化是基于关系代数等价变换规则选择一个执行效率更高的关系代数表达式执行查询,以达到查询效率更优的目的。物理优化是存取路径的优化,即根据数据字典中记载的各种信息,按照优化策略选择一个系统认为是较好的存取方案而达到查询更优的目的。

如图 1-3 所示,将数据操纵语句转换成一串可执行存取动作的过程称为逐步束缚 (Bind)。束缚是将数据操纵语言高级的描述性语句转换为系统内部低级的单元组操作,与具体的数据结构、存取路径、存储结构结合起来,构成一串确定的存取动作。

在各种具体的数据库管理系统中,束缚过程基本一致,但具体的实现时间有所不同,形成了两种基本的语言翻译方法,即解释方法与预编译方法。

解释方法指直到执行前,数据操纵语句以原始字符串的形式保存,当执行到该语句时,才利用解释程序完成束缚过程并执行。解释方法尽量推迟束缚来保证数据独立性。解释方法的缺点是有时开销会很大,效率低。目前,解释方法主要用于交互式 SQL,并将逐步被预编译方法所取代。

预编译方法是在数据操纵语句运行前对其进行翻译处理,产生数据操纵语句的可执行代码并保存。在实现束缚的过程中,有可能预编译代码依据的优化条件在运行时已不存在或者不再有效。例如,预编译时决定使用某一索引,但在运行时该索引已被删除。对应这类问题,DBMS 采用重编译方法,即当数据库的某些改变致使预编译结果无效时,对其再执行一次编译。自动重编译技术使得重编译方法既拥有编译时进行束缚所带来的高效率,又具备执行时束缚带来的数据独立性。

1.4　存储管理层

存储管理层完成数据在数据库中的物理组织,并为应用程序语言处理提供数据存取。

1.4.1　数据存取

数据存取向上提供单元组接口,即导航式的一次一个元组的存取操作。数据存取所涉及的数据结构主要为逻辑结构,如逻辑数据记录、逻辑块、逻辑存取路径等,不涉及存储分配、存储结构及有关参数,物理实现隐蔽由数据存储层实现。

数据存取的主要任务包括以下 5 点。

(1) 提供一次一个元组的查找、插入、删除、修改等基本操作。

(2) 提供元组查找的存取路径以及路径维护操作。例如索引记录,若索引采用 B^+ 树,则数据存取应该提供 B^+ 树的建立、查找、删除、修改等功能。

(3) 对记录和存取路径的封锁、解锁。

(4) 对日志文件的登记和读取操作。

(5) 对关系、有序表、索引等对象的扫描、合并/排序等辅助操作。

数据存取任务的(1)与(2)涉及数据库管理系统内模式结构,将在第 2 章进行讨论;(3)涉及封锁技术,将在第 6 章进行讨论;(4)涉及恢复技术,将在第 9 章进行讨论。

1.4.2　缓冲区管理

数据存取层的下面是数据存储层。数据存储层的主要功能是存储管理,包括缓冲区(Buffer)管理、内外存交换、外存管理等,其中缓冲区管理是十分重要的。数据存储层向数据存取层提供的数据接口是由定长页面组成的系统缓冲区决定的。

系统缓冲区的作用有两个:一是把数据存储层以上应用系统逻辑存取和实际的外存设备隔离,外存设备的变更不会影响应用系统,从而数据库管理系统具有设备独立性;二是提高存取效率。

数据库管理系统利用系统缓冲区缓存数据。当数据存取层需要读取数据时,缓存区管理模块首先到系统缓冲区中查找。当缓冲区中不存在数据存取层所需数据时才真正从外存读入该数据所在的页面。当数据存取层写回一个元组到数据库中时,缓冲区模块并不把它立即写回外存,仅把该元组所在缓冲区页面作一标志,表示可以释放。当相应的用户事务结束或者缓冲区内存已满需要调入新页时,才依照淘汰策略把缓冲区中已经释放标志的页面写回外存。这样可以减少内外存交换的次数,提高存取效率。

系统缓冲区可以由内存或者虚拟内存组成。由于内存空间紧张,因此缓冲区的大小、缓冲区内存和虚拟内存的比例需要认真设计,针对不同应用和环境按一定的模型进行调整。既要做到不让缓冲区占据太大的内存空间,也要避免缓冲区太小而频繁缺页、调页,造成抖动,影响数据存取效率。

一般地,缓冲区由控制信息和若干定长页面组成。缓冲区管理模块向上层提供的操作是缓冲区的读(ReadBuff)、写(WriteBuff),内部的操作有查找页、申请页、淘汰页,调用操作系统的操作有读(Read)、写(Write)。缓冲区管理中的主要算法是淘汰算法和查找算法。淘汰算法一般借鉴操作系统的淘汰算法,FIFO、LRU 以及它们的各种改进算法。查找算法确定所请求的页是否在内存中,常用的算法有顺序扫描、折半查找、Hash 查找算法等。

1.4.3　数据存储的物理组织

数据存储层将数据库庞大的数据集合用最优的方式组织起来存放在外存上。所谓“优”包括两个方面:一是存储效率高,节约存储空间;二是存取效率高。

数据库系统构架于操作系统之上,因此,数据库实现的物理基础是数据文件,对数据库的任何操作最终都是转化为对文件的操作。数据库的物理组织中,基本问题是如何设计文件组织或者利用操作系统提供的基本文件组织方法。

本节简要讨论数据库基本的文件组织方法来实现数据库组织,具体的内模式存储结构将在第 2 章讨论。而对于基本文件组织的具体方法与形式,有兴趣的读者可以查阅“数据结构”课程相关书籍,本书不再赘述。

数据库系统是文件系统的发展。文件系统中每个文件存储同质实体数据,各文件是孤立的,实体数据之间的联系并没有体现出来。数据库系统则实现了实体数据之间的联系,支持数据库的逻辑结构,即各种数据模型(层次、网状、关系、对象关系等)。

具体来说,数据库中要存储数据描述(即外模式、模式、内模式)、数据本身、数据之间的联系、存取路径四方面数据。这些数据都采用一定的文件组织方式组织、存储。

1. 数据字典的组织

数据描述存储在数据字典中。数据字典的特点是数据量比较小(与数据本身比)、使用频繁。使用频繁是因为数据库操作都要参照数据字典的内容。数据字典在层次、网状数据库中用一个特殊的文件来组织。关系型数据库管理系统中的数据字典组织与数据本身的组织相同,即数据字典按不同的内容在逻辑上组织为若干张表,关系型数据库管理系统中数据字典逻辑组织的部分示意图如图 1-4 所示,物理上一个字典表对应一个物理文件,由操作系统负责组织存储与管理,也可以将若干字典表对应一个物理文件,由数据库管理系统负责组织存储与管理。

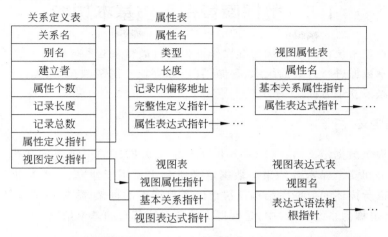

图 1-4　关系型数据库管理系统中数据字典逻辑组织的部分示意图

2. 数据及数据联系的组织

数据及数据之间的联系是紧密结合的。在数据的组织和存储中必须直接或间接、显式或隐式地体现数据之间的联系,这是数据库管理系统物理组织中主要考虑和设计的内容。

数据自身及其联系的组织,数据库管理系统可以根据数据与处理的要求自己设计文件结构,也可以从操作系统提供的文件结构中选择合适的文件结构加以实现。

操作系统提供的常用文件结构有顺序文件、索引文件、索引顺序文件、Hash 文件和 B 树类文件等。

网状和层次数据库管理系统中常用邻接法和链接法实现数据之间的联系。对应到物理组织时,就要在操作系统已有的文件结构上实现上述的存储组织和存取方法。

关系型数据库管理系统实现了数据表示的单一性。数据与数据间的联系都用一种数据结构关系来表示,因此,数据与数据间联系两者的组织方式相同。与数据字典组织类似,可以一个表对应一个物理文件,由操作系统负责,也可以多个表对应一个物理文件,由数据库管理系统负责。

3. 存取路径的组织

在层次与网状数据库管理系统中,存取路径使用数据之间的联系来表示,因此已与数据结合并且固定下来。

在关系型数据库管理系统中存取路径和数据是分离的,对用户是隐蔽的。存取路径可以动态建立与删除。存取路径的物理组织通常采用 B 树类文件结构和 Hash 文件结构。在一个关系上可以建立若干个索引。有的系统支持组合属性索引,即在两个或者两个以上属性上建立索引。执行查询时,数据库管理系统查询优化模块也会根据优化策略自动建立索引,以提高查询效率。关系型数据库管理系统的存取路径组织是十分灵活的。

1.5 数据库管理系统基本功能

数据库管理系统已经发展成为继操作系统之后最复杂的系统软件。数据库管理系统主要是对共享数据进行有效的组织、存储、管理和存取。围绕数据,数据库管理系统的基本功能分为以下 6 个方面。

1. 数据定义

DBMS 提供数据定义语言(DDL),供用户定义数据库的三级模式结构、两级映像以及完整性约束和安全保密等约束。数据定义语言主要用于建立、修改数据库的库结构。数据定义语言所描述的数据库结构仅仅给出了数据库的框架,数据库的框架信息被存放在数据字典(也称为系统目录)中,是数据库管理系统运行的基本依据。

2. 数据操作

DBMS 提供数据操作语言(DML),供用户实现对数据的插入、删除、更新、查询等操作。好的数据库管理系统应该提供功能强大并且易学易用的数据操纵语言、方便的操作方式和高效的数据存取效率。数据操纵语言有两类:宿主型语言和独立型语言。关系型数据库管理系统标准语言(SQL)既是宿主型语言也是独立型语言,具有两种使用方式,十分灵活并且功能强大。

3. 数据库的事务管理和运行管理

数据库的运行管理功能是 DBMS 的运行控制、管理功能,包括多用户环境下的并发控制和死锁检测、安全性检查和存取限制控制、完整性检查和执行、运行日志的组织管理、事务的管理和自动恢复,即保证事务的原子性、一致性、隔离性和持久性。这些功能保证了数据库系统的正常运行。

4. 数据组织、存储与管理

DBMS 要分类组织、存储和管理各种数据,包括数据字典、用户数据、存取路径等,需确定以何种文件结构和存取方式在存储级上组织这些数据,如何实现数据之间的联系。数据组织和存储的基本目标是提高存储空间利用率,选择合适的存取方法提高存取效率。

5. 数据库的建立和维护

数据库的建立和维护包括数据库的初始建立、与其他数据库管理系统或文件系统的数据转换功能、数据库的转储和恢复、数据库的重组织和重构造以及性能监测分析等。

6. 通信等其他功能

DBMS 应具有与操作系统的联机处理、分时系统及远程作业输入的相关接口,负责处理数据的传送。对网络环境下的数据库系统,还应该包括 DBMS 与网络中其他软件系统的通信功能以及异构数据库之间的互操作功能。随着技术的发展,许多新应用对数据库管理系统也提出了新的需求,例如 XML 数据等非结构化数据的管理技术。

与操作系统、编译系统等系统软件相比,数据库管理系统跨度大、功能多,从最底层的存储管理、缓冲区管理、数据存取操作、语言处理到应用层的用户接口、数据表示、开发环境的支持都是 DBMS 要实现的功能。

数据库管理系统的实现,既要充分利用计算机硬件、操作系统、编译系统和网络通信等技术,又要突出数据存储、管理、处理的特点,还要保证运行用户事务的效率。

本书将从数据组织与存储、数据操纵与完整性控制、查询处理与查询优化、事务与并发控制、安全性控制、数据恢复以及数据库性能配置等方面深入讨论数据库管理系统的功能实现与技术。

1.6　小　　结

数据库管理系统是数据库系统的核心,是介于操作系统与用户之间管理数据库的系统软件。它对数据库进行统一的管理和控制,以保证数据库的安全性和完整性。

数据库管理系统的各层模块紧密配合,相互依赖,共同完成对数据库的操纵。

数据库管理系统体系结构从高到低分为应用层、语言处理层和存储管理层。

语言处理层的功能是对数据库语言的各类语句进行语法分析、视图转换、完整性检查、安全性检查、查询优化等;通过对下层基本模块的调用,生成可执行代码,执行代码后即可完成数据库语句的功能要求。

存储管理层完成数据在数据库中的物理组织,并为应用程序语言处理提供数据存取。存储管理层分为数据存取层与数据存储层。

数据库管理系统的基本功能分为数据定义、数据操作、事务管理和运行管理、数据组织存储与管理、数据库的建立和维护、通信等几个方面。

思　考　题

1. 简述数据库管理系统的基本功能。

2. 以数据查询为例,简述关系型数据库管理系统的工作模式。

3. 简述数据库管理系统体系结构。各层的功能是怎样的?

4. 数据库管理系统存储与管理的数据内容包括哪些?

5. 试写出缓冲区管理的一个淘汰算法,并上机实现(需要设计缓冲区的数据结构,然后写出算法)。

第 **2** 章　数据库管理系统的数据组织与存储

本章讨论数据库管理系统的内模式,即数据组织与存储,并介绍其主流技术。2.1 节阐述数据库系统磁盘存储器中的基本数据结构,2.2～2.6 节分别讨论流行的关系型数据库系统内模式描述中的记录、数据文件与索引组织及存取技术。

2.1　数据库系统存储结构

数据库管理系统内模式(Internal Schema)也称为存储模式(Storage Schema),是数据库系统中数据结构和存储方式的描述,是数据在系统内部的组织方式。它定义所有内部记录、文件、索引的组织方式以及数据存取细节。

数据库管理系统加载于操作系统之上,数据库管理系统的数据存储很大程度上利用了操作系统的存储管理模式与原理,数据库系统的内模式描述与操作系统数据描述密不可分。因此,数据库系统在存储结构上对数据的结构划分与操作系统类似。操作系统将数据划分为文件进行管理,在数据库管理系统与操作系统共同作用下,数据库系统的磁盘存储器存储结构与存储管理器的工作原理如图 2-1 所示。

2.1.1　数据库磁盘存储器中的数据结构

1. 数据文件

数据文件存储数据本身。在存储结构上,数据库中的数据以文件形式存储在磁盘上,以便利用操作系统的文件调度子程序功能。以 SQL Server 为例,数据定义语言创建数据库时,需要设置对应的数据文件的存储位置、初始大小、是否自动增长空间、每次增长的空间比例等。

2. 日志文件

日志文件是按时间顺序存储于数据库系统运行过程中对数据的各种

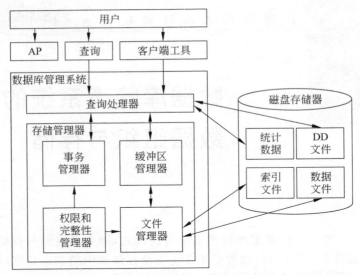

图 2-1　数据库系统磁盘存储器存储结构与存储管理器的工作原理

更新操作。日志文件用于恢复数据库以及查阅数据库使用情况。

不同数据库系统采用的日志文件的格式有所不同。目前主流的日志文件主要有两种格式，即以记录为单位和以数据库为单位。日志文件需要登记的内容主要有每个事务的事务标识、开始、结束，事务操作数据更新前、后的值（对于插入操作，更新前的值为空；对于删除操作，更新后的值为空），事务操作的用户标识等。仍以 SQL Server 为例，数据定义语言创建数据库时，需要设置数据库对应的日志文件的存储位置、初始大小、是否自动增长空间、每次增长的空间比例等。

3. 数据字典存储文件

数据字典（Data Dictionary，DD）是关于数据库中数据的描述，即元数据（Metadata）。数据字典是数据库管理系统内部的一组系统表，记录数据库中所有的定义信息，包括模式定义、外模式定义（例如关系型数据库系统视图定义）、内模式定义（例如关系型数据库系统索引定义）、完整性约束定义、安全性定义（各类用户对数据库的操作权限）、统计信息等。所有这些元数据构成了一个微型数据库，很多 DBMS 使用专门的数据结构以及代码来存储这些信息。在进行查询优化和处理时，数据字典中的信息是极其重要的依据。

数据字典在数据库系统设计的需求阶段建立，在设计、使用与维护过程中不断修改、充实与完善。它在 DBMS 角度的逻辑表达与具体物理实现由数据库设计者与 DBMS 自动转换完成。

应用层面的数据字典通常包括数据项、数据结构、数据流、数据存储和处理过程五部分。数据项是数据的最小组成单位。若干个数据项可以组成一个数据结构。数据字典通过对数据项和数据结构的定义来描述数据流、数据存储的逻辑内容。

（1）数据项。数据项是最小的数据单位，对应实体或者联系的一个属性项。数据项的描述如下：

数据项描述＝｛数据项名称，数据项含义说明，别名，数据类型，长度，取值范围，取值含义，与其他数据项的逻辑关系｝

取值范围、与其他数据项的逻辑关系定义了数据的完整性约束条件。

（2）数据结构。若干数据项组成一个数据结构，有时数据结构也可以由若干个数据结构组成，或者由若干个数据项与数据结构混合构成。数据结构的描述如下：

数据结构描述＝｛数据结构名称，含义说明，组成：｛数据项或数据结构｝｝

（3）数据流。数据流是数据结构在数据库系统内部传输的路径。数据流的描述如下：

数据流描述＝｛数据流名称，说明，数据流来源，数据流去向，组成：｛数据结构｝，平均流量，高峰期流量｝

数据流来源说明该数据流来自哪个过程；数据流去向说明该数据流将去哪个过程；平均流量指在单位时间（每小时、每天、每月等）里的传输次数；高峰期流量指在高峰时期的数据流量。

（4）数据存储。数据存储是数据结构长期停留保存的地方，也是数据流的来源和去向之一。数据存储可以是手工文档或手工凭单，也可以是计算机文档或数据文件。数据存储的描述如下：

数据存储描述＝｛数据存储名称，说明，编号，流入的数据流，流出的数据流，组成：｛数据结构｝，数据量，存取频度，存取方式｝

流入的数据流指数据来源；流出的数据流指数据去向；数据量指每次存取多少数据；存取频度指每小时（或每天、每月等）存取几次数据等信息；存取方式指是批处理还是联机处理，是检索还是更新处理，是顺序检索还是随机检索。

（5）处理过程。处理过程在数据字典中只需要描述处理过程的功能与处理要求，具体处理逻辑一般用判定树或者判定表来完成。处理过程的描述如下：

处理过程描述＝｛处理过程名称，说明，输入：｛数据流｝，输出：｛数据流｝，处理要求：｛简要说明｝｝

处理要求指处理频度要求（如单位时间里处理多少事务、多少数据量）和响应时间要求等。

在存储结构上，数据字典的逻辑结构和物理结构正如关系表的二维逻辑形式和数据文件存储一样。所以数据字典的内模式结构是数据字典存储文件。以 Oracle 为例，Oracle 服务器在数据库创建时通过运行 sql.bsp 来生成这些基表。在创建数据库或者是使用 Oracle 图形工具创建数据库时，通过自动运行 catalog.sql 文件创建数据字典视图，在系统目录下生成对应的数据字典存储文件。

4. 索引文件

索引是为提高查找速度而建立的逻辑排序映射，类似于图书后面的索引和目录。当表的数据量很大时，查询操作会比较耗时，如果将索引属性值（即索引关键字）与对应的表记录建立起映射关系，那么利用这个映射关系就可以很快地确定某个具体的索引属性值在数据表中的位置，从而提高查询效率。一般地，这里的索引属性值即查询语句中的查询条件或查找键。关系数据库管理系统在执行查询时会自动选择合适的索引作为存取路径，用户不能显式地选择索引。

索引对应到内模式就是索引文件，是关系型数据库系统的内部实现技术。数据定义语言创建索引之后，DBMS 在系统目录自动生成对应的索引文件。常见的索引文件包括顺序文件上的索引文件、B^+ 树索引文件、B 树索引文件、散列索引文件、位图索引文件等。顺序文件上的索引文件是按指定属性值升序或者降序存储的关系，在该属性上建立一个顺序索引文件，索引文件由属性值和对应的元组指针组成。顺序文件上的索引也称聚集索引。B^+ 树索引文件是将索引属性值组织成 B^+ 树形式，B^+ 树的叶结点为属性值和对应的元组指针，B^+ 树具有极佳的动态平衡性。散列索引文件是建立若干个桶，将索引属性值按照其散列函数值散列映射到相应的桶中，桶中存放索引属性值和相应的元组指针，散列索引查找速度快。位图索引文件是用位向量记录索引属性中可能出现的值，每个位向量对应一个可能的索引属性值。

索引虽然能够加速数据查找速度，但是索引文件需要占用存储空间，并且基本表的更新也会引起索引文件的相应维护，以上都会增加数据库管理系统的负担。因此要根据实际需要有选择性地创建索引，对于使用频度低的索引，可考虑删除，以释放空间及减小系统负担。

5. 统计信息

统计信息(Database Statistics)存储数据库系统运行时统计分析的数据。DBMS 查询处理器利用统计信息，可以更有效地进行查询处理与优化。

统计信息主要包括以下 3 点。

(1) 对每个基本表，包括该表的元组总数、元组长度、占用的数据块数目、占用的溢出块数目。

(2) 对基本表的每个列，包括该列不同值的个数、该列最大值、最小值、该列上是否已经建立了索引、是哪种索引(B^+ 树索引、Hash 索引、聚集索引)。根据这些统计信息，可以计算谓词条件的选择率。

(3) 对索引，例如 B^+/B 树索引，包括该索引的层数、不同索引值的个数、索引的选择基数(具有同一个索引值的元组数目)、索引的叶结点数目。

统计信息在物理实现上存储于数据字典中。基于代价的查询优化要计算各种操作算法的执行代价，需要存储并利用这些统计信息。统计信息与数据库状态密切相关，是动态变化的。

本章重点讨论数据文件与索引文件的组织与描述。

2.1.2 数据库系统存储介质

数据库系统中存在多种数据存储类型。根据访问速度、每单位数据成本、介质的可靠性，数据库系统的存储介质可以分成如下 7 类。

1. 高速缓冲存储器

高速缓冲存储器简称为"高速缓存"，也就是一般说的 Cache。Cache 是访问速度最快、最昂贵的存储器。Cache 容量小,由计算机系统硬件来管理它的使用。在数据库系统中,不研究 Cache 的存储管理。但在设计查询处理的数据结构和算法时,数据库实现者会考虑 Cache 的影响。

2. 主存储器

主存储器(Main Memory)简称为"主存",或"内存",用于存放系统正在处理的数据。操作系统可以直接对内存中的数据进行修改。如果发生电源故障或者系统崩溃,主存储器的内容通常会丢失。目前,微型计算机系统的主存储器一般能存储几吉字节,甚至几百吉字节的数据(在大型数据库系统中),但是对于存储整个数据库来说还是太小(或者太昂贵)。

3. 快擦写存储器

快擦写存储器(Flash Memory)又称为"电可擦可编程只读存储器"(即 EEPROM),简称为"快闪存"。不同于主存储器,快闪存在掉电后数据可以保存下来。快闪存读数据的速度几乎接近主存速度,但写操作较慢,而且不能直接重写,必须先擦去整组存储器的内存,然后将数据写进去。因此在服务器系统中,通过快闪存储器缓存系统经常使用的数据来提高性能的方式被广泛使用,它提供比磁盘更快的访问速度、比主存储器更大的存储容量以及每字节更低的价格。

目前流行的快闪存储器有两种类型,即 NAND 和 NOR 快闪。对于既定价格,NAND 拥有更高的存储容量,并且广泛地作为一些设备的数据存储器使用,例如照相机、音乐播放器、手机以及笔记本电脑。快闪存储器的典型应用为 USB 盘,即通过插入计算机设备的通用串行接口总线(Universal Serial Bus,USB)槽存储数据。USB 盘已经成为在计算机系统之间传输数据的主流手段之一。

4. 磁盘存储器

用于长期联机数据存储的主要介质是磁盘存储器(Magnetic-Disk Storage)。磁盘存储器是一种大容量的、可直接存取的外部存储设备。直接存取是指可以随机达到磁盘上的任何一个部分存取数据,这正是数据处理不可缺少的重要特性。大型的商用数据库需要数百个磁盘。磁盘有软磁盘(简称软盘,20 世纪八九十年代流行的存储介质,现在因容量有限而废弃)和硬磁盘(简称硬盘)之分。现在的磁盘均指硬磁盘。

通常整个数据库都存储在磁盘上,为了访问数据,系统必须将数据从磁盘移到主存储器中,完成指定的操作后,修改过的数据写回磁盘永久存储。磁盘容量大约每年以 50% 的速度增长,每年都有比预期更大容量的磁盘出现。磁盘存储器不会因为系统故障丢失数据,但是磁盘本身可能会发生故障,如磁盘损坏,但是这类硬件本身发生故障概率比系统崩溃的概率小得多。

5. 磁盘冗余阵列

随着磁盘存储器越来越便宜、小巧,数据库系统使用大量磁盘构成数据库,为了提高整个磁盘系统的性能与可靠性,开发者设计了一种磁盘组织技术,即磁盘冗余阵列

(Redundant Arrays of Independent Disk,RAID)。

简单来说,磁盘冗余阵列通过冗余来改善可靠性,通过并行来提高数据传输速率。

使用一组磁盘出现故障的概率比单独使用一个磁盘的概率大很多,这也是数据库系统不能接受的。因此,开发人员采用"冗余"来提高磁盘阵列的可靠性。最简单的冗余方法是复式存储 RAID0,即同一数据存储在两个磁盘中(即数据库镜像 Mirroring),每个逻辑磁盘由两个物理磁盘组成。只有当两个磁盘都损坏时,才会丢失数据,因此,整个磁盘系统的无故障时间很长。

由于磁盘可以并行存取,RAID 可以把数据拆分存放在多个磁盘上,并行存取它们,因此提高了数据传输速率。最简单的并行方法是使用位级拆分技术(Bit-Level Striping),即每字节数据的 8 位分别存放在 8 个磁盘中,也就是 8 个磁盘中同一位置的位数据组成一个字节,这使得存取速度提高了 8 倍。类似地,还有块级拆分。

6. 光存储器

在发布软件、多媒体数据(如音频、视频)和电子出版物方面,光盘一直是一种流行的存储介质。主流的光存储器(Optical Storage)是"光盘只读存储器"(CD-ROM)与"一写多读光盘"(WORM)。CD-ROM 在制作后,只能读不能写。WORM 允许写入数据一次,但不能擦除或重写,WORM 主要用于数据的归档存储。光存储器利用光学原理,借助激光器读取光盘上的数据。与光盘驱动器的成本对比,快闪存储器、云存储技术更划算。

7. 磁带存储器

磁带用于存储备份数据和归档数据,存储不经常使用的数据,以及作为将数据从一个系统转到另一个系统的脱机介质。在存储设备中,磁带最便宜,但其访问速度比磁盘慢很多,因为磁带是顺序访问设备,磁带绕在一条轴上,通过卷绕或者反卷来经过读写头,移动到磁带上正确的读写位置可能需要几秒甚至几分钟,而不是几毫秒。磁带具有非常大的容量,并且可以从磁带设备中移出,十分适合进行便宜的归档存储,例如不需要迅速访问的视频和图像数据。

磁带驱动器(Tape Storage)已经跟不上磁盘驱动器容量的迅猛增长速度和磁盘存储的代价降低速度。尽管磁带的成本很低,但是磁带驱动器和磁带库的成本却远高于一张磁盘的价格。对于大规模的应用,相比较于磁带备份,备份数据到磁盘驱动器已经成为一种更经济的选择。

2.1.3 存储介质层次结构

不同类型的存储介质,组成数据库系统的存储层次结构如图 2-2 所示。

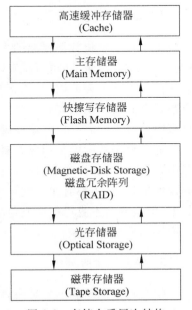

图 2-2　存储介质层次结构

自上而下,存储介质的成本由高到低,访问速度也由高到低。同时,主存储器之上(包含主存储器)的存储介质是易失性存储(Volatile Storage),主存储器之下的存储介质都是非易失性存储(Non-Volatile Storage)。易失性存储指在设备断电后丢失所有内容。为了保护数据,数据库系统必须将数据写到非易失性存储中去。

层次结构中,上两层是最快的存储介质,称为基本存储(Primary Storage);中间两层称为辅助存储(Secondary Storage)或联机存储(Online Storage);底部的两层(光盘、磁带)称为三级存储(Tertiary Storage)或脱机存储(Offline Storage)。基本存储速度快,是易失性存储。辅助存储与脱机存储是非易失性存储。系统直接访问基本存储,但是断电后数据不能保持,而数据库里的数据是需要永久保存的,因此,需要不断地将处理完的数据写到非易失性存储中。

存储介质的层次结构是随硬件技术逐步变化的。选择存储介质权衡机制总是如此,如果一个存储介质比另一个存储介质快并且便宜,那么就没有必要使用又慢又昂贵的存储介质。最早期的存储介质是纸带存储与磁芯存储,已经不再使用。当磁盘昂贵而且容量小的时候,磁带存储很流行。而现在,几乎所有大规模数据都存储在磁盘及磁盘冗余阵列上,只有极少数据仍存储在磁带或者自动光盘机中并日趋淘汰。

2.2　数据文件的记录格式

数据库的数据被映射到数据文件存储,这些数据文件由操作系统维护,并存储在磁盘上。数据库管理系统自主管理数据文件的数据组织也与此类似。

数据文件在逻辑上组织成为记录的序列,这些记录映射到磁盘块上。每个文件分成定长的存储单元,即磁盘块。块是数据文件存储分配和数据传输的基本单元。大多数数据库系统的块的大小默认为 4~8KB。创建数据库实例时,许多 DBMS 允许指定块的大小。一个块一般包括很多条记录。假定没有记录比块大,这个假定对一般的数据处理应用都是符合的,例如 2.2.1 节的 employee 例子。

有时,数据库记录里包含有大数据项,例如图片、音频、视频,就可能比一个块要大很多,一张图片或者音频记录大小可能是几兆字节,而一个视频文件可能达到几吉字节。这些大数据项会被 DBMS 存储到一个特殊文件(或文件的集合)中,包含该大数据项的记录只存储指向该大数据项的逻辑指针。因此,包含有大数据项的记录本身不会大于一个磁盘数据块。DBMS 限制记录不大于一个块,这可以简化数据库缓冲区管理和空闲空间管理。

一般地,数据文件记录有两种格式:定长记录格式与变长记录格式。

2.2.1　定长记录格式

例如,对于关系模式 employee(ENO,ENAME,EDEPT,SALARY)设计一个数据文件,记录格式定义(伪代码)如下:

```
TYPE employee=RECORD
     ENO:CHAR(5);
```

```
        ENAME:CHAR(15);
        SALARY:NUMERIC(8,2);
    END
```

假设每个字符占 1B,NUMERIC(8,2)占 8B,每个记录占 28B。定长记录格式最简单的组织方式就是第一个 28B 存储第一条记录,接下来的 28B 存储第二条记录,以此类推,如图 2-3 所示。

记录0	10101	SIRI	600
记录1	12121	CAROLINE	700
记录2	15151	JOE	800
记录3	22222	KARL	600
记录4	32343	ALICE	750
记录5	33456	ROSE	800
记录6	45565	REBECCA	850
记录7	58583	KIM	600
记录8	76543	JACK	400

图 2-3　定长记录格式的 employee 文件

除非磁盘块的大小恰好是 28 的整数倍,否则一些记录会跨过块的边界,即记录横跨两个块。读写这样的记录时就要访问两个块。为避免这样的问题,操作系统在一个块中只分配它能容纳下的最大记录数(块大小除以记录大小后取整,磁盘块中取整余下的字节就不使用了)。

1. 删除操作时的考虑

删除一个记录,可采用下面三种方法。

(1)把被删除记录后的记录依次移上来。例如在图 2-3 中,要删除记录 2,那么要把记录 3~8 依次移上来,如图 2-4 所示。使用这种方式,删除一个记录平均要移动文件中的一半记录。

记录0	10101	SIRI	600
记录1	12121	CAROLINE	700
记录3	22222	KARL	600
记录4	32343	ALICE	750
记录5	33456	ROSE	800
记录6	45565	REBECCA	850
记录7	58583	KIM	600
记录8	76543	JACK	400

图 2-4　删除记录 2 移动之后所有的记录

（2）把文件中最后一个记录填补到被删除记录位置,如图 2-5 所示。

记录0	10101	SIRI	600
记录1	12121	CAROLINE	700
记录8	76543	JACK	400
记录3	22222	KARL	600
记录4	32343	ALICE	750
记录5	33456	ROSE	800
记录6	45565	REBECCA	850
记录7	58583	KIM	600

图 2-5　删除记录 2 并填补最后一条记录

这两种方法都要移动结点,操作不灵活。由于数据库中删除操作总是少于插入操作,因此可以采用下面的方法(3)实现。

（3）把被删除结点用指针链接起来。在每个记录中增加一个指针,在文件中增设一个文件首部,文件如图 2-6 所示。

文件首部			
记录0	10101	SIRI	600
记录1	12121	CAROLINE	700
记录2			
记录3	22222	KARL	600
记录4			
记录5	33456	ROSE	800
记录6			
记录7	58583	KIM	600
记录8	76543	JACK	400

图 2-6　删除记录 2、4、6 后的被删除记录链结构

方法(3)较好。但要注意是否有指针指向被删除记录。在数据库中,被指针指向的记录称为"被拴记录"。如果不小心把被拴记录删掉,那么指向该记录的指针成了"悬挂指针"。悬挂指针指向的空间称为"垃圾",该空间空闲却无法使用。

2. 插入操作时的考虑

如果采用把被删除记录链接起来的方法,那么插入操作可采用下列方法。

在空闲记录链表的第一个空闲记录中,填上插入记录的值,同时使首部指针指向下一个空闲记录;如果空闲记录链表为空,那么只能把新记录插到文件尾部。

定长记录文件的插入操作比较简单,因为插入记录的长度与被删除记录的长度是相

等的。而在变长记录文件中操作就复杂了。

2.2.2 变长记录格式

在数据库系统中,更多时候文件中的记录是变长格式。例如,一个文件存储了多种不同的记录类型记录,文件中允许记录类型的记录是变长的,允许记录中某个字段可以出现数组或者多重集合等。

无论实现变长记录的技术有何不同,都必须做到两点:可以在变长记录中方便地抽取单个属性以及可以在块中方便地抽取单个记录。

1. 变长记录的表示

一条有变长属性的记录表示通常分为两个部分:定长属性与变长属性。记录的初始部分是定长属性,接下来是变长属性。对于定长属性,如日期、数值、定长字符串以及分配它们所需的字节数。对于变长属性,如变长字符串,在记录的初始部分表示其为一个对值(偏移量,长度),其中的偏移量表示在记录中该属性的数据开始位置,长度表示变长属性的字节长度。在记录的初始定长部分之后,这些属性的值是连续存储的。因此,无论是定长属性还是变长属性,都记录初始部分存储有关每个属性的固定长度的信息。

例如图 2-3 所示的文件也可以设计成变长记录格式:

```
TYPE employee=RECORD
        ENO:CHAR(5);
        ENAME:VARCHAR(15);
        SALARY:NUMERIC(8,2);
    END
```

如图 2-7 所示为描述该变长记录格式的一个例子。

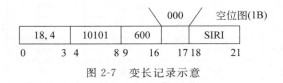

图 2-7 变长记录示意

图 2-7 中,第二个属性 ENAME 是变长字符串,第一个属性 ENO 和第三个属性 SALARY 是定长属性。假设变长属性偏移量和长度值各占 2B,即每个变长属性的对值占 4B。空位图(Null Bitmap)用来表示记录的哪个属性是空值,本例中的记录只有三个属性,所以空位图只占用 1B。在图 2-7 的展示记录中,如果 SALARY 是空,该位图的第三位将置为 1,存储在 9~16B 的 SALARY 值将被忽略。对于记录拥有大量字段且很多字段为空的特定应用,这样的表示可以节约很多空间。

2. 变长记录在块中的存储

变长记录一般使用分槽的页结构(Slotted-Page Structure)在磁盘块中组织存储,如图 2-8 所示。

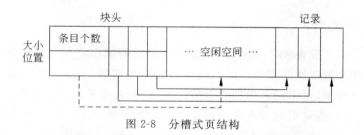

图 2-8　分槽式页结构

在每块的开始处设置一个"块首部",其中包括下列信息。

(1) 块中记录数目。

(2) 指向块中自由空间尾部的指针。

(3) 登记每个记录的开始位置和大小的信息。

在块中,实际记录紧连着,并靠近块尾部连续存放。块中的自由空间也紧连着,在块中间存放。插入总是从自由空间尾部开始,并在块首部登记其插入记录的开始位置和大小的信息。

记录删除时只要在块首部该记录的大小登记处改为 -1 即可。更进一步,可以把被删记录左边的记录移过来填补,使实际记录仍然紧连着。当然此时块首部记录的信息也要修改。记录的伸缩也可使用这样的方法。在块中移动记录的代价并不高,这是因为一块的大小最多只有 4~8KB。

在分槽式页结构中,要求其他指针不能直接指向记录本身,而是指向块首部中的记录信息登记项,这样块中记录的移动就独立于外界因素了。

2.3　数据文件格式

数据文件格式即文件中记录的组织方式。

2.3.1　文件格式

文件格式主要有下列 4 种形式。

(1) 堆文件(Heap File)。记录可以放在文件的任何位置,只要该位置有空间存放这条记录。一般以输入顺序为序。记录的存储顺序与关键码没有直接的联系。删除操作只是加一个删除标志,新插入的记录总是在文件尾部。

(2) 顺序文件(Sequential File)。记录是按查找键值升序或降序的顺序存储的。

(3) 散列文件(Hashing File)。根据记录的某个属性值通过散列函数计算求得的值作为记录的存储地址(即"块号")。这个技术通常与索引技术连用。

(4) 聚集文件(Clustering File)。一个文件可以存储多个关系的记录。不同关系中有联系的记录存储在同一块内,可以提高查找速度和 I/O 速度。

本节介绍顺序文件和聚集文件,2.6 节介绍散列文件。

2.3.2　顺序文件

顺序文件是为了提高处理速度,按照某个查找键的顺序将记录排序的文件。查找键是任何一个属性或者属性的集合。虽然很多时候查找键就是主码,但它没有必要一定是主码。在顺序文件中,每个记录增加一个指针字段,通过指针把记录按照查找键的顺序链接起来,每个记录的指针指向按查找键顺序排列的下一条记录。为了减少块访问次数,在物理上尽可能地按查找键顺序存储记录。employee 表记录组成的顺序文件如图 2-9 所示,记录按照 ENO 值升序排列。顺序文件可以很方便地按查找键的值的大小顺序读出所有的记录。

10101	SIRI	600	
12121	CAROLINE	700	
15151	JOE	800	
22222	KARL	600	
32343	ALICE	750	
33456	ROSE	800	
45565	REBECCA	850	
58583	KIM	600	
76543	JACK	400	

图 2-9　employee 表记录组成的顺序文件

1. 删除操作

删除操作可以通过修改指针实现,被删除的记录链接成一个自由空间,以便插入时使用。

2. 插入操作

插入操作包括定位和插入两步。

(1) 定位:在指针链中,找到插入的位置,即插入记录应插在哪个记录的前面。

(2) 插入:在找到记录的块内,如果有空闲记录,那么在该位置插入新记录,并加入到指针链中;如果无空闲记录,那么就只能插入到溢出块中。不管哪种情况,都需要调整指针,使其能够按照查找键顺序把记录链接在一起。

在图 2-9 中,插入一个新记录(32222,Sne,750),得到如图 2-10 所示内容。

图 2-10 的处理方式可以快速插入新的记录,但是记录的逻辑顺序会逐渐与物理顺序不一样,并且随着时间推移越来越不一致。这时,顺序处理效率会变得低下。此时,应该重组顺序文件,使得文件的物理顺序重新与逻辑顺序一致。重组代价高,应该选择在系统负载低的时候执行。

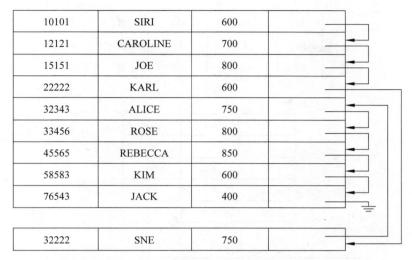

图 2-10　执行插入操作后的顺序文件

2.3.3　聚集文件

很多关系数据库系统将每个关系存储在单独的文件里,以方便利用操作系统的文件子系统,关系被映射成简单的文件结构,关系的元组表示成记录。这种方式非常适合小规模数据库实现,例如,嵌入式系统和便携式设备中的数据库实现。在这些系统里,数据库规模小,数据库系统代码量非常小,简单的文件结构才能减少代码量。

当面对大规模数据量时,仔细设计记录在块中的分配、组织方式可以获得性能上的好处。所以很多大型数据库系统在文件管理方面并不完全依赖操作系统,而是让操作系统分配给数据库系统一个大的操作系统文件,存储多个甚至所有关系,数据库管理系统自主管理这个文件,称为"聚集文件"。

例如,教学数据库中关系 S(SNO,SNAME,SDEPT,SSEX) 和 SC(SNO,CNO,GRADE)。如果每个关系对应一个数据文件,那么查找学生的基本信息与成绩,可以通过以下连接查询完成:

```
SELECT S.SNO, SNAME, CNO, GRADE
FROM S, SC
WHERE S.SNO=SC.SNO;
```

如果 S 表与 SC 表数据量很大,则连接查询速度很慢并且占内存资源。如果把 S 表和 SC 表的数据放在一个文件内,并且把每个学生的信息与其相应的成绩放在相邻位置上,为了提高查询速度,还在文件里建立 S 表为主的链表,如图 2-11 所示,那么在读取学生信息时,某一学生的信息与其对应的成绩信息就可以一次读到内存中。即使一个学生的成绩信息很多,导致一个块放不下,那么也会放在相邻的块中。

S1	Zhang	MA	男
S2	Li	IS	女
S3	Wang	CS	男

关系S

S1	C1	80
S1	C2	70
S2	C1	90
S2	C2	85
S2	C3	95

关系SC

S1	Zhang	MA	男	
S1	C1	80		
S1	C2	70		
S2	Li	IS	女	
S3	Wang	CS	男	
S3	C1	90		
S3	C2	85		
S3	C3	95		

图 2-11   S、SC 聚集文件

2.4 索 引 技 术

2.4.1 索引基本概念

当关系中元组数目增长时,对应的数据文件里的记录条数也迅速增长,如果查询只涉及少量元组记录时,查找速度就会明显下降。例如,查找信息系的获奖学生,或者找出职工号为"15474"的基本信息。这时为了提高查找速度,必须对文件建立索引。

数据库系统中建立索引的基本原理与书的目录、图书馆里藏书的索引非常类似。对于经常需要查找的条件,建立起查找条件即索引查找键与元组记录的映射关系,由于索引中的查找键是按顺序排列的,因此利用它找到含有某一个具体的查找键值的元组记录在文件中的位置,比从头扫描数据文件更高效。

在存储了数百万条记录的大型数据库中,维护简单地依照某一查找键建立起的索引并不简单,因为索引本身有开销。同时在数百万查找键值中找到一个具体的键值也很费时。所以,在内模式的实现上需要复杂一些的索引技术实现索引。

本节将讨论基本的顺序索引及其实现,2.6 节讨论散列索引技术。

在索引技术中,用户可根据下面 5 个方面选择各种实现方法。

(1) 访问类型(Access Type):用户是根据属性值找记录,还是根据属性值的范围找记录。

(2) 访问时间(Access Time):查找记录所花费的时间。

(3) 插入时间(Insertion Time):插入新记录所花费的时间,应包括两部分,即找到正确的位置插入新记录所花费的时间和修改索引结构所花费的时间。

(4) 删除时间(Deletion Time):也应包括两部分,即找到被删记录删除所花费的时间和修改索引结构所花费的时间。

(5) 空间开销(Space Overhead):索引结构所占用的额外存储空间。如果存储索引的额外空间大小适度,那么以牺牲一定空间的代价来换取查找性能的提高是值得的。

在索引中,用于查找记录的属性集称为查找键。应注意,查找键不一定是主键(候选键、超键),查找键的值允许重复,而主键的值不允许重复。如果一个关系上有多个索引,那么对应的数据文件将建立多个查找键对应的映射关系结构即索引,文件也会有多个查找键。

索引结构由两个部分组成:索引和被索引数据文件。由于被索引文件记录多、数据量大,并且占据大量物理块,因此在被索引文件中直接查找,速度是很慢的。如果对记录建立索引,那么相对被索引文件而言,索引空间小,因而查找速度快。

同一个被索引文件基于不同的查找键可以建立多个索引。被索引文件中的记录自身也可以按照某种排序存放记录,正如图书馆的书籍、档案室的档案按照某种特性或者既定规则顺序存放一样。如果被索引文件按照某个查找键指定的顺序排序存放记录,这个查找键对应的索引称为聚集索引(Clustering Index),也称为主索引(Primary Index)。聚集索引的查找键往往是关系的主键,但并非一定如此。查找键指定的逻辑顺序与被索引文件中记录的物理次序不同的索引称为非聚集索引(Non-Clustering Index)或辅助索引(Secondary Index)。

2.4.2　顺序索引

假定被索引的数据文件都按照某个查找键顺序排列记录,且在这个查找键上对应有聚集索引,称之为索引顺序文件,简称为顺序索引。索引顺序文件是数据库系统最早采用的索引模式。

2.3.2 节中的图 2-9 所示的例子,就是一个以职工号 ENO 作为查找键,数据文件里的记录按照查找键 ENO 顺序存放的顺序文件。

顺序索引的实现方法可以是稠密索引、稀疏索引和多级索引三种。

1. 稠密索引和稀疏索引

索引项或者索引记录由一个查找键值和指向具有该查找键值的一条或者多条记录指针构成。指向记录的指针包括磁盘块标识和标识磁盘块内记录的块内偏移量。

(1) 稠密索引(Dense Index):对于顺序文件中每一个查找键值建立一个索引记录

（索引项），索引记录包括查找键值和指向具有该值的记录链表中第一个记录的指针。这种索引称为"稠密索引"。对于聚集类型的稠密索引，具有相同查找键值的其余记录顺序存储在第一条记录之后，记录在顺序文件中根据相同的查找键值排序链接在一起。对于非聚集类型的稠密索引，索引指针会指向所有具有相同查找键值的记录的指针列表。注意，在有些教材中稠密索引定义为对顺序文件中每个记录建立一个索引记录，与本书的提法有区别。

图 2-12 为图 2-9 的顺序文件建立的稠密索引，查找键为 ENO。

10101			10101	SIRI	600	
12121			12121	CAROLINE	700	
15151			15151	JOE	800	
22222			22222	KARL	600	
32343			32343	ALICE	750	
33456			33456	ROSE	800	
45565			45565	REBECCA	850	
58583			58583	KIM	600	
76543			76543	JACK	400	

图 2-12　稠密索引

（2）稀疏索引（Sparse Index）：在顺序文件中，对若干个查找键值才建立一个索引记录，此时索引记录的内容仍和稠密索引一样。这种索引称为"稀疏索引"。只有当关系按照查找键值顺序存储时，才能使用稀疏索引，也就是说，聚集索引才能使用稀疏索引。

图 2-13 为图 2-9 的顺序文件建立的稀疏索引，查找键为 ENO。

10101			10101	SIRI	600	
22222			12121	CAROLINE	700	
45565			15151	JOE	800	
			22222	KARL	600	
			32343	ALICE	750	
			33456	ROSE	800	
			45565	REBECCA	850	
			58583	KIM	600	
			76543	JACK	400	

图 2-13　稀疏索引

查找某查找键值的记录时，先在索引中找到小于或等于该查找键值的最大查找键的索引记录。然后沿着索引记录的指针，在顺序文件中继续沿链表指针查找，直到找到具有某查找键值的记录。

例如,要找 ENO 为"12121"的职工记录。利用图 2-12 的稠密索引,可以顺着指针直接找到对应查找键值的第一条记录。这里,因为 ENO 取值唯一,所以指针指向的 ENO 值为"12121"的记录只有一条。利用图 2-13 的稀疏索引,在索引中直接找不到"12121"的查找键值项,为了定位它,在索引中找到小于或等于"12121"的最大查找键值"10101"。然后从其指向的记录开始,沿着顺序文件的链表指针搜索,直到找到所需记录。

相比之下,在带稠密索引的顺序文件中,查找速度较快;而在带稀疏索引的顺序文件中,查找速度较慢。但稀疏索引的空间较小,因此插入、删除操作时指针的维护量相对较小。

系统设计者应在存取时间和空间开销方面权衡,选择索引。有一个折中的办法,可把两种索引结合起来:首先为顺序文件的每一块建立一个索引记录,得到一个以块为基本单位的稠密索引,然后再在稠密索引基础上建立一个稀疏索引;查找时,先在稀疏索引中找到记录所在的范围,然后在稠密索引中确定记录在哪一块,最后在顺序文件的块中顺序查找,找到所在的记录。这种方法实际上是二级索引。

2. 多级索引

在关系数据量巨大的情况下,即使采用稀疏索引,建成的索引还是会很大,以至于查询效率不高。

例如,在一个具有 1 000 000 个查找键值的关系文件上建立稠密索引,索引记录有 1 000 000 个,由于索引项比数据记录要小,假设一个磁盘块可以容纳 100 条索引项记录,索引块有 10 000 个。索引也以顺序文件的方式存储在磁盘上。

如果索引较小,系统运行时可以常驻内存,搜索一个索引项的时间就会很短,查找速度还是较快的。但是如果索引过大不能放在主存中,那就必须从磁盘读取索引块。假设索引占据 b 个物理块,采用顺序查找,最多需要读取 b 块。如果采用二分查找,读取的块数是 $\lceil \log_2 b \rceil$。上例中,10 000 个索引块,二分查找就需要 14 次读取操作。假设读取一个块需要 10 毫秒,那么该查找耗时 140 毫秒,花费时间长。如果索引中使用了溢出块技术,二分查找不能适用,则采用顺序查找耗时更长。

解决这个问题的方法是像对待顺序文件一样对待索引文件,在原始的内层索引上构造一层稀疏的外层索引(二级索引)。具体地,对顺序文件以块为单位,建立稠密索引(这个稠密索引可以理解为以记录为单位的稀疏索引),再在稠密索引基础上建立稀疏索引(二级索引)如图 2-14 所示。有时这个二级外层索引仍然过大,可以类似地建立多级索引,直至最外层索引可以常驻内存。

当需要查找具有某查找键值的记录时,以二级索引为例,系统在常驻内存的外层索引中使用二分查找,找到小于或者等于某查找键值的最大索引键值,沿着索引记录指针到达内层索引块;在内层索引块中顺序查找或者二分查找,找到相应的索引记录;然后沿着内层索引记录的指针达到顺序文件某个数据块;在数据块中沿指针链查找到具有某查找键值的记录。多级索引的查找类似,不再赘述。

多级索引和树结构紧密相关,常使用 B$^+$ 或者 B 树形式实现,类似于内存索引的二叉树。2.5节中将讨论这种树形结构。

例 2-1 一个文件有 1 000 000 000 个记录,假设每个数据块存储 10 个记录,需要 1 00 000 000 个块,那么一级索引就有 1 00 000 000 个索引记录。若每个索引块可存储 100 个索引记录,那么需要 1 000 000 个索引块;然后建立二级索引,有 1 000 000 个索引记录,需要 10 000 个索引块;再建立三级索引,有 10 000 个索引记录,需要 100 个索引块;最后建立第四级索引,有 100 个索引记录,只需 1 个索引块。

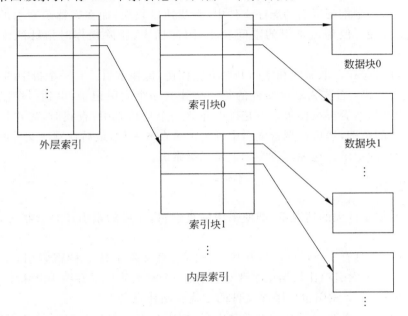

图 2-14 二级稀疏索引

系统运行时,第四级索引只有 1 个块,常驻内存,在查找记录时,只需要再读取索引块 3 次(每级只需 1 次),最后读取顺序文件 1 次,也就是读取 4 块就可以找到所需记录。对于数据量很大的关系,这种索引查询方式速度是很快的。

2.4.3 辅助索引

在顺序索引中,我们可以方便、快速地根据某个查找键值查找记录。如果我们要根据另一个查找键值查找顺序文件的记录,那么可以用辅助索引方法实现。

在顺序索引中,具有相同查找键值的记录在同一块中或相邻的块中,因而查找速度较快。而在辅助索引中,具有相同查找键值的记录将分散在文件的各处,查找速度会比较慢,并且查找时无法利用顺序文件中按顺序索引键值建立的指针链。

辅助索引必须是稠密索引。辅助索引可采用下面的方法实现。

附加一个间接指针层来实现查找键值上的辅助索引。仍然为每个查找键值建立一个索引记录,内容包括查找键值和一个指针。但这个指针不指向顺序文件中的记录,而是指向一个指针列表——桶(Bucket),桶内存放指向具有同一查找键值的记录的指针。例如在图 2-9 所示的顺序文件中,可以对属性 SALARY 建立一个辅助索引,其结构如图 2-15

所示。

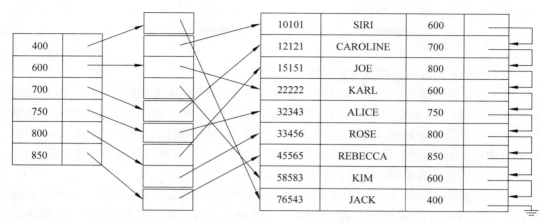

图 2-15　employee 文件辅助索引

在顺序索引中可以采取顺序查找方法。在辅助索引中,由于同一个查找键值的记录分散在文件的各处,因此以辅助索引查找键顺序扫描文件是行不通的,每读一个记录几乎都要执行读一块到内存的操作。

辅助索引都是稠密索引,不可能是稀疏索引结构。在文件记录插入或删除时,都要修改辅助索引。

辅助索引机制曾在 20 世纪 60 年代中期广泛流行,倒排文件系统就是建立许多辅助索引的文件系统。辅助索引可以改善数据库系统的查询效率和查询方式,但是也给系统带来开销与数据库更新负担。数据库应用设计者应在查询效率和更新相对频率方面作出估计,以决定使用哪些辅助索引。

2.4.4　索引的更新

在索引文件中,文件记录的插入或删除有可能引起索引的修改。在只有一级的索引中索引的更新算法如下所述。

1. 删除操作

(1) 为了在顺序文件中删除一个记录,首先要找到被删记录,才能执行删除操作。然后根据索引是稠密索引还是稀疏索引执行(2)或者(3)。

(2) 对于稠密索引,如果被删除的记录是具有这个查找键值的唯一一条记录,则系统从索引中删除该索引项;如果索引是非聚集稠密索引,这时记录指针指向的是具有相同查找键值的所有记录的指针列表,则系统从指针列表中删除指向被删除记录的索引指针;如果索引是聚集稠密索引,这时记录指针指向的是顺序文件里具有该查找键值的第一条记录,并且恰好被删除记录是第一条记录,则系统更新索引项,使其指向下一条记录。

(3) 对于稀疏索引,如果索引不包含被删除记录查找键值的索引项,则索引不需要修改;如果被删除记录是具有该查找键值的唯一一记录,则系统用下一个查找键值的索引记录替换要删除的索引记录;如果下一个查找键值已经对应有索引项,则直接删除而不是替换;如果被删记录查找键值的索引项正好指向被删除记录,则系统更新索引项,使其指向具有同一查找键值的下一条记录。

2. 插入操作

(1) 用插入记录的查找键值找到插入位置。

(2) 对于稠密索引,如果查找键值在索引块中未出现过,那么要把插入记录的查找键值插入到索引块中;如果索引是非聚集稠密索引,这时记录指针指向的是具有相同查找键值的所有记录的指针列表,则系统在索引项中增加一个指向新记录的索引指针;如果索引是聚集稠密索引,这时记录指针指向的是顺序文件里具有该查找键值的第一条记录,则系统将新记录放到具有相同查找键值的其他记录之后。

(3) 对于稀疏索引,每一个数据块对应一个索引记录,那么在数据块能放得下新记录时,不必修改索引。如果要加入新的数据块,那么插入记录的查找键值将成为新数据块的第一个查找键值,并将在索引块中插入一个新的索引记录。

在多级索引时,可以采取类似的办法。在插入、删除记录时,最低一级索引的修改方法如上所述。如果第二级索引(外层)要修改,那么把第一级索引(内层)看成顺序文件。在第一级索引中插入或删除一个索引记录时,第二级索引的修改也像上面叙述的方法一样。以此类推。

2.4.5 索引的自动生成

在大多数流行的数据库管理系统中,如果为一个关系定义主码后,系统会在主码上自动生成索引。很多系统默认将这个索引定义为唯一的、聚集的属性。当更新关系数据时,利用这个自动生成的索引可以检查主码值有没有违反实体完整性约束,即有没有重复的主码值来提高更新效率。当主码上没有索引时,只要插入一个元组,整个关系都必须被读取,以确保满足主码约束。

2.5 B$^+$树索引文件

随着文件的增大,顺序索引的查找性能和顺序扫描性能都会下降。虽然这种性能下降可以通过文件重新组织来弥补,但这会增加系统负担。所以实际的数据库系统为了改善索引性能,采用多级索引技术。目前多级索引技术中,广泛流行的是平衡树(Balanced Tree)技术。

数据库技术中平衡树的形式定义如下所述。

定义 2.1 一棵 m 阶平衡树或者为空,或者满足以下条件:

① 每个结点至多有 m 棵子树;

② 根结点或为叶结点,或至少有两棵子树;

③ 每个非叶结点至少有 $\lceil m/2 \rceil$ 棵子树;

④ 从根结点到叶结点的每一条路径都有同样的长度,即叶结点在同一层次上。

平衡树又分为两类:B$^+$树和B树。本书重点介绍B$^+$树。

2.5.1　B$^+$ 树结构

　　B$^+$ 树索引结构是在数据插入和删除情况下仍能保持其执行效率的几种使用最广泛的索引结构之一。平衡的意思是指树根到树叶的每条路径的长度相同,平衡属性保证了 B$^+$ 树具有良好的查找、插入和修改性能。B$^+$ 树结构会增加数据更新负担与空间开销。但这样能够减小文件重组的代价,因此即便对于更新频率较高的文件,这种开销也是可以接受的。此外,结点有可能是半空的,这将造成空间的浪费,但考虑 B$^+$ 树带来的性能提高,这种空间开销也是可以接受的。

　　典型的 m 阶 B$^+$ 树,按下列方式组织。

　　(1) 每个结点中至多有 $m-1$ 个查找键值 $K_1,K_2,\cdots,K_{m-1}$,m 个指针 $P_1,P_2,\cdots$, P_m,如图 2-16 所示。

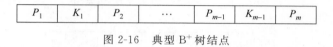

图 2-16　典型 B$^+$ 树结点

　　(2) 叶结点的组织方式。叶结点中的指针($1\leqslant i\leqslant m-1$)指向顺序文件中的记录。例如,指针 P_i 指向查找键值为 K_i 的记录。

　　如果查找键恰好是顺序文件的主键,那么叶结点中的指针直接指向顺序文件中的记录。如果查找键不是顺序文件的主键,并且查找键值的顺序也不是顺序文件的顺序,那么叶结点中的指针指向一个桶,桶中存放指向具有该查找键值的记录的指针。

　　每个叶结点中的查找键至少应有 $\lceil(m-1)/2\rceil$ 个,至多有 $m-1$ 个,并且查找键值不允许重复。如果 B$^+$ 树索引是稠密索引,那么每个查找键值必须在某个叶结点中出现。叶结点中最后一个指针 P_m,指向下一个叶结点(按查找键值顺序排列)。这样可以很方便地在顺序文件中进行顺序访问。

　　图 2-17 表示 4 阶 B$^+$ 树的叶结点结构。

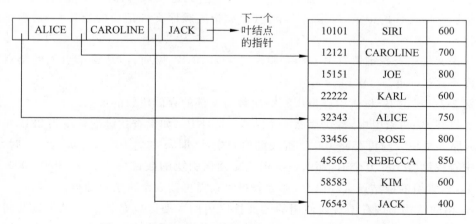

图 2-17　employee 的 B$^+$ 树索引($m=4$)的一个叶结点

　　(3) 非叶结点的组织方式。B$^+$ 树中的非叶结点形成了叶结点上的一个多级稀疏索引。每个非叶结点(不包括根结点)中的指针至少有$\lceil m/2 \rceil$个,至多有 m 个。指针的数目称为结点的"扇出端数"(Fanout)。图 2-18 是一个完整的 4 阶 B$^+$ 树索引。图 2-19 是一个 6 阶 B$^+$ 树索引的例子。

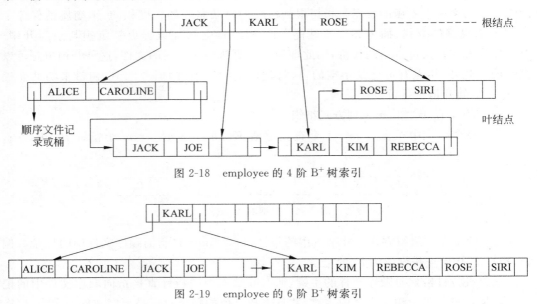

图 2-18   employee 的 4 阶 B$^+$ 树索引

图 2-19   employee 的 6 阶 B$^+$ 树索引

2.5.2   B$^+$ 树的查询

如果用户要检索查找键值为 K 的所有记录,那么首先在根结点中找大于 K 的最小查找键值(设为 K_i),然后沿着 K_i 左边的指针 P_i 到达第二层的结点。如果根结点中有 n 个指针,并且 $K > K_{n-1}$,那么就沿着指针 P_n 到达第二层的结点。在第二层的结点,用类似的方法找到一个指针,进入第三层的结点……,一直到进入 B$^+$ 树的叶结点,找到一个指针直接指向顺序文件的记录,或指向一个桶(存放指向顺序文件记录的指针)。最后把所需记录找到。

如果文件中查找键值有 W 个值,那么对于 m 阶 B$^+$ 树而言,从根结点到叶结点的路径长度不超过 $\lceil \log_{\lceil m/2 \rceil}(W) \rceil$。

例 2-2   讨论 B$^+$ 树索引查询中查询次数与文件的存储块数的关系。

如果在 B$^+$ 树索引中,每块存储一个结点,占 4KB。如果查找键的长度为 32B,指针仍为 8B,那么每块大约可存储 100 个查找键值和指针,即 m 约为 100。在 m 为 100 时,如果文件中查找键有 100 万个值,那么一次查找需读索引块的数目为 $\lceil \log_{50}(1\,000\,000) \rceil = 4$。如果 B$^+$ 树索引的根结点常驻内存,那么查找时只需再读 3 个索引块即可。

B$^+$ 树的结构与内存中普遍使用的二叉排序树的主要区别是结点的大小以及树的高度。在二叉排序树中,每个结点很小,只有一个键值和两个指针。而 B$^+$ 树中,每个结点很大,可以是磁盘上的一个块,包含更多查找键值和指针。二叉排序树显得瘦而高,而 B$^+$ 树显得胖而矮。对于查找键值有 100 万个的二叉树,需要查找的结点数目为 $\log_2(1\,000\,000) \approx$

20,也就是要读 20 个物理块;而例 2-2 中的 B^+ 树索引只需要读 4 块即可。因此,在外存中普遍使用 B^+ 树结构,而不使用二叉排序树结构。

2.5.3　B^+ 树的更新

在 B^+ 树索引文件中插入记录时,有可能叶结点要分裂,并引起上层结点的分裂和 B^+ 树层数的增加。在删除记录时,这有可能出现相反的现象。下面就是否出现分裂与合并情况分别讨论。

1. 不引起索引结点分裂的插入操作

首先使用查找方法,从根结点出发直到在叶结点中找到某个查找键值 K_1。如果插入记录的查找键值 K_0 已在叶结点出现,那么在顺序文件中插入记录即可,不必修改索引。

如果 K_0 在叶结点中不存在,那么在叶结点中 K_1 之前插入 K_0 值(此时假设叶结点中存在空闲空间),并把 K_1 及 K_1 后的值往后移动,使叶结点中查找键值仍然保持排序。然后插入新记录到顺序文件中去。

2. 不引起索引结点合并的删除操作

首先使用查找方法在顺序文件中找到被删记录,删除之。

如果顺序文件中还存在具有被删记录查找键值的记录,那么不必修改索引;否则应该从叶结点中删除该查找键值和相应的指针。此时假定叶结点中查找键值的数目仍然不小于 $\lceil (m-1)/2 \rceil$。

3. 引起索引结点分裂的插入操作

如果插入记录时,要在叶结点中插入其查找键值,并且叶结点中已放满查找键值,那么此时叶结点应分裂成两个。例如在图 2-18 所示的 4 阶 B^+ 树文件中,插入一个查找键值为"LEE"的记录,那么左边第一个叶结点就要分裂成两个结点,如图 2-20 所示。

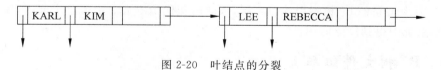

图 2-20　叶结点的分裂

分裂时,m 个查找键值分别放在两个结点中。一般地,前 $\lceil m/2 \rceil$ 个查找键值放在原来的结点中,而余下的查找键值放在新的结点中。

在叶结点分裂后,必须在其父结点插入新结点中的最小查找键值。如果父结点中也放满了查找键值,那么也要分裂成两个结点,再在上一层结点中加入新的查找键值。有时有可能直至根结点也要分裂,导致产生新的根结点,B^+ 树的高度增加一层,如图 2-21 所示。

4. 引起索引结点合并的删除操作

如果删除记录时,要在叶结点中删除被删记录的查找键值,并且该值删除后叶结点中

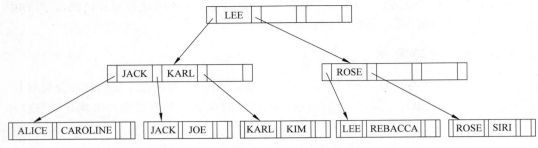

图 2-21 根结点分裂，B⁺ 树的高度增加一层

查找键值数目小于⌈$(m-1)/2$⌉，那么这个叶结点在做技术处理时有可能被删掉。

例如，在图 2-21 中要删除"ROSE"查找键及其文件记录，导致叶结点中删除"ROSE"后查找键值数目小于⌈$(m-1)/2$⌉，因此，该叶结点要合并。此时由于其相邻的左孪叶结点中还有空闲空间，因此两个结点可合并成一个结点。这就导致父结点中也少了一个指针，不符合 B⁺ 树要求。由于父结点（图 2-21 的中间层）中还有信息，因此不能进行简单删除。此时由于其相邻的左孪结点中正好又有空闲空间，因此中间层的两个结点可合并成一个结点，合并前中间层右边结点的查找键值"ROSE"修改为"LEE"。这就引起根结点中也少了一个指针，不符合 B⁺ 树要求，把根结点直接删去即可（如图 2-22 所示）。此时 B⁺ 树的高度减少了一层。

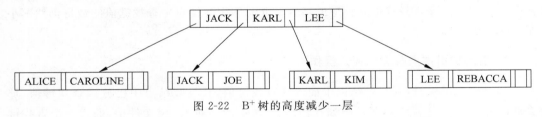

图 2-22 B⁺ 树的高度减少一层

虽然 B⁺ 树索引的插入、删除比较复杂，但其操作速度与 B⁺ 树高度成正比。例 2-2 已提到，100 万个记录的 B⁺ 树索引才有 4 层，因此所花代价不大。由于这个原因，B⁺ 树结构在数据库系统中得到广泛应用。

2.5.4 B⁺ 树文件组织

前面提到的 B⁺ 树索引文件组织，把 B⁺ 树索引与顺序文件截然分开。在 B⁺ 树结构中，所有叶结点处在同一层次上，并且利用叶结点中的指针指向主文件中的记录，或指向一个桶，再由桶内指针指向记录。在这样的结构中，B⁺ 树不仅是一个索引，而且还是一个文件中记录的组织者。

对 B⁺ 树索引文件组织做进一步的演变，使得 B⁺ 树叶结点不存储指向记录的指针，而是直接存储记录本身，那么这种结构称为"B⁺ 树文件组织"。这样，查询时到达叶结点后，直接可把记录找到，不必再沿着指针去找记录。显然文件的性能得到进一步的提高。虽然记录长度要比指针大很多，也就是每个叶结点可存储的记录数目要小于非叶结点中的指针数目，但是我们仍然要求每个叶结点中至少有一半空间是装着记录的。

　　B$^+$树文件组织的插入、删除操作与 B$^+$树索引记录的插入和删除操作是一样的,也有可能会引起结点的分裂或合并,层数的增加或减少。

2.5.5　B 树索引文件

　　B 树索引类似于 B$^+$树索引。两者主要区别在于 B 树中所有查找键值只出现一次。例如,在图 2-18 的 B$^+$树中,查找键值"JACK""KARL"等都出现了两次。在 B$^+$树中,每个查找键值都必须在叶结点中出现,为了组织多级索引,某些查找键值还必须在父结点(包括根结点)中出现。

　　在 B 树中,查找键值可以出现在任何结点上,但只能出现一次。图 2-18 的 B$^+$树结构用 B 树形式表示如图 2-23 所示。显然,B 树中的查找键值数目比 B$^+$树少。

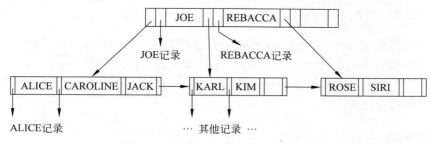

图 2-23　等价于图 2-18 B$^+$树的 B 树

　　在 B 树中查询的查找次数取决于查找键值的位置,有时未到达叶结点就已找到了键值。查找键值靠近下面层次或叶结点层次,则查找次数较多。B 树的查询时间复杂性仍然是对数级时间。

　　在 B 树中,如果查找键值出现在非叶结点,那么在它出现的地方应附加上一个指向记录的指针;如果查找键值出现在叶结点,那么不必另加指针,可利用结点中的指针指向记录。像 B$^+$树一样,这个指针也可指向一个桶,桶内存放指向记录的指针。这个结构如图 2-24 所示。

图 2-24　典型 B 树结点

　　指针 P_i 的使用方法与 B$^+$树一样,非叶结点中的指针 B_i 指向一个桶或记录。一棵 m 阶 B 树中,每个叶结点最多可包含 m 个指针和 $m-1$ 个查找键值。而每个非叶结点中最多可包含 n 个指针,$n-1$ 个查找键值和 $n-1$ 个指向桶的指针。由于叶结点中不包含 B_i 指针,因此叶结点中可以比非叶结点多存储一些查找键,也就是 $m>n$。

　　B 树中删除操作较复杂。B$^+$树的删除操作总是在叶结点进行,而 B 树有时可在非叶结点进行。B 树中,如果被删的查找键值在非叶结点中,那么必须从子树中选一个查找键值填补。例如在某个非叶结点中,要删除查找键值 K_i,那么应从指针 P_{i+1} 指向的子树中选一个最小的查找键值移上来填补 K_i 的位置。如果叶结点中发现查找键值太少，那么也要像 B$^+$ 树那样进行结点的合并工作。B 树的插入基本上与 B$^+$ 树类似。

虽然 B 树的空间量比 B$^+$ 树小，但是由于 B 树的删除操作较复杂，因此大多数数据库系统都是使用 B$^+$ 树结构，而不使用 B 树结构。

值得注意的是，虽然在本书中，使用了 B$^+$ 树和 B 树的原定义来避免两种数据结构混淆，但是许多数据库系统手册、行业文献以及数据库专家习惯使用术语 B 树来指代 B$^+$ 树数据结构。事实上，B$^+$ 树使用得比 B 树广泛很多，这样的指代也是合理的。

2.6 散列索引文件

2.6.1 散列技术

前面提到的顺序文件组织的缺点是必须通过索引结构访问数据。而且索引组织的空间和 I/O 操作都需要付出时间代价。散列（Hashing）方法是一种不必通过索引就能访问数据的方法。在散列技术基础上结合索引方法可进一步提高访问效率。本节介绍数据库技术中使用的散列技术。

1. 散列概念

根据记录的查找键值，使用一个函数计算得到的函数值作为磁盘块的地址，对记录进行存储和访问，这种方法称为散列方法。在散列技术中，一般使用"桶"作为基本的存储单位。一个桶可以存放多个记录。桶通常就是磁盘中的块，它也可以小于或者大于磁盘块的空间。

定义 2.2 设 K 是所有查找键值的集合，B 是所有桶地址的集合。散列函数（Hashing Function）h 是从 K 到 B 的一个函数，它把每个查找键值 K 映射到地址集合 B 中的地址。

要插入查找键值为 K_i 的记录，首先也是计算 $h(K_i)$，求出该记录的桶地址，然后将这条记录存储到桶中（假定桶中有容纳这条记录的空间）。

删除操作也一样简单，先用与插入记录相同的查找方法把记录找到，然后在相应的桶内查找待删除的记录，直接从桶内删去即可。

2. 散列函数

使用散列方法，首先要有一个好的散列函数。由于在设计散列函数时不可能精确知道要存储的记录的查找键值，因此要求散列函数在把查找键值转换成存储地址（桶号）时，满足下面两个条件。

（1）地址的分布是均匀的：把所有可能的查找键值转换成桶号以后，要求每个桶内的查找键值数目大抵相同。

（2）地址的分布是随机的：所有散列函数值不受查找键值各种顺序的影响，例如字母顺序、长度顺序等。

例 2-3　图 2-9 的数据可以用散列方法存储。假设查找键值是 ENO。散列函数用下列方法设计：假设存储空间分成 10 个桶，对应桶号 0～9。把职工号字符串中每一个数字求和，把求得的"和"除以 10，得到余数作为桶号；然后把记录存入相应的桶。例如"SIRI"的 ENO 值为"10101"，各位数字求得的整数和为 3，除以桶数 10，得到余数 3，作为桶号，把"SIRI"记录存入桶号为 3 的桶内。图 2-9 的数据用散列方法组织的示意图如图 2-25所示。

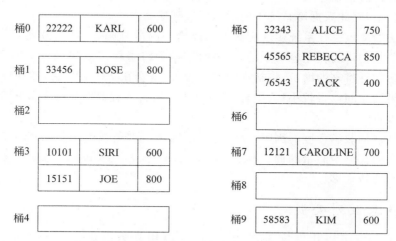

图 2-25　employee 表查找键为 ENO 的散列结构

散列函数应仔细设计。设计得不好，造成各个桶内的查找时间有长有短；设计得好，各个桶内的查找时间相差无几，并且查找的平均时间是最小的。

3. 桶溢出的处理

在散列组织中，每个桶的空间是固定的，如果某个桶内已装满记录，还有新的记录要插入到该桶，那么称这种现象为"桶溢出"（也称为"散列碰撞"）。产生桶溢出的原因主要有以下两个。

（1）初始设计时桶数偏少。

（2）由于散列函数的"均匀性"不好，造成某些桶存满了记录，而另外一些桶有较多空闲空间。

在设计散列函数时，桶数目应该设计得多一些，一般应有 20% 的存储空间余量，以减少桶溢出的机会。

但是不管散列函数设计得如何好，再留有一定的存储空间余量，桶溢出现象难免还会发生。所以要有一系列处理溢出的方法，具体如下所述。

（1）溢出桶拉链法（溢出链法）：如果某个桶 b（称为基本桶）已装满记录，还有新的记录等待插入桶 b，那么可以由系统提供一个溢出桶，用指针链接在桶 b 的后面。如果溢出桶也装满了，则在其后面再链接一个溢出桶。这种方法称为溢出链方法。

（2）开放式散列法（Open Hashing）：这个方法是把桶空间固定下来，也就是只考虑基本桶，不考虑溢出桶。如果有一个桶 b 装满了记录，那么就在桶空间中挑选一个有空闲空间的桶,装入新记录。就桶的选择方法的不同,可分为下面两种。

① 线性探查法:在桶 b 的下面,顺序(循环的顺序)选择一个有空闲空间的桶,把新记录装进去。

② 再散列探查法:采用二次散列方法,跳跃式地选择一个有空闲空间的桶,装入新记录。

开放式散列法在编译或汇编中构造符号表情况下使用频繁,但是开放式散列法的删除操作比较复杂,因此数据库系统中使用封闭散列法。

散列方法的缺点是在系统实现时必须选择恰当的散列函数,并且散列结构不像索引结构那样随着数据量的变化容易变动,因为散列函数将查找键值映射到了固定的桶空间上。如果考虑文件将来的增长,将桶空间取得较大,就会在文件刚开始组织的一段时间浪费空间。如果桶空间取得较小,发生桶溢出的概率会大大提高。2.6.3 节将介绍如何动态改变桶的数目。

标志散列结构装满程度的因子 α 称为"装填因子"或"负载因子"。α 等于存储记录的空间量与给定的存储空间量的商。其值一般取 0.6~0.8。$\alpha > 0.8$,容易产生桶溢出;$\alpha < 0.6$,表示空间浪费太多。

2.6.2 静态散列索引

散列方法不仅可以用在文件组织上,也可以用在索引结构上。散列索引(Hash Index)是把查找键值与指针一起组合成散列文件结构的一种索引。

散列索引的构造方法为:首先为主文件中每个查找键值建立一个索引记录;然后把这些索引记录组织成散列结构(称为"散列索引")。

例 2-4 对图 2-9 的数据建立一个散列索引。

设 employee 的查找键为 ENO(职工号),对每个查找键值建立一个索引记录。本例的散列函数这样构造:对职工号中的各位数字求和,然后除以 7(即桶数为 7),将得到的余数作为索引的桶地址(这就是散列方法里常用的"质数取余法",把记录的查找键值除以一个质数,求得的余数作为桶号)。这样,散列索引有 7 个桶。假设每个桶可放 2 个索引记录,如果超过 2 个,就要链接溢出桶。对图 2-9 的数据建立的散列索引如图 2-26 所示。

在这个例子中,ENO 是一个候选键,每个 ENO 值只与一个记录联系。一般地,查找键值可以与多个记录相联系。散列索引中的指针,要么指向第一个记录,在顺序文件中再沿着指针链找到其他相应记录;要么指向一个桶,桶内存放指向同一查找键值记录的指针。这些技术都是辅助索引中使用过的。

"散列索引"这个术语是指散列文件结构,也可以指辅助散列索引。严格地讲,散列索引是一种辅助索引结构,不属于顺序索引结构。但是由于散列文件组织提供由索引直接找主记录的方法,因此可以认为散列文件组织提供了一个虚拟的顺序散列索引。

本节的散列技术属于静态散列,也就是在散列函数确定以后,所有的桶地址及桶空间都确定了。为了适应数据库的快速增长,在使用静态散列技术时,有 3 种选择方案供用户使用。

(1)在当前文件规模的基础上选择一个散列函数。这种选择在文件急剧增长时,散

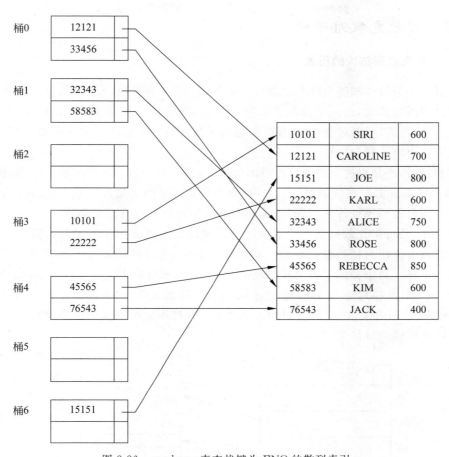

图 2-26　employee 表查找键为 ENO 的散列索引

列结构的维护、改组和查询的代价会越来越大。

（2）在文件预计达到的规模基础上选择散列函数。这种方案虽然适应了未来的需要，但在初始一段时期内，空间的利用率非常低。

（3）随着数据量的增长，周期性地选择新的散列函数，重新组织散列文件。但重新组织的代价巨大。

为了克服静态散列的缺陷，在实际中往往使用动态散列技术，即桶空间可随时申请或释放，而维护的代价又不大。

在静态散列文件中有一种扩充方法称为"成倍扩充法"。这种方法在需要时，把桶数扩大一倍，从原来的 m 个桶扩大为 $2m$ 个桶，而桶内的记录减少为原来的一半。但在数据量很大时，再把桶数扩大一倍，空间代价就很大，利用率也很低。可扩充散列结构实际上是对成倍扩充法的改进，能从容地应付数据库经常性地增长或收缩，即桶的分裂或合并，空间利用率高。重新组织时，每次只是一个桶的增加或减少。2.6.3 节介绍动态散列中的一种技术——可扩充散列结构。

2.6.3　可扩充散列结构

1. 可扩充散列结构的组织方法

选择一个均匀性和随机性都比较好的散列函数 h。并且这个散列函数产生的函数值（简称"散列值"）较大，是一个由 b 个二进制位组成的整数。例如 $b=32$，那么就有 2^{32}（约 4×10^9）个散列值，可以对应 2^{32} 个桶。但是每个散列值并不立即对应一个桶空间，而是根据实际需要申请或释放。

在初始时，不是根据全部 b 位值得出桶地址，而是根据这个 b 位的前 i 位（高位）（$0\leqslant i\leqslant b$）得出桶地址值。在数据增长过程中，取的位数 i 也随之增加。这 i 位组成的值是一个桶号。所有的桶地址放在一张"桶地址表"中，桶地址的位置就是桶号。

图 2-27 是可扩充散列结构的示意图。在桶地址表上方出现的 i 表示当前情况是取散列值的前 i 位作为桶地址的位置。在桶地址表中，有时可能某几个相邻的项中的指针指向同一个桶。每个桶的上方出现的整数 i_0、i_1、i_2……表示这些桶是沿着散列值的前 i_0、i_1、i_2……位作为桶地址表中的地址寻找来的。桶地址表和桶的上方出现的 i、i_0、i_1、i_2……称为"散列前缀"。它们之间的关系为 $i_j\leqslant i$，这里 i_j 是第 j 个桶的散列前缀。指向第 j 个桶的指针数目是 $2^{(i-i_j)}$。

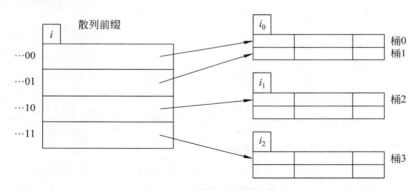

图 2-27　可扩充散列结构

2. 可扩充散列结构的操作

可扩充散列结构的操作主要有查找、插入、删除 3 类操作。

（1）查找操作。设散列函数为 $h(K)$。若查找键值为 K_1，桶地址表的散列前缀为 i，那么首先求出 $h(K_1)$ 的前 i 位值 m，然后沿着桶地址表位置 m 处的指针到达某一个桶中去找记录。

（2）插入操作。要插入一个查找键值为 K_1 的记录，首先要用查找操作找到应插入的桶，如第 j 个桶。如果桶内有空闲空间，则可直接插入。如果桶已装满记录，那么必须分裂桶，重新分布记录，并插入新记录。分裂桶的过程分成以下两种情况。

第一种情况是 $i=i_j$。也就是指向第 j 个桶的指针只有一个。这时应在桶地址表中增加项数，以保证第 j 个桶分裂后，在桶地址表中有位置存放指向新桶的指针。用增加散列前缀的方法，也就是 i 的值增 1，如原来 i 为 4，对应"桶地址表"中的 16 项，若 i 增为 5，则对应"桶地址表"中的 32 项。也就是每一项分裂成相邻的两项，此时桶地址采用了成倍扩充法，但存储数据的桶空间还没有扩大。桶地址表的空间要比存储数据的桶空间小得多。

此时指向第 j 个桶的指针就有两个。再申请一个桶空间（第 z 个桶），置第二个指针值为指向桶 z，再置第 j 个和第 z 个桶的散列前缀均为新的 i 值。接着，把原来第 j 个桶中的记录根据散列值的前 i 位（已增 1）重新分配，并决定是留在第 j 个桶还是移到第 z 个桶。再把新记录插入到第 j 或第 z 个桶。

如果分裂以后，原来第 j 个桶的记录仍全部留下，而新记录还要插入到该桶，那么只能用上述方法把桶地址表再次扩大。但这种可能性极小。一般地，单记录的插入不太可能造成桶地址表扩大两次。

第二种情况是 $i>i_j$。此时指向第 j 个桶的指针至少为两个或两个以上，那么桶地址表不必扩大。只要分裂第 j 个桶即可。申请一个桶空间（第 z 个桶）。对 i_j 的值增 1，置第 j 个桶的指针和第 z 个桶的散列前缀都为新的 i_j 值。然后在桶地址表中原来指向第 j 个桶的指针中分出后一半指针，填上桶 z 的地址，而前一半指针仍指向桶 j。再把第 j 个桶中的记录按散列前缀确定的位数所表示的值重新分布到桶 j 或桶 z 中。再把新记录插入到桶 j 或桶 z 中。

在这两种情况下重新分布记录，只是对第 j 个桶的操作，而与其他桶无关。

（3）删除操作。要删除查找键值为 K_1 的记录，首先也是先用查找方法找到记录，然后把记录从所在的桶内删除。如果删除后桶为空，那么这个桶也要被删除，也就是桶的合并操作。该操作很可能会引起桶地址表的收缩（成倍地收缩）。

例 2-5　对图 2-9 的文件 employee 的数据重建一个动态散列文件结构。设查找键为 ENAME，用一个散列函数把查找键值转换成的 32 位散列值如图 2-28 所示。初始时，文件为空，如图 2-29 所示。假设每个桶里只能放两个记录。把图 2-9 的记录一个个插入到可扩充散列文件中。

ENO	ENAME	SALARY
10101	SIRI	600
12121	CAROLINE	700
15151	JOE	800
22222	KARL	600
32343	ALICE	750
33456	ROSE	800
45565	REBECCA	850
58583	KIM	600
76543	JACK	400

ENAME	h (ENAME)
SIRI	0010 1101……
CAROLINE	1010 0011……
JOE	1100 0101……
KARL	0011 0101……
ALICE	1111 0001……
ROSE	1011 0001……
REBECCA	1101 1000……
KIM	1000 1011……
JACK	0111 1101……

图 2-28　employee 文件 ENAME 的散列值（32 位，图中列出前 8 位）

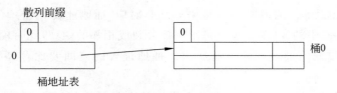

图 2-29　初始的可扩充散列索引

插入 3 个记录后的散列索引结构如图 2-30 所示。

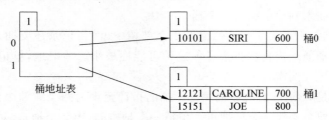

图 2-30　插入 3 个记录后的可扩充散列索引

插入 5 个记录后的散列索引结构如图 2-31 所示。

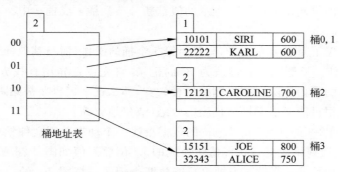

图 2-31　插入 5 个记录后的可扩充散列索引

插入 7 个记录后的散列索引结构如图 2-32 所示。

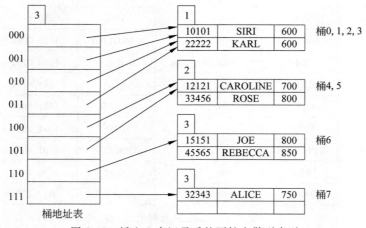

图 2-32　插入 7 个记录后的可扩充散列索引

插入所有记录的散列索引结构如图 2-33 所示。

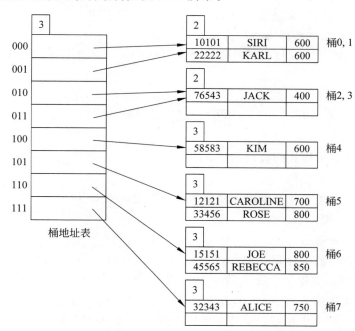

图 2-33　插入所有记录后的可扩充散列索引

与其他索引或散列技术比较，可扩充散列技术有两个显著的优点。

（1）随着文件的数据量增长，仍然保持原有的操作和查询性能。

（2）空间开销达到最小，额外的开销是桶地址表，由于每个散列值只需一个指针，因此桶地址表只占少量空间。另外，存储记录的桶和溢出桶空间都能动态地申请或释放。

可扩充散列技术虽然比静态散列多了一个桶地址表，并且由于桶的编号在桶分裂或合并时不断变化，桶地址要存储在桶地址表中以便于查找。但这个间接访问策略对文件的性能影响较小，系统和用户都能接受。

2.7　小　　结

数据库内模式也称存储模式，是数据物理结构与存储方式的描述。数据库管理系统数据组织与存储涉及的数据结构有数据文件、日志文件、索引文件、数据字典以及统计信息等。

数据库系统的存储介质分为基本存储、辅助存储和三级存储。高速缓冲存储器、主存储器属于基本存储，快闪存储器、磁盘存储器及磁盘冗余阵列属于辅助存储，光盘存储器、磁带存储器属于三级存储并逐渐被淘汰。

在磁盘中，数据以文件形式存放。在文件中，数据以记录方式组织，分为定长记录与不定长记录。主流的不定长记录实现技术是分槽式页结构。

数据文件结构有堆文件、顺序文件、散列文件和聚集文件等。

为了提高查找速度,为文件建立索引。索引有顺序索引和辅助索引两种。顺序索引有稠密索引、稀疏索引和多级索引等形式。主流的顺序索引,尤其在数据量大时,是多级索引形式。索引会增加数据库空间开销和更新负担。

B^+ 树索引文件与散列技术是最常见的两种索引实现技术。散列技术用于数据文件结构就是散列文件。

思 考 题

1. 简述数据库内模式的数据结构有哪些。

2. 数据文件有哪几种?

3. 索引如何分类? 什么情况下使用稠密索引比稀疏索引好?

4. 什么是 B^+ 树索引?

5. 什么是散列索引?

6. 设有查找键值集合为 $\{2,3,5,7,11,19,23,29,31\}$。假设初始 B^+ 树为空,按升序次序插入查找键值,试建立 3 阶、5 阶、8 阶三棵 B^+ 树。

7. 设有查找键值集合为 $\{2,3,5,7,11,19,23,29,31\}$,散列函数为 $h(x)=(x \bmod 8)$,每个桶可以存储 3 个记录。试建立可扩充散列结构,并画出过程图。

第**3**章

CHAPTER 3

DBMS 数据定义、操纵
与完整性约束

数据库管理系统提供数据定义语言对数据库三级模式结构中的数据对象进行描述与定义。用户利用 DDL 完成数据对象的定义,数据库管理系统将其定义转换为元数据存储在数据字典中。

数据库管理系统提供数据操纵语言实现对数据库中数据的操作。操作分为查询与更新两大类,其中更新具体指插入、删除与修改。在实际的数据库系统中,查询操作在数据库操作中占数据总操作量的 80% 以上。所以,数据查询是数据操纵的重点。

在数据定义与操作过程中,数据库管理系统必须维护数据库中数据的完整性。数据完整性是指数据的正确与相容。简单地说,数据完整性是数据库中数据的某些约束条件,这些约束条件实际上是现实世界对数据的取值要求。例如,年龄不能为负数。数据库管理系统提供定义完整性约束的语法,完整性定义也作为元数据与其依附的数据对象记载在 DBMS 的数据字典中。完整性的检查与处理由 DBMS 的完整性子系统负责。

迄今主流的数据库产品仍是关系数据库,使用标准的结构化查询语言(SQL)定义数据库数据结构、完成数据操纵以及完整性约束。

本章 3.1 节对 SQL 做简单介绍,3.2~3.4 节分别讨论关系型数据库管理系统的数据定义、数据操纵与完整性控制。

3.1　SQL 概 述

SQL 是关系型数据库管理系统的标准语言,包括数据库三级模式结构定义、数据的查询与修改、数据安全性定义与控制等功能,是一个行业通用、功能强大的关系数据库标准语言。

SQL 最早版本由 IBM 研发,并在关系型数据库管理系统原型 System R 上实现,最初称为 Sequel。SQL 当初只是 System R 项目的一部分,发展至今已经成为数据库行业的国际标准。SQL 简单易学,功能丰富,深受用户欢迎,得到业界认可。

1986 年,美国国家标准化组织(ANSI)与国际标准化组织(ISO)发布了 SQL 标准 SQL-86。

1989 年,ANSI 发布 SQL 扩充标准 SQL-89。

1992 年,ISO 发布 SQL-92 标准,也称为 SQL 2 标准。

1999 年,ISO 发布 SQL:1999 标准,也称为 SQL 3 标准。

到 2017 年年底为止,最新的版本是 SQL:2016 标准。

从 SQL:1999 开始,标准简称中的短横线(-)换成了冒号(:),而且标准制定的年份也改用四位数字。前者修改的原因是 ISO 标准习惯上采用冒号,ANSI 标准则一直采用短横线。后者修改的原因是标准的命名遇到了 2000 年问题。

无论标准如何,基本的 SQL 总是由以下几个部分组成。

3.1.1 数据定义语言

数据定义语言提供创建、修改、删除数据库系统三级模式结构的命令。

3.1.2 数据操纵语言

数据操纵语言提供从数据库中查找数据、更新数据的命令。有些书籍将数据操纵中的查询命令 SELECT 列为一个重要功能从数据操纵语言中分离出来,本书将其列为 DML 语言中的一部分。

3.1.3 数据完整性控制

现实世界中的信息取值很多时候都是有内在关联或取值要求的,对应保存在数据库中的数据取值也必须满足这些关联或要求,即数据完整性要求。SQL DDL 包括定义完整性约束的语法,以保证数据库的完整性。

3.1.4 数据控制语言

SQL 通过数据控制语言(Data Control Language,DCL)来完成对数据的安全性控制。数据库本身的安全性由数据库管理系统安全子系统保障。

3.1.5 事务管理

SQL 提供显式定义用户事务开始与结束的命令。

3.1.6 嵌入式 SQL 和动态 SQL

嵌入式 SQL 和动态 SQL(Embedded SQL and Dynamic SQL)定义 SQL 语句嵌入到通用编程语言,如 C++、Java 和 Python。

本章阐述 SQL 基本数据定义语言和数据操纵语言,它们自 SQL-92 以来就一直是

SQL 标准的一部分,是数据库管理系统与数据库原理的基础语法。同时,具体的数据库管理系统以及数据库产品往往对标准加以扩展,各有细微差别,与 SQL 标准符合程度也不完全相同,具体使用某个数据库管理系统产品时,应参阅系统手册。

3.2 项目工程公司数据库

本章将用到范例数据库项目工程公司数据库来介绍 DBMS 的数据定义、数据操纵和完整性约束。

COMPANY 数据库描述某项目工程公司的基本数据。公司的职工 employee 完成项目 project,项目 project 需要的零件 parts 由供应商 supplier 提供,职工 employee 分属于不同的部门 department。

首先定义项目工程公司数据库 COMPANY,然后在 COMPANY 中定义下列 7 个关系模式,也就是表。

职工表:employee(ENO,ENAME,ESEX,EAGE,EDEPAT)

部门表:department(DNO,DNAME,MANAGER)

供应商表:supplier(SNO,SNAME,CITY)

零件表:parts(PNO,PNAME,COLOR,WEIGHT)

项目表:project(JNO,JNAME,CITY,JLEADER)

职工-项目关系表:employee-project(ENO,JNO,STATUS)

供应关系表:spj(SNO,PNO,JNO,QTY)

加下画线的属性是关系模式的主键。各个关系模式的数据示例如表 3-1(a)～(g)所示。

表 3-1 项目工程公司数据库实例

职工号 ENO	职工姓名 ENAME	职工性别 ESEX	职工年龄 EAGE	职工部门 EDEPT
10101	SIRI	女	28	D1
12121	CAROLINE	女	29	D2
15151	JOE	男	35	D2
2222	KARL	男	38	D2
32343	ALICE	女	20	D3
33456	ROSE	女	21	D3
45565	REBECCA	女	25	D1
58583	KIM	男	41	D2
76543	JACK	男	21	D1

(a) 职工(employee)表

续表

部门号 DNO	部门名称 DNAME	部门经理 MANAGER
D1	design	10101
D2	product	58583
D3	back office	32343

（b）部门（department）表

供应商号 SNO	供应商名称 SNAME	所在城市 CITY
S1	上益	天津
S2	盛兴	上海
S3	羽成	北京
S4	华润	北京
S5	恒大	上海

（c）供应商（supplier）表

零件号 PNO	零件名称 PNAME	颜色 COLOR	零件重量(g) WEIGHT
P1	螺母	红	15
P2	螺栓	绿	18
P3	螺丝刀	蓝	140
P4	螺丝刀	红	160
P5	凸轮	蓝	40
P6	齿轮	红	300

（d）零件（parts）表

项目号 JNO	项目名称 JNAME	所在城市 CITY	项目负责人 JLEADER
J1	联合项目	北京	15151
J2	发动机开发	长春	58583
J3	弹簧设计	天津	12121
J4	船舶制造	上海	58583
J5	机车制造	郑州	22222
J6	无线电设计	广州	NULL
J7	半导体改良	南京	NULL

（e）项目（project）表

职工号 ENO	项目号 JNO	项目状态 STATUS
10101	J1	0
12121	J1	0
15151	J1	0
45565	J1	0
58583	J2	1
76543	J2	1
12121	J3	1
76543	J3	1
22222	J4	0
45565	J4	0
58583	J4	0
76543	J4	0
10101	J5	1
15151	J5	1
2222	J5	1

(f) 职工-项目关系(employee-project)表

供应商号 SNO	零件号 PNO	项目号 JNO	供应数量 QTY
S1	P1	J1	2000
S1	P1	J3	1000
S1	P1	J4	7800
S1	P2	J2	1000
S2	P3	J2	4000
S2	P3	J4	3200
S2	P3	J5	5400
S2	P3	J1	4000
S2	P5	J1	4000
S2	P5	J2	2800
S3	P1	J1	2000

供应商号 SNO	零件号 PNO	项目号 JNO	供应数量 QTY
S3	P3	J1	3200
S4	P5	J1	1700
S4	P6	J3	4500
S4	P6	J4	3600
S5	P2	J4	1000
S5	P3	J1	3000
S5	P6	J2	6000
S5	P6	J4	5800

(g) 供应关系(spj)表

它们的定义见 3.3 节示例。

3.3　DBMS 数据定义

关系型 DBMS 的数据定义主要指关系数据库的三级模式结构定义、安全性定义、完整性定义。DBMS 利用 SQL 数据定义语言,将用户定义的数据库模式结构转换为内部标识存储在数据字典中。本节讨论三级模式结构的定义,对完整性与安全性的定义将在 3.5 节与第 8 章进行阐述。

关系数据库的模式结构对应到 SQL 数据定义语言,模式级别的基本对象是模式与表,外模式基本对象是视图,内模式涉及磁盘物理存储结构,数据定义语言主要涉及的对象是索引。因此,SQL 基本的数据定义功能指模式定义、表定义、视图定义和索引定义。表 3-2 列出了数据定义语言的具体语句。

表 3-2　数据定义语言的具体语句

数据对象	数据定义方式		
	创建对象	修改对象结构	删除对象
模式	CREATE SCHEMA		DROP SCHEMA
表	CREATE TABLE	ALTER TABLE	DROP TABLE
视图	CREATE VIEW		DROP VIEW
索引	CREATE INDEX	ALTER INDEX	DROP INDEX

CREATE 语句创建三级模式结构(模式、表、视图、索引),ALTER 语句修改已有的对象结构,DROP 语句删除不再需要的对象结构。删除结构与删除数据不同,前者是从数据字典中去掉相应对象的定义,使系统中不再存在这个对象;后者只是删除对象里的数据

本身,对象结构不受影响。

基本的 SQL 数据定义语言不提供修改模式与视图的操作。如果必须修改这两类对象,则先删除再重建。

3.3.1　模式的定义与删除

1. 模式定义

数据库管理系统中,创建模式语法格式如下:

```
CREATE SCHEMA <模式名> [ AUTHORIZATION <用户名>];
```

SCHEMA 关键字标识系统创建的是模式。定义模式实际上是定义了一个命名空间,在这个空间里,可以进一步定义该模式包含的数据库对象,例如基本表、视图、索引等。许多实际的 DBMS 产品在其扩展的 SQL 数据定义语言中,会将 SCHEMA 替换为DATABASE 关键字,其理由是 SCHEMA 过于术语化,而 DATABASE 对于用户显得更友好。

例 3-1　创建项目工程公司模式(数据库)COMPANY。

```
CREATE SCHEMA COMPANY;
```

或

```
CREATE DATABASE COMPANY;
```

该例句省略 AUTHORIZATION,执行该命令的用户即成为 COMPANY 的拥有者,值得注意的是,执行这个命令的用户应该具有创建模式的权限,本章所有例题都涉及权限的问题,统一假设例题执行者都具有相应权限。权限问题将在第 8 章阐述。

例 3-2　为用户 user1 创建模式(数据库)DB1。

```
CREATE SCHEMA DB1 AUTHORIZATION user1;
```

2. 模式删除

数据库管理系统中,删除模式语法格式如下:

```
DROP SCHEMA <模式名><CASCADE| RESTRICT>;
```

CASCADE 表示级联删除,即在删除模式的同时,该模式中所有的数据库对象全部删除;RESTRICT 表示限制删除,只有模式为空才能删除模式,如果模式中定义了表之类的数据对象,则 RESTRICT 拒绝删除动作的执行。CASCADE 和 RESTRICT 二者选其一。

例 3-3　删除 DB1(级联删除)。

```
DROP SCHEMA DB1 CASCADE;
```

删除 DB1 的同时,DB1 中定义的所有数据对象一并删除,数据字典中去掉模式 DB1与下属所有数据对象的描述。

3.3.2　基本表的定义、修改与删除

在模式命名框架中,最基本的数据对象是基本表,基本表用于存放数据。定义基本表会涉及域与表相关的完整性约束。

关系型数据库管理系统中,表包含若干个属性,每个属性来自一个域,属性的取值必须是域中的值。DBMS DDL 中域的概念用数据类型来实现。定义表的各个属性时,需要指明其数据类型。

表的完整性约束表达为主键、外键、检查、空值、唯一等完整性约束条件。完整性约束条件将存入数据字典中,当用户更新表中数据时,关系型数据库管理系统完整性子系统检查其是否违背完整性语义。本节只给出一部分完整性约束的表达,3.5 节将介绍详细的完整性约束。

1. 数据类型

SQL 标准支持多种数据类型,主要包括:

char(n):固定长度的字符串,指定长度为 n。

varchar(n):可变长度字符串,指定最大长度为 n。

int:整数类型。

smallint:小整数类型。

numeric(p,d):定点数,由 p 位数字组成,小数点右边有 d 位数字。

real:单精度浮点数。

double:双精度浮点数。

float(n):精度至少为 n 位的浮点数。

属性选用哪种数据类型根据实际情况决定,一般考虑取值范围与需要支持什么类型运算两个因素。例如,学生的百分制成绩,其取值是 0~100,因此,使用小整数类型作为成绩的数据类型。

不同的数据库管理系统产品,具体支持的数据类型不完全相同,需要时应该查阅系统帮助文档。

2. 定义基本表

数据库管理系统中,创建基本表语法格式如下:

```
CREATE TABLE <表名>  (<列名><数据类型>[<列级完整性约束>]
                    [,<列名><数据类型>[<列级完整性约束>]]
                    …
                    [,<表级完整性约束条件>]);
```

TABLE 关键字标识系统创建的数据对象是基本表。列定义之间用逗号分开。如果完整性约束涉及表的多个属性列,必须将其定义为表级,否则既可以定义为列级也可以定义为表级。

例 3-4　创建项目工程公司模式 COMPANY 下的 employee、department、supplier、

parts、project、employee-project、spj 表。

```
CREATE TABLE employee (ENO char(5)PRIMARY KEY,
                   --列级完整性约束条件,ENO 是主键
                   ENAME varchar(10),
                   ESEX char(2),
                   EAGE int,
                   EDEPT char(2)--职工所在的部门号);
CREATE TABLE department(DNO char(2)PRIMARY KEY,
                   --列级完整性约束条件,DNO 是主键
                   DNAME varchar(20),
                   MANAGER char(5)--部门经理职工号);
CREATE TABLE supplier(SNO char(2)PRIMARY KEY,
                   --列级完整性约束条件,SNO 是主键
                   SNAME varchar(20),
                   CITY varchar(10));
CREATE TABLE parts(PNO char(2)PRIMARY KEY,
                   --列级完整性约束条件,PNO 是主键
                   PNAME varchar(10),
                   COLOR char(2),
                   WEIGHT int);
CREATE TABLE project(JNO char(2)PRIMARY KEY,
                   --列级完整性约束条件,JNO 是主键
                   JNAME varchar(20),
                   CITY varchar(10));
CREATE TABLE employee-project
                   (ENO char(5),
                   JNO char(2),
                   STATUS int,
                   PRIMARY KEY(ENO,JNO),
                   --表级完整性约束条件,(ENO,JNO)是主键
                   FOREIGN KEY(ENO) REFERENCES employee(ENO),
                   --表级完整性约束条件,ENO 是外键,employee 为被参照表
                   FOREIGN KEY(JNO) REFERENCES project(JNO),
                   --表级完整性约束条件,JNO 是外键,project 为被参照表);
CREATE TABLE spj(SNO char(2),
                   PNO char(2),
                   JNO char(2),
                   QTY int,
                   PRIMARY KEY(SNO,PNO,JNO),
                   --表级完整性约束条件,主键由三个属性组成
                   FOREIGN KEY(SNO) REFERENCES supplier(SNO),
                   --表级完整性约束条件,SNO 是外键,supplier 为被参照表
                   FOREIGN KEY(PNO) REFERENCES parts(PNO),
```

```
--表级完整性约束条件,PNO 是外键,parts 为被参照表
FOREIGN KEY(JNO) REFERENCES project(JNO)
--表级完整性约束条件,JNO 是外键,project 为被参照表);
```

系统执行上述 CREATE TABLE 语句后,模式 COMPANY 中会建立起空表 supplier、parts、project、spj、employee、department、employee-project。其定义存放在数据字典中。

3. 修改基本表

随着应用的变化,有时需要修改已建立好的表。DBMS 提供 ALTER TABLE 语句修改基本表定义,其一般格式为:

```
ALTER TABLE <表名>
[ADD [COLUMN] <新列名><数据类型>[完整性约束]] |
[ALTER COLUMN <列名><数据类型>] |
[DROP [COLUMN] <列名>[<CASCADE| RESTRICT>]] |
[ADD <表级完整性约束>] |
[DROP CONSTRAINT <完整性约束名>[<CASCADE| RESTRICT>]] ;
```

<表名>标识出要修改的基本表,|表示其连接的语法子句只能选择一个子句执行,一个修改表结构 ALTER TABLE 命令一次只能执行某一类字句的修改。ADD [COLUMN]子句用来增加新列(包括列级完整性约束),ADD 子句用来增加表级完整性约束,ALTER COLUMN 子句用于修改已有列定义(包括修改列名、列数据类型等),DROP [COLUMN]子句用来删除指定列,DROP CONSTRAINT 子句用来删除指定的完整性约束条件。

例 3-5　向供应商表 supplier 增加状态列 STATUS,数据类型为整数。

```
ALTER TABLE supplier ADD COLUMN STATUS int;
```

例 3-6　将零件表 parts 的 COLOR 列的数据类型由 char(2)改为 char(4)。

```
ALTER TABLE parts ALTER COLUMN COLOR char(4);
```

4. 删除基本表

DBMS 提供 DROP TABLE 语句修改基本表定义,其一般格式为:

```
DROP TABLE <表名>[RESTRICT | CASCADE];
```

RESTRICT 表示删除表是有限制条件的,如果要删除的基本表被其他数据对象引用,比如有视图建立在这个基本表上,则不能删除这个表。只有当表没有任何的依附对象时才可以被删除。CASCADE 表示删除表没有限制条件,删除表的同时,引用该表的相关数据对象,例如外键引用该表的某表,一并删除。默认的选项是 RESTRICT。

例 3-7　删除 parts 表。

```
DROP TABLE parts CASCADE;
```

parts 表被 spj 表外键引用,因此要删除 parts 表,依附该表的数据对象 spj 也一并删除。

删除基本表,DBMS 将从数据字典中删除关于该表的定义描述记录,基本表的数据也一并删除。很多数据库产品中,删除表还会级联删除在此表上建立的索引、约束、触发器、视图、外键涉及的被参照表等对象。因此,执行删除基本表操作要慎重。当某个基本表随应用变化不再需要时,使用 DROP TABLE 语句删除之。

3.3.3　视图建立与删除简介

视图(view)是一个虚表,是从一个或几个基本表(视图)导出的表。数据库管理系统只存储视图的定义,不存放视图的数据。当用户查看视图时,视图的数据才会被 DBMS 从数据库中抽取并展示。导出视图的基本表如果发生了变化,构架其上的视图自然随之变化。因此,视图可以形象地比喻为基本表的窗口,用户通过它查看自己感兴趣的数据,而且不需要也看不到视图之外的数据。视图对应到模式结构,就是外模式。

DBMS 创建视图的命令是 CREATE VIEW。

删除视图的命令是 DROP VIEW。

视图定义的语法格式涉及 3.4 节内容,详细的视图定义将在 3.4 节描述。

3.3.4　索引的建立、修改与删除

第 2 章已经介绍了索引的意义,当表数据量很大时,查询操作会比较耗时,建立类似于图书目录的索引可以加快查询速度,快速定位到要查找的记录。同时,索引也有开销,当存储空间、基本表更新时,索引也需要维护。因此,用户根据实际需要,借助 DBMS 在基本表上建立索引。

索引是关系 DBMS 内部的实现技术,属于内模式范畴。DBMS 只需要用户完成索引的定义与删除,而索引的实现以及执行查询时利用合适的索引提高执行效率均是 DBMS 自动完成。SQL 标准虽然涉及索引不多,但商用关系系统都支持索引机制,只是具体实现与支持类型有所区别。

1. 建立索引

DBMS 提供 CREATE INDEX 语句创建索引,其一般格式为:

```
CREATE [UNIQUE][CLUSTER] INDEX <索引名>ON <表名>
            (<列名>[<ASC| DESC>][,<列名>[<ASC| DESC>]]…);
```

<表名>指出要建立索引的基本表名。UNIQUE 表示创建唯一索引,每一个索引查找键值对应唯一的数据记录。CLUSTER 表示创建的索引是聚集索引,聚集索引的概念已经在第 2 章介绍。索引可以创建在一列或者多列上,列名之间用逗号分开,<列名>后的[<ASC|DESC>]表示排序顺序,其取值可以为 ASC 或 DESC,ASC 为升序,DESC 为降序,默认为 ASC。

例 3-8　为项目工程公司数据库 COMPANY 下的 project、spj 表创建索引。project

表按项目号升序创建唯一索引,spj 表按供应商号、零件号和项目号降序创建索引。

```
CREATE UNIQUE INDEX project-idx ON project(PNO);
CREATE INDEX spj-idx ON spj(SNO DESC,PNO DESC,JNO DESC);
```

2. 修改索引结构

对于系统中的索引,可以使用 ALTER INDEX 语句对其重新命名。一般格式为:

```
ALTER INDEX <旧索引名>RENAME TO <新索引名>;
```

例 3-9   将 project 表的 project-idx 索引重新命名为 p-idx。

```
ALTER INDEX project-idx RENAME TO p-idx;
```

3. 删除索引

索引一经建立便由 DBMS 自动使用和维护,无须用户干预。维护索引需要系统开销,尤其是在数据更新频繁的时候,因此,应该删除不必要的索引。

DBMS 提供 DROP INDEX 语句删除索引,其一般格式为:

```
DROP INDEX <索引名>;
```

例 3-10   删除 spj 表的 spj-idx 索引。

```
DROP INDEX spj-idx;
```

执行上述语句,DBMS 会从数据字典中删去 spj-idx 索引的描述。

3.4   DBMS 数据操纵

DBMS 数据操纵是指对数据库实例值允许执行的操作的集合,主要有查询和更新(插入、删除、修改)两大类操作。

3.4.1   数据查询

数据查询是数据库管理系统的核心操作,DBMS 提供 SELECT 语句进行数据查询,该语句功能丰富、使用灵活,一般格式为:

```
SELECT [ALL|DISTINCT] <目标列表达式>[,<目标列表达式>] …
FROM <表名或视图名>[,<表名或视图名>] …|(SELECT 语句)AS <别名>
[WHERE <条件表达式>]
[GROUP BY <列名 1>[HAVING <条件表达式>]]
[ORDER BY <列名 2>[ASC|DESC]];
```

SELECT 子句指定要显示的<目标列表达式>,<目标列表达式>可以是单个的属性列名或者包含属性名的表达式;FROM 子句指定查询对象,查询对象可以是<基本表或视图>,也可以是嵌套的 SELECT 语句查询结果构造的临时表,临时表表名由<别

名＞指定；WHERE 子句指定查询条件；GROUP BY 子句对查询结果按＜列名 1＞的值
分组，属性列值相等的元组为一个组，通常会在每组中作用集函数，将分组后的每一组运
算为一行输出。HAVING 短语筛选出只有满足指定条件的组输出；ORDER BY 子句对
查询结果按＜列名 2＞的值升序或降序排序输出。

以项目工程公司数据库 COMPANY 为例说明 SELECT 语句的主要用法。

1. 单表查询

单表查询只涉及一个表。

（1）选择表的若干列。用户查询表的一部分属性列值，在 SELECT 子句的＜目标列
表达式＞中指定属性列名即可。

例 3-11　查找供应商的名称及所在城市。

```
SELECT SNAME,CITY
FROM supplier;
```

用户查询全部属性列，而查询结果列的显示顺序与基本表的顺序一致，可以将＜目标
列表达式＞简写为 ＊ 。

例 3-12　查找全体供应商信息。

```
SELECT *
FROM supplier;
```

等价于

```
SELECT SNO,SNAME,CITY
FROM supplier;
```

用户查询经过计算的属性列值，也就是＜目标列表达式＞为表达式。

例 3-13　查询全体职工的姓名及其出生年份。

```
SELECT ENAME,2018-EAGE
FROM employee;
```

有时，查询中可能存在这样的情况，不完全相同的行投影到某些列上后，变得完全相
同。SQL 对查询结果中出现的重复行会保留，可以使用 DISTINCT 短语消除重复行。

例 3-14　查询 employee-project 表中的项目号。

```
SELECT DISTINCT JNO
FROM employee-project;
```

（2）选择表的若干行。查询表的若干行往往表示为某种条件，通过 WHERE 子句测
试条件是否满足来完成这类操作。

例 3-15　查询红色零件的名称。

```
SELECT PNAME
FROM parts
```

```
WHERE COLOR='红';
```

关系型数据库管理系统执行该查询的一种普遍算法是：对 parts 表全表扫描，取出第一个元组，检查该元组在 COLOR 列的属性值是否等于'红'，如果等于，则取出该元组的 PNAME 值形成查询结果的第一行；否则，跳过此行，检查下一个元组。重复这个过程，直到 parts 全部扫描完。

如果 parts 表行数目比较多，有上万行甚至几十万行，而红色零件的数目只有二十行左右（即红色零件数目占零件总数目比例很小），则可以在 parts 表的 COLOR 列上建立索引，DBMS 利用索引找出 COLOR＝'红'的元组，取出其 PNAME 值形成查询结果，加快查询速度。如果 parts 表零件行数目不大，则索引查找不一定能提高查询效率，这时 DBMS 仍使用全表扫描。

例 3-16 查询质量大于 100g 的零件号。

```
SELECT PNO
FROM parts
WHERE WEIGHT>100
```

在 WHERE 子句中可以使用谓词 BETWEEN … AND … 来表示查找范围，其中 BETWEEN 后面是范围的下限，AND 后面是范围的上限。

例 3-17 查询年龄为 20～30 岁（包括 20 岁和 30 岁）的职工姓名、年龄和部门。

```
SELECT ENAME,EAGE,EDEPT
FROM EMPLOYEE
WHERE EAGE BETWEEN 20 AND 30;
```

等价于

```
SELECT ENAME,EAGE,EDEPT
FROM EMPLOYEE
WHERE EAGE>=20 AND EAGE<=30;
```

例 3-18 查询年龄不是 20～30 岁的职工姓名、年龄和部门。

```
SELECT ENAME,EAGE,EDEPT
FROM EMPLOYEE
WHERE EAGE NOT BETWEEN 20 AND 30;
```

在 WHERE 子句中可以使用谓词 IN 以及对应的 NOT IN 来查找属于（不属于）指定集合的元组。

例 3-19 查询北京或上海的供应商号。

```
SELECT SNO
FROM supplier
WHERE SNAME IN('上海','北京');
```

等价于

```
SELECT SNO
FROM supplier
WHERE SNAME='上海'OR SNAME='北京';
```

在 WHERE 子句中可以使用谓词 LIKE 以及对应的 NOT LIKE 来查找与匹配串字符串相匹配的元组。

这时 WHERE 子句的一般格式为：

```
WHERE <属性列>[NOT] LIKE '<匹配串>' [ESCAPE '<换码字符>']
```

查找属性列值与相匹配的元组。<匹配串>可以是一个完整的字符串，也可以含有通配符。

当<匹配串>为固定字符串时，可以用＝运算符取代 LIKE 谓词，用！＝或<>运算符取代 NOT LIKE 谓词。

例 3-20　查找职工号为'22222'的职工信息。

```
SELECT *
FROM employee
WHERE ENO LIKE '22222';
```

等价于

```
SELECT *
FROM employee
WHERE ENO='22222';
```

更多情况下，LIKE(NOT LIKE)谓词的使用涉及通配符。通配符有以下两种。

％（百分号）代表任意长度（长度可以为 0）的字符串。

例：a％b 表示以 a 开头，以 b 结尾的任意长度的字符串。如 acb、addgb、ab 等都满足该匹配串。

＿（下横线）代表任意单个字符。

例：a_b 表示以 a 开头，以 b 结尾的长度为 3 的任意字符串。如 acb、afb 等都满足该匹配串。

例 3-21　查询项目名中含有'设计'两个字符的项目号与名称。

```
SELECT JNO,JNAME
FROM J
WHERE JNAME LIKE '%设计%';
```

例 3-22　查询职工姓名的第三个字符为'R'的职工姓名与部门号。

```
SELECT ENAME,EDEPT
FROM employee
WHERE ENAME LIKE '__R%';
```

当用户要查询的字符串本身就含有％或 ＿ 时，使用 ESCAPE '<换码字符>'短语对通配符进行转义。

例 3-23 查询职工姓名以 Mr 开头且第三个字符为'_'的职工的职工号与职工姓名。

```
SELECT ENO,ENAME
FROM employee
WHERE ENAME LIKE 'Mr\% ' ESCAPE '\';
```

ESCAPE 后的'\'表示'\'为换码字符,它将匹配串中紧跟在'\'后的'_'字符转义为普通字符,不再具有通配符的含义。

当 WHERE 子句条件涉及空值的时候,必须使用 IS NULL(IS NOT NULL)表示是否为空,IS 不能用等号(=)代替。

例 3-24 查询项目负责人为空值的项目名称。

```
SELECT JNAME
FROM project
WHERE JLEADER IS NULL;
```

(3) GROUP BY 子句与 HAVING 短语。GROUP BY 子句将查询的中间结果分组,按指定的一列或多列值分组,值相等的为一组,利用集函数将这一组输出为结果表中的一行。所以使用 GROUP BY 子句的 SELECT 子句的列名列表中只能出现分组属性和集函数。

SQL 提供的主要聚集函数如下。

计数：COUNT([DISTINCT|ALL] *)

　　　COUNT([DISTINCT|ALL] <列名>)

计算总和：SUM([DISTINCT|ALL] <数值型列名>)

计算平均值：AVG([DISTINCT|ALL] <数值型列名>)

求最大值：MAX([DISTINCT|ALL] <列名>)

求最小值：MIN([DISTINCT|ALL] <列名>)

其中,DISTINCT 短语在计算时取消列中重复值,ALL 短语计算时不取消重复值,ALL 为默认值。

例 3-25 查询每个项目的项目号与参与的职工人数。

```
SELECT JNO,COUNT(ENO)
FROM project
GROUP BY JNO;
```

有时,用户不需要集函数对每一分组作用输出,而是按一定条件对分组进行筛选,最后只输出满足条件的组。

例 3-26 查询有三人以上参加的项目的项目号以及参与职工人数。

```
SELECT JNO,COUNT(ENO)
FROM project
GROUP BY JNO
HAVING COUNT(*)>3;
```

(4) ORDER BY 子句。ORDER BY 子句对查询结果按照一个或者多个属性列的值排序,ASC 为升序,DESC 为降序。

例 3-27　查询职工号为'12121'的职工参加的项目号,查询结果按照项目号升序排列。

```
SELECT JNO
FROM employee-project
WHERE ENO='12121'
ORDER BY JNO ASC;
```

2. 连接查询

涉及两个及两个以上表的查询,称为连接查询。单表查询只针对单个基础表,能表达的查询信息十分有限,实际系统中的查询,更多的是连接查询。

连接两个表的条件称为连接条件,放在 WHERE 子句中,一般格式为:

[<表名 1>.]<列名 1><比较运算符>[<表名 2>.]<列名 2>

连接条件中的列名称为连接字段,连接字段的数据类型必须是可比的,字段名不一定相同。

连接条件中使用的比较运算符为＝时,称为等值连接。使用其他运算符时称为非等值连接。

例 3-28　查询使用了'天津'供应商供应的零件的项目号。

```
SELECT JNAME
FROM supplier,spj
WHERE supplier.SNO=spj.SNO AND supplier.CTIY='天津';
```

例 3-29　查询使用了'天津'供应商供应的'红'色零件的项目号。

```
SELECT JNAME
FROM supplier,spj,parts
WHERE supplier.SNO=spj.SNO AND spj.PNO=parts.PNO AND
supplier.CTIY='天津' AND parts='红';
```

自然连接是一种特殊的等值连接,它在查询结果中去掉重复的属性列。

例 3-30　parts 表与 spj 表自然连接的 SELECT 语句表达如下。

```
SELECT parts.PNO,PNAME,COLOR,WEIGHT,SNO,JNO,QTY
FROM parts,spj
WHERE parts.PNO=spj.PNO;
```

3. 嵌套查询

类似于高级语言循环语句,SELECT 语句也允许嵌套。从数据库管理系统角度来讲,一个 SELECT-FROM-WHERE 语句称为一个查询块。在一个 SELECT 语句的 WHERE 子句或者 HAVING 短语中包含嵌套另一个 SELECT 语句块的查询称为嵌套查询(nested-query)。

```
SELECT A
FROM table1
WHERE B IN (SELECT C
FROM table2
WHERE D='value1');
```

上述 SELECT 语句就是一个嵌套查询,上层查询块

```
SELECT A FROM table1 WHERE B IN
```

称为外层查询,也称为父查询,下层查询块

```
SELECT C FROM table2 WHERE D='value1'
```

称为内层查询,也称为子查询。

SELECT 子查询还可以再嵌套子查询,构造多层嵌套循环。同时,内层循环中不允许使用 ORDER BY 子句。

嵌套循环为用户提供多个简单查询嵌套构成复杂查询的方式,这也是 SQL 中"结构化"的含义。

(1) 相关子查询与不相关子查询。按照子查询的查询条件是否依赖于父查询分为不相关子查询(依赖)与相关子查询(不依赖)。

不相关子查询由里向外逐层处理。每个子查询在上一级查询处理之前求解,子查询的结果用于建立其父查询的查找条件。

相关子查询的求解过程是,取外层表的第一个元组,根据它的属性值处理内层查询,若内层查询求解使得外层 WHERE 子句返回值为真,则此元组是满足查询条件的元组,取查询结果需要的属性值放入结果表;然后取外层表的下一个元组,重复上述过程,直至外层表扫描完毕。

(2) IN 谓词、比较运算符、ANY 与 ALL 谓词、EXISTS 谓词子查询。按照引出子查询的谓词,可以将嵌套查询分为带有 IN 谓词的子查询,带有比较运算符的子查询,带有 ANY 或 ALL 谓词的子查询以及带有 EXISTS 谓词的子查询。

(3) IN 谓词的子查询。SELECT 查询的结果往往是一个集合,所以嵌套查询中经常使用谓词 IN 连接父查询与子查询。

例 3-31 查询与'ALICE'在同一个部门的职工的职工号与职工姓名。

```
SELECT ENO,ENAME
FROM employee
WHERE EDEPT IN (
SELECT EDEPT
FROM employee
WHERE ENAME='ALICE');
```

(4) 带有比较运算符的子查询。带有比较运算符的子查询值的外层查询与内层查询之间,是用比较运算符进行连接的嵌套查询。当确定内层查询的返回值是一个值时,可以用 >、>=、<、<=、=、!=或<>比较运算符连接内外层循环。

例 3-32　查询年龄超过全体职工平均年龄的职工的职工姓名。

```
SELECT ENAME
FROM employee
WHERE EAGE>=(SELECT AVG(EAGE)
FROM employee);
```

例 3-33　假设每个职工只能在一个部门工作,例 3-31 中的谓词 IN 可以用＝替换。SELECT 语句如下所示。

查询与'ALICE'在同一个部门的职工的职工号与职工姓名。

```
SELECT ENO,ENAME
FROM employee
WHERE EDEPT=(
SELECT EDEPT
FROM employee
WHERE ENAME='ALICE');
```

(5) 带 ANY(ALL)谓词的子查询。使用 ANY 或者 ALL 谓词的子查询时必须使用比较运算符。当子查询返回的结果不是单值时,父子查询之间用比较运算符加 ANY(ALL)谓词连接。

例 3-34　查询非设计部门中比设计部门中任意一个职工年龄小的职工的职工姓名与年龄。

```
SELECT ENAME,EAGE
FROM employee
WHERE EAGE<ANY(
SELECT EAGE
FROM employee
WHERE EDEPT='design')
        AND EDEPT<>'design';
```

该查询也可以用聚集函数来实现,要查找其年龄值小于任意一个设计部门职工年龄的非设计部门职工等于查找这样的非设计部门职工,他的年龄值小于设计部门职工的最大年龄。SQL 首先找出设计部门职工年龄的最大值(28),然后父查询会查询所有非设计部门职工中小于 28 岁的职工。等价 SQL 语句如下:

```
SELECT ENAME,EAGE
FROM employee
WHERE EAGE<(
SELECT MAX(EAGE)
FROM employee
WHERE EDEPT='design')
        AND EDEPT<>'design';
```

实际上,聚集函数子查询的效率一般比直接使用比较运算符加 ANY(ALL)谓词查询效率要高。

比较运算符加 ANY(ALL)谓词与聚集函数对应关系如表 3-3 所示。

表 3-3　比较运算符加 ANY(ALL)谓词与聚集函数对应关系

谓词	比较运算符					
	>	>=	<	<=	=	!=或<>
ANY	>MIN	>=MIN	<MAX	<=MAX	IN	—
ALL	>MAX	>=MAX	<MIN	<=MIN	—	NOT IN

（6）带 EXISTS 谓词的子查询。EXISTS 代表了关系演算中的存在量词∃。EXISTS 子查询不返回具体数据，只返回逻辑值真 true 或者假 false。若内层查询结果非空，则返回真值；若内层查询结果为空，则返回假值。EXISTS 子查询的目标列表达式通常都写成'*'，因为它只返回逻辑值，所以给出列名的详细列表就没有必要。

所有带 IN 谓词、比较运算符、ANY 和 ALL 谓词的子查询都能用带 EXISTS 谓词的子查询等价替换。一些带 EXISTS 或 NOT EXISTS 谓词的子查询不能被其他形式的子查询等价替换。

例 3-35　查询所有参加了'J1'号项目的职工的职工姓名。

```
SELECT ENAME
FROM employee
WHERE EXISTS (
SELECT *
FROM employee-project
WHERE ENO=employee.ENO AND JNO='J1');
```

例 3-36　查询没有参加'J1'号项目的职工的职工姓名。

```
SELECT ENAME
FROM employee
WHERE NOT EXISTS(
SELECT *
FROM employee-project
WHERE ENO=employee.ENO AND JNO='J1');
```

例 3-37　查询没有使用天津生产的零件的项目号。

```
SELECT JNO
FROM project
WHERE NOT EXISTS(
SELECT *
FROM spj,supplier
WHERE supplier.SNO=spj.SNO
AND spj.JNO=project.JNO AND CITY='天津');
```

例 3-38　查询至少使用了供应商 S1 供应的所有零件的项目号。

```
SELECT DISTINCT JNO
FROM SPJ Z
WHERE NOT EXISTS(
SELECT *
FROM SPJ X
WHERE SNO='S1' AND NOT EXISTS(
SELECT *
FROM SPJ Y
WHERE Y.JNO=Z.JNO AND Y.PNO=X.PNO));
```

使用嵌套查询逐步求解查询层次清晰，具有结构化程序设计的特点。但是相比于连接运算，目前商用数据库管理系统对嵌套查询的优化做得还不够完善，所以在实际应用中，能够使用连接查询表达的查询尽可能采用连接查询。

3.4.2　数据更新

关系型数据库管理系统中，数据更新指三个方面：向基本表中添加数据行、将数据行从基本表中删除、修改基本表中的数据项。

1. 插入数据

向基本表中插入数据可以一次插入一个元组，也可以将一个子查询结果插入基本表，即一次插入多个元组。SQL 中插入数据的语句为 INSERT，一般格式如下：

```
INSERT
INTO <表名>[(<属性名 1>[,<属性名 2>]…)]
VALUES(<常量 1>[,<常量 2>]…)|
<子查询>;
```

INTO 子句指明往基本表中插入的数据行具体是在属性列 1、属性列 2…插入数据项，不在 INTO 子句中的属性列，取空值。要特别注意，在这种情况下，不在 INTO 子句的属性列在基本表定义时要将其列属性定义为允许取空，否则会因违反数据完整性而出错。

如果省略属性列表(<属性名 1>[,<属性名 2>]…)，则新元组的每一个属性都必须明确赋值。

VALUES 子句表示本次 INSERT 语句插入一个元组，其中常量 1 的值赋给属性列 1，常量 2 的值赋给属性列 2……

<子查询>表示本次 INSERT 语句将子查询结果插入基本表，一次插入一批元组。

例 3-39　将一个新零件插入到零件表 parts(零件号'P7'，零件名称'弹簧'，颜色'白'，重量 180)。

```
INSERT
INTO parts(PNO,PNAME,COLOR,WEIGHT)
```

```
VALUES('P7','弹簧','白', 180);
```

例 3-40　往 spj 表插入一个零件供应记录('S1','P7','J1')。

```
INSERT
INTO spj
VALUES('S1','P7','J1');
```

DBMS 在插入新记录时，对供应数量 QTY 字段上自动赋空值。这里假设 spj 的 QTY 字段允许为空。

例 3-41　对每一种零件，统计其供应总数量。

创建新表 parts-total-qty，使其包括两列，一列存放零件号，一列存放零件总数量。

```
CREATE TABLE parts-total-qty
(PNO char(2),
total-qty int);
```

然后对新表执行如下 INSERT 语句：

```
INSERT
INTO parts-total-qty(PNO,total-qty)
SELECT PNO,SUM(qty)
FROM spj
GROUP BY PNO;
```

2. 修改数据

修改基本表数据的语句是 UPDATE，语法格式如下：

```
UPDATE <表名>
SET <列名>=<表达式>[,<列名>=<表达式>]…
[WHERE <条件>]
```

SET 子句将指定<列名>的值修改为<表达式>的值。WHERE 子句中的条件指定哪些元组被修改，若省略 WHERE 子句，则表示修改表中所有元组。

例 3-42　将职工'KIM'的年龄改为 27 岁。

```
UPDATE employee
SET EAGE=27
WHERE ENAME='KIM';
```

例 3-43　将所有职工的年龄增加 1 岁。

```
UPDATE employee
SET EAGE=EAGE+1;
```

3. 删除数据

删除基本表数据的语句是 DELETE，语法格式如下：

```
DELETE
FROM <表名>
[WHERE <条件>];
```

FROM 指定要删除数据的表名。WHERE 子句指定删除条件,即符合条件的元组被删除。如果省略 WHERE 子句,则删除表中全部元组,但是表结构还在,数据字典中表的元数据还在。DROP TABLE 与 DELETE TABLE 不同,前者会撤销表定义。

例 3-44　从供应关系表 spj 中删除供应商'S2'的相关记录。

```
DELETE
FROM spj
WHERE SNO='S2';
```

例 3-45　从供应关系表 spj 中删除'红'色零件的相关记录。

```
DELETE
FROM spj
WHERE PNO IN(
SELECT PNO
FROM parts
WHERE COLOR='红');
```

4. 更新操作导致的完整性检查

对基本表数据的插入、删除、修改可能破坏表数据的完整性,3.5 节将详细讨论关系型数据库管理系统的完整性检查与控制。

3.4.3　视图

视图(View)是一个虚表,是从一个或几个基本表(视图)导出的表。数据库管理系统只存储视图的定义,不存放视图的数据。当用户查看视图时,视图的数据才会被 DBMS 从数据库中抽取并展示。导出视图的基本表如果发生了变化,构架其上的视图也自然随之变化。因此,视图可以形象地比喻为基本表的窗口,用户通过它查看自己感兴趣的数据,而看不到视窗之外的数据,这同时也起到了一定的数据保护作用。视图对应到外模式结构。

视图一经定义,就可以当作基本表一样被查询、删除。但是视图的更新(增加、删除、修改)操作有一定的限制。

本节讨论视图的定义与数据操纵。

1. 视图定义

建立视图的命令为 CREATE VIEW,语法格式如下:

```
CREATE VIEW<视图名>[(<列名>[,<列名>]…)]
    AS<子查询>
    [WITH CHECK OPTION];
```

　　<视图名>指定创建的视图名称。[(<列名>[,<列名>]…)]表示组成视图的属性名列表,该选项可以全部指定,也可以全部省略。如果省略[(<列名>[,<列名>]…)],视图的各个属性名就是子查询中 SELECT 子句目标列中的诸字段名;但是在子查询<目标列表达式>包含聚集函数或表达式,或者子查询涉及多表连接<目标列表达式>中包含同名列,或者视图需要为它的列启用不同于子查询<目标列表达式>的名字这几种情形下,[(<列名>[,<列名>]…)]不能省略。<子查询>的执行结果就是视图的数据。[WITH CHECK OPTION]表示对视图进行更新操作(INSERT、UPDATE、DELETE)时,DBMS 必须保证执行更新操作的行满足视图定义中子查询的条件表达式。

　　例 3-46　创建生产部门职工信息的视图。

```
CREATE VIEW product-emp
AS
    SELECT ENO,ENAME,EAGE,ESEX
    FROM employee
    WHERE EDEPT='D2';
```

　　本例定义省略了视图列名列表,视图的属性就是子查询中的 ENO、ENAME、EAGE、ESEX 四列。

　　关系 DBMS 执行视图定义语句时,只是把视图的定义登记到数据字典中,并不执行其中的子查询。当用户去查询视图数据时,DBMS 才执行子视图定义中的子查询。

　　例 3-47　创建生产部门职工信息的视图,并要求进行修改和插入操作时,涉及的数据行一直满足视图定义中的条件。

```
CREATE VIEW product-emp-check
AS
    SELECT ENO,ENAME,EAGE,ESEX
    FROM employee
    WHERE EDEPT='D2'
WITH CHECK OPTION;
```

　　由于定义中加上了 WITH CHECK OPTION 选项,DBMS 在执行视图更新操作时,会自动在数据操纵语句中加上条件 EDEPT='D2'。

　　例 3-46 和例 3-47 的视图是定义在单个基本表之上,保留主键属性取基本表数据的若干行与若干列,具有这样特征的视图称为行列子集视图。

　　视图不仅可以建立在单个基本表上,还可以建立在多个表、多个视图、多个表与视图上,这样的视图称为多表视图。

　　例 3-48　建立供应商'S1'供应零件的信息视图,包括零件号、零件名称、颜色、供应的工程名称、数量。

```
CREATE VIEW S1-parts-project(PNO,PNAME,COLOR,JNAME,QTY)
AS
    SELECT parts.PNO,PNAME,COLOR,JNAME,QTY
    FROM parts,spj,project
```

```
WHERE parts.PNO=spj.PNO AND spj.JNO=project.JNO AND spj.SNO='S1';
```

例 3-49　建立供应商'S1'供应零件的数量大于 100 的零件信息视图,包括零件号、零件名称、颜色、供应的工程名称、数量。

```
CREATE VIEW S2-parts-project
AS
    SELECT PNO,PNAME,COLOR,JNAME,QTY
    FROM S1-parts-project
    WHERE QTY>=100;
```

例 3-50　建立职工出生年份的视图,包括职工号、职工姓名、出生年份。

```
CREATE VIEW employee-birth-year(ENO,ENAME,EYEAR)
AS
    SELECT ENO,ENAME,2018-EAGE
    FROM employee;
```

例 3-50 的视图定义中,EYEAR 列在基本表中并不实际存在,而是由子查询的<目标列表达式> 2018-EAGE 计算得到,具有这样特征的视图称之为带表达式的视图。

例 3-51　建立视图 edept-average-age,包含不同部门职工平均年龄的信息。

```
CREATE VIEW edept-average-age(EDEPT,AVGAGE)
AS
    SELECT EDEPT,AVG(EAGE)
    FROM employee
    GROUP BY EDEPT;
```

在例 3-51 中,子查询<目标列表达式>包含了聚集函数,因此 CREATE VIEW 必须明确定义组成 edept-average-age 的属性名。同时,子查询含有 GROUP BY 子句,具有这样特征的视图称之为分组视图。

2. 视图的删除

删除视图的命令为 DROP VIEW,语法格式如下:

```
DROP VIEW<视图名>[CASCADE];
```

视图删除意味着 DBMS 将视图的定义从数据字典中去掉。如果视图上又定义了其他的视图,CASCADE 级联选项将该视图以及定义其上的其他视图一起删除。

基本表删除后,定义在基本表上的视图均无法正常使用,但是视图的定义还存在于数据字典中。

例 3-52　删除视图 S1-parts-project 与 S2-parts-project。

```
DROP VIEW S2-parts-project;
DROP VIEW S1-parts-project;
```

等价于

```
DROP VIEW S1-parts-project CASCADE;
```

3. 视图的查询

视图定义后，普通用户就可以将其当作基本表一样查询。

例 3-53　查询视图 employee-birth-year 的所有信息。

```
SELECT *
FROM employee-birth-year;
```

例 3-54　查询年龄大于 25 岁的生产部门职工信息。

```
SELECT *
FROM product-emp
WHERE EAGE>=25;
```

关系型数据库管理系统执行视图查询最常用的执行方式是视图的消解。DBMS 首先进行有效性检查，检查查询中涉及的基本表、视图等数据对象是否存在。然后从数据字典中取出视图的定义，把定义中的子查询与用户的查询语句结合起来，转换成等价的基本表查询语句，即修正的查询语句。最后执行它，得到查询结果。

上面两个例子等价的修正查询语句分别为：

```
SELECT ENO,ENAME,2018-EAGE
FROM employee;
```

和

```
SELECT ENO,ENAME,EAGE,ESEX
FROM employee
WHERE EDEPT='D2' AND EAGE>=25;
```

例 3-55　在视图 edept-average-age 中查询平均年龄大于 27 岁的职工的部门号与平均年龄（视图 edept-average-age 包含不同部门职工平均年龄的信息）。

```
SELECT EDEPT,AVGAGE
FROM edept-average-age
WHERE AVGAGE>=27;
```

将本例的查询视图语句与视图定义中的子查询结合，

```
CREATE VIEW edept-average-age(EDEPT,AVGAGE)
AS(SELECT EDEPT,AVG(EAGE)
    FROM employee
    GROUP BY EDEPT)
```

得到下列查询语句：

```
SELECT EDEPT,AVG(EAGE)
FROM employee
```

```
WHERE AVG(EAGE)>=27
GROUP BY EDEPT;
```

而 WHERE 子句中不能用聚集函数作为条件表达式,修正得到最终的查询语句为:

```
SELECT EDEPT,AVG(EAGE)
FROM employee
GROUP BY EDEPT
HAVING AVG(EAGE)>=27;
```

多数 DBMS 对行列子集视图的查询均能正确消解得到修正的查询语句。对于非行列子集视图就不一定了。读者在具体的 DBMS 产品中,应该查阅使用手册。

4. 视图的更新

视图的更新指通过视图来更新数据(INSERT、DELETE、UPDATE)。视图不实际存储数据,对视图的更新操作最终转化为对基本表的更新操作。与视图查询类似,DBMS 主要通过视图消解来完成视图的更新操作。

例 3-56　向生产部门职工信息视图 product-emp 中,插入一个新的职工记录('70700','TOM',33,'男')。

```
INSERT INTO product-emp
VALUES('70700','TOM',33,'男');
```

DBMS 将其转换为对基本表的更新操作:

```
INSERT INTO employee(ENO,ENAME,EAGE,ESEX)
VALUES('70700','TOM',33,'男');
```

对于定义中指定了 WITH CHECK OPTION 子句的视图,DBMS 在更新视图时会进行检查,拒绝执行不满足条件的更新(增、删、改)操作,防止用户通过视图对不属于视图范围内的基本表数据进行更新。

例 3-57　向生产部门职工信息视图 product-emp-check 中,插入一个新的职工记录('70700','TOM',33,'男')。

```
INSERT INTO product-emp-check
VALUES('70700','TOM',33,'男');
```

DBMS 将其转换为对基本表的更新操作:

```
INSERT INTO employee(ENO,ENAME,EAGE,ESEX,EDEPT)
VALUES('70700','TOM',33,'男','D2');
```

本例中,系统自动将部门号'D2'放入 VALUES 子句中。

关系数据库中,并不是所有的视图都是可更新的。有些视图理论上不可更新,比如涉及了聚集函数;有些视图理论上可更新,但实际的 DBMS 产品不支持更新。

一般地,DBMS 都支持更新行列子集视图。

3.5   DBMS 完整性约束

保持数据的完整性是为了防止数据库系统中出现不符合现实语义即不正确的数据。数据库管理系统完整性约束（Integrity Constraint）包括完整性定义、完整性检查与违约处理。

3.5.1   完整性概述

数据库完整性指数据的正确性和相容性。数据正确性指数据符合现实世界语义，反映实际取值；数据相容性指同一事实在数据库中的多个取值应该相同，取值不一致就是不相容。

例如，职工号必须唯一，同时也不能取空值，零件的供应数量不能取负数，电话号码的取值应该是数字字符串，而不能为字母等其他字符，职工合作的项目必须来源于项目表等。

完整性约束保证合法用户对数据库的更新不会破坏数据完整性。完整性检查和防范的对象是不合语义、不正确的数据。

完整性约束可以看作属于数据库的任意谓词，DBMS 检测任意谓词的代价很高。因此，大多数 DBMS 允许用户指定只需极小开销就可以检测数据库约束。常见的有实体完整性（主键）PRIMARY KEY、参照完整性（外键）FOREIGN KEY、非空 NOT NULL、唯一 UNIQUE、检查 CHECK。3.5.2 节~3.5.6 节将分别讨论上述五种基本完整性约束。

完整性约束通常被看成数据库模式设计的一部分，在创建关系 CREATE TABLE 时作为表结构定义的一部分被声明。也可以通过 ALTER TABLE ＜表名＞ ADD CONSTRAINT 添加到表结构上。

DBMS 中执行完整性检查的子系统称为"完整性子系统"。完整性子系统主要功能有以下三点。

1. 提供定义完整性规则的机制

完整性子系统是根据一组完整性规则工作的。完整性规则也称为完整性约束条件，是数据库数据必须满足的语义约束条件，它表达了给定数据模型中数据及其联系所具有的制约和依存规则，用以限定数据库状态及状态的变化，以保证数据的正确性、相容性。DBMS 提供一组机制让数据库管理员（DBA）或者程序员来定义完整性规则，并作为数据库模式的一部分存入数据字典中。

每个完整性规则由以下三部分组成。

（1）触发条件，DBMS 什么时候使用规则进行检查。

（2）约束条件，也称为谓词，描述 DBMS 具体要检查什么样的错误。

（3）违约动作，也称为 ELSE 子句，定义如果查出错误，DBMS 应该怎么办。

常见的完整性规则定义由 SQL 定义语法实现。

2. 提供完整性检查的方法

DBMS 中检查数据是否满足完整性约束条件的机制称为完整性检查。常见的完整性检查一般在 DML 语句(INSERT、DELETE、UPDATE)执行时被触发执行检查,也可以在事务提交时检查。

3. DBMS 违约处理

一旦用户的数据更新操作违反了完整性约束条件,DBMS 将采取一定的动作来保障数据完整性,此即违约处理。一般的违约处理动作有拒绝执行(NO ACTION)或者级联执行(CASCADE)。

早期的 DBMS 并不支持完整性检查,因为完整性检查占用时空资源。完整性控制交由应用程序来完成,但这会带来漏洞,因为应用程序定义的完整性约束条件可能被其他应用程序破坏,数据库数据的正确性与相容性仍然无法很好地保障。

因此,现今的关系型 DBMS 产品都支持完整性控制并成为 DBMS 的核心支持功能。完整性定义和检查由系统实现,不必由应用程序完成,因此减轻程序员负担。实际的数据库系统中,完整性规则机制会在应用程序端与 DBMS 服务器端各配置一套,因为应用程序端完全不考虑完整性控制,将完整性控制完全交由 DBMS 完成,会带来一些不必要的数据库报错,降低系统运行效率。

3.5.2　实体完整性

实体完整性约束 PRIMARY KEY(A_1,A_2,$\cdots$,A_n)中的诸属性 A_1,A_2,$\cdots$,A_n 构成关系的主键,主键取值不能为空并且唯一。实体完整性要求每一个元组在主键上不能为空,关系中也不允许两个元组在主键上取值相同。

1. 实体完整性定义

实体完整性使用 PRIMARY KEY 定义。对于单属性的 PRIMARY KEY,可以定义其为列级约束条件,也可以定义其为表级约束条件,如例 3-58 所示。对于多个属性构成的 PRIMARY KEY,只能将其定义为表级约束条件,如例 3-59 所示。

例 3-58　创建项目工程公司模式 COMPANY 下的 employee,将 ENO 定义为主键;创建项目工程公司模式 COMPANY 下的 department 表,将 DNO 定义为主键。

```
CREATE TABLE employee (ENO char(5)PRIMARY KEY,
                    --列级完整性约束条件,ENO是主键
                    ENAME varchar(10),
                    ESEX char(2),
                    EAGE int,
                    EDEPT char(2)--职工所在的部门号);
CREATE TABLE department
                    (DNO char(2)PRIMARY KEY,
                    --列级完整性约束条件,DNO是主键
```

```
                              DNAME varchar(20),
                              MANAGER char(5)--部门经理职工号);
```

或者

```
CREATE TABLE employee(ENO char(5),
                      ENAME varchar(10),
                      ESEX char(2),
                      EAGE int,
                      EDEPT char(2),--职工所在的部门号
                      PRIMARY KEY(ENO)
                      --表级完整性约束条件,ENO 是主键);
CREATE TABLE department(DNO char(2),
                      DNAME varchar(20),
                      MANAGER char(5),--部门经理职工号
                      PRIMARY KEY(DNO)--表级完整性约束条件,DNO 是主键);
```

例 3-59　创建项目工程公司模式 COMPANY 下的 spj 表。

```
CREATE TABLE spj (SNO char(2),
                  PNO char(2),
                  JNO char(2),
                  QTY int,
                  PRIMARY KEY(SNO,PNO,JNO)
                  --主键只能定义成表级完整性约束条件,主键由三个属性组成);
```

2. 实体完整性检查和违约处理

实体完整性检查在用户对基本表插入元组或者对表中的主键属性执行更新时被触发执行。DBMS 按照实体完整性规则检查。

（1）插入或者修改的主键值在表中是否唯一，如果不唯一拒绝操作。检查主键值是否唯一可以全表扫描或者利用索引扫描。全表扫描读入表的每一行记录，比较当前更新操作的主键值与每一行记录的主键值是否相同，如图 3-1 所示。对于数据量大的基本表，全表扫描方式十分耗时。

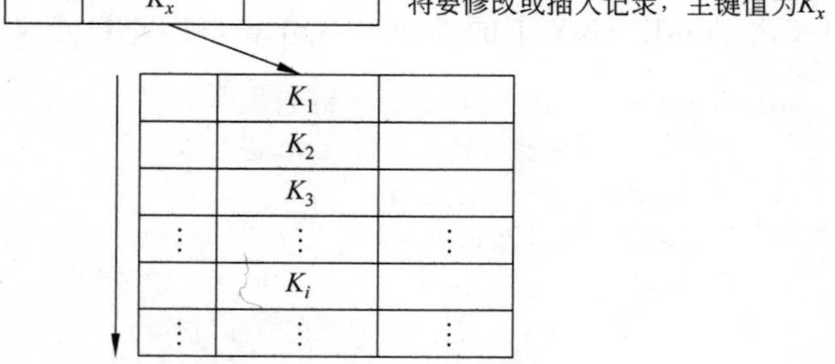

图 3-1　全表扫描

利用索引扫描可以大大提高完整性检查效率。DBMS 一般都会在主键上自动创建一个索引,如图 3-2 所示。将修改或者插入的元组主键值为'JANE',利用系统创建的主键索引,从 B⁺ 树的根结点开始完整性检查。只要扫描比较三个结点('LEE'),('JACK','KARL'),('KARL','JOE')就可以知道,主键值'JANE'在基本表中不存在,可以插入记录或者修改主键值为'JANE'.

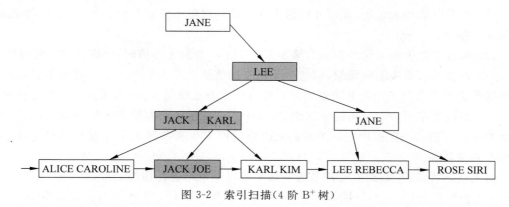

图 3-2　索引扫描(4 阶 B⁺ 树)

（2）插入或者修改的主键属性值是否非空,如果有任一属性为空,则拒绝相应的插入或者修改操作。

3.5.3　参照完整性

参照完整性约束 FOREIGN KEY$(A_1, A_2, \cdots, A_n)$REFERENCES S$(K_1, K_2, \cdots, K_n)$中的 $A_1, A_2, \cdots, A_n$ 诸属性构成关系的外键,它们参照到基本关系 S 的主键$(K_1, K_2, \cdots, K_n)$。外键取值为空或者取基本关系 S 的主键值。包含外键的基本表称为参照表,基本关系 S 称为被参照表。

1. 参照完整性定义

参照完整性在 CREATE TABLE 或者 ALTER TABLE 中用 FOREIGN KEY 短语定义哪些属性为外键,用 REFERENCES 短语指明外键参照哪个基本关系的主键。

例 3-60　定义 employee 的参照完整性。

```
CREATE TABLE employee(
            ENO char(5)PRIMARY KEY,
            --列级完整性约束条件,ENO 是主键
            ENAME varchar(10),
            ESEX char(2),
            EAGE int,
            EDEPT char(2)--职工所在的部门号,
            FOREIGN KEY(EDEPT) REFERENCES department(DNO));
```

本例中,employee 表 EDEPT 属性定义为外键,参照到 department 表的主键 DNO。

2. 参照完整性检查和违约处理

参照完整性将参照表与被参照表中的元组联系了起来,当参照表或者被参照表被修改时,DBMS会进行参照性检查。

对参照表与被参照表的修改,可能破坏参照完整性的情况有以下四种。

(1) 对参照表插入元组,元组外键值为非空且其取值不是被参照表主键值时,将会破坏参照完整性。

(2) 修改参照表的元组外键值为被参照表中不存在的主键值时,会破坏参照完整性。

(3) 在被参照表中删除元组,而这个元组主键值被参照表某些元组外键引用着,这时删除操作会使得参照表中与其关联的元组外键值没有主键值参照,因而破坏参照完整性。

(4) 修改被参照表中元组的主键值,而这个主键值被某些参照表元组外键引用了,这时修改操作会造成参照表中与其关联的元组外键值不再有参照表主键值与其对应,因而破坏参照完整性。

对上述四种情况,数据库管理系统一般采取以下策略进行违约处理。

(1) 拒绝执行(NO ACTION)。系统不允许该操作执行。拒绝执行为默认策略。

(2) 级联操作(CASCADE)。当删除或者修改被参照表的主键值导致参照表对应外键的不一致时,级联删除或修改参照表中的所有不一致元组外键值。这里删除外键值实际就是删除了参照表中的外键值元组行。

(3) 设置为空值。当删除或者修改被参照表的元组主键值造成参照表的不一致时,将参照表中所有因此操作而导致不一致的元组对应的外键值设置为空值。

例 3-61 分析例 3-60 中 employee 与 department 关系进行修改操作时,DBMS 在检测到修改违反参照完整性时,可以采取的违约处理。

本例中,employee 为参照表,EDEPT 为外键。department 为被参照表,DNO 为主键,被 EDEPT 属性引用。

(1) 当对 employee 增加元组时,如果 EDEPT 非空并且取值不是 DNO 中的某个部门编号时,则违反参照完整性。这时系统采取的处理只能是拒绝执行(NO ACTION)。

(2) 修改 employee 的元组的 EDEPT 值为 department 中不存在的 DNO 值时,会破坏参照完整性。这时系统采取的处理也只能是拒绝执行(NO ACTION)。

(3) 在 department 中删除元组,而这个元组主键值 DNO 被参照表 employee 某些元组外键 EDEPT 引用着,这时删除操作会使得 employee 表中相关元组的 EDEPT 值没有主键值引用,从而破坏参照完整性。这时系统采取的处理可以是拒绝执行(NO ACTION)、级联操作(CASCADE),也可以是设置为空值。

(4) 修改 department 中元组的主键值 DNO,而这个主键值被 employee 中某些元组外键 EDEPT 引用了,这时修改操作会造成 employee 中相关元组外键值不再有 department 主键值与其对应,破坏参照完整性。这时系统采取的处理可以是拒绝执行(NO ACTION)、级联操作(CASCADE),也可以是设置为空值。

一般地,当对参照表和被参照表的操作违反了参照完整性时,系统选用默认策略,即拒绝执行。如果想让 DBMS 采用其他策略则必须在创建参照表时显式加以说明。

例 3-62　显式定义例 3-60 的参照完整性违约处理。

```
CREATE TABLE employee
            (ENO char(5)PRIMARY KEY,
            --列级完整性约束条件,ENO 是主键
            ENAME varchar(10),
            ESEX char(2),
            EAGE int,
            EDEPT char(2)--职工所在的部门号,
            FOREIGN KEY(EDEPT) REFERENCES department(DNO)
                ON DELETE NO ACTION
            --当删除 department 表中的元组造成 employee 表的不一致时,拒绝删除
                ON UPDATE CASCADE
            --当更新 department 表中的 DNO 时,级联更新 employee 表中相应的元组
                EDEPT 值);
```

关系型数据库管理系统在实现参照完整性时,必须提供定义主键、外键以及不同的违约处理策略供用户选择。具体采取哪种策略,要根据应用需求而定。

3.5.4　非空约束

关系中一个属性上的非空约束表明该属性不允许取空值。

1. 非空约束定义

数据库管理系统在 CREATE TABLE 或者 ALTER TABLE 语句中使用关键词 NOT NULL 定义非空约束。

例 3-63　将 employee 表的 ENAME 列定义说明为不允许取空值。

```
ALTER TABLE employee ALTER COLUMN ENAME varchar(10)NOT NULL;
```

2. 非空约束完整性检查和违约处理

当用户对非空约束列修改或者插入新元组时,DBMS 进行非空检查。如果发现将修改值或者插入的新值为 NULL,则拒绝上述 DML 操作。也就是说,非空约束把空值排除在该属性域之外。例 3-63 中,employee 表 ENAME 列上的非空约束保证了职工姓名不会为空。

3.5.5　唯一约束

唯一约束 UNIQUE$(A_1,A_2,\cdots,A_n)$中的诸属性不允许取重复值,即关系中没有两个元组能在$(A_1,A_2,\cdots,A_n)$属性组上取值相同。UNIQUE 与 PRIMARY KEY 实体完整性约束相比较,二者都要求其约束的诸属性取值唯一,但是 UNIQUE 允许属性组取空值,PRIMARY KEY 则不允许取空值。

1. 唯一约束定义

数据库管理系统在 CREATE TABLE 或者 ALTER TABLE 语句中使用关键词

UNIQUE 定义唯一约束。

例 3-64 将 employee 表的 ENAME 列定义说明为取值唯一,不允许为空。

```
ALTER TABLE employee ALTER COLUMN ENAME varchar(10)NOT NULL UNIQUE;
```

2. 唯一约束完整性检查和违约处理

当用户对唯一约束列修改或者插入新元组时,DBMS 对约束列取值是否唯一进行检查。检查属性组值是否唯一的方法类似于主键完整性检查,全表扫描或者索引扫描。如果发现将修改值或者插入的新值在关系中已经存在,则拒绝执行 DML 操作。例 3-64 中,employee 表 ENAME 列上的唯一约束保证了职工姓名唯一,不会有重复值。

3.5.6 CHECK 约束

CHECK 约束包含一个条件表达式,也称谓词,关系中的每一个元组都必须满足这个谓词条件。根据 SQL 标准,CHECK 子句中的条件甚至可以是包括子查询在内的任意条件,但是现今流行的数据库管理系统还不能支持子查询的谓词条件。

1. CHECK 约束定义

数据库管理系统在 CREATE TABLE 或者 ALTER TABLE 语句中使用关键词 CHECK(条件表达式)定义 CHECK 约束。

例 3-65 将 employee 表的 ESEX 列定义修改为只允许取值"男"或"女"。

```
ALTER TABLE employee ALTER COLUMN ESEX char(2)CHECK(ESEX IN('男','女'));
```

例 3-66 将 employee 表的 EAGE 列定义说明为取值 18～60 岁(包括 18 岁与 60 岁)。

```
ALTER TABLE employee ALTER COLUMN EAGE int CHECK(EAGE>=18 AND EAGE<=60);
```

2. 检查约束完整性检查和违约处理

当用户对检查约束列修改或者插入新元组时,DBMS 检查当前被修改元组或者插入的新行取值是否满足 CHECK 条件表达式。实际上就是将修改或者插入操作涉及的行逐行测试,将当前行的属性值代入 CHECK 谓词条件看结果是否为真,若结果为真,满足 CHECK 约束,则允许 DML 操作,否则,DBMS 拒绝当前行插入或者修改操作。

3.5.7 完整性约束命名

以上所示的完整性约束条件都在 CREATE TABLE 语句或者 ALTER TABLE 语句中定义,SQL 3 主张显式定义完整性约束,为约束命名。这样做带来的好处是可以将完整性约束看作数据对象,灵活地增加到表结构以及从表结构中删除。

1. 完整性约束命名子句

SQL 3 在 CREATE TABLE 或者 ALTER TABLE 语句中来命名完整性约束,语法格式如下:

CONSTRAINT <完整性约束条件名><完整性约束条件>

＜完整性约束条件＞包括 PRIMARY KEY、FOREIGN KEY、NOT NULL、UNIQUE、CHECK 这 5 种完整性规则。

例 3-67　建立职工表,要求职工性别 ESEX 列只能是"男"或"女",年龄 EAGE 列取值为 18～60 岁,职工姓名 ENAME 列定义说明为取值唯一,职工号 ENO 为主键。

```
CREATE TABLE employee
            (ENO char(5),
            ENAME varchar(10) CONSTRAINT C4 UNIQUE,
            ESEX char(2)
                CONSTRAINT C2 CHECK(ESEX IN('男','女'),
            EAGE int
                CONSTRAINT C3 CHECK(EAGE>=18 AND EAGE<=60),
            EDEPT char(2)--职工所在的部门号,
            CONSTRAINT C1 PRIMARY KEY(ENO));
```

本例中,主键约束 C1 被定义为表级约束,C2～C4 被定义为列级约束。

2. 修改表中的命名约束

对约束显式命名后,可以在 ALTER TABLE 语句中灵活增删完整性约束。

例 3-68　去掉例 3-67 中 employee 表对职工性别的限制。

ALTER TABLE employee DROP CONSTRAINT C2;

例 3-69　修改 employee 表的约束条件,为 ENAME 列增加取值非空的约束。

ALTER TABLE employee ADD CONSTRAINT C5 NOT NULL(ENAME);

3.5.8　触发器

触发器(Trigger)是定义在关系表上由事件驱动的特殊过程,又叫作事件—条件—动作规则(Event-Condition-Action Rule)。当特定的事件发生时,对规则条件进行检查,如果条件为真则执行规则中的动作,否则不执行该动作。事件指对基本表的 DML 操作(插入、修改、删除)和事务的结束等。动作可以很复杂,可以涉及其他关系表和其他数据库对象,动作通常定义为一段 SQL 存储过程。用户可以针对 INSERT、DELETE 或 UPDATE 语句分别设置触发器,也可以针对一张表上的特定操作设置触发器。触发器类似于约束,但比约束更灵活,可以实施更为复杂的检查与操作。

触发器是与表紧密联系在一起的,可以看作是基本表定义的一部分。触发器进行定义的表也称为触发器表。一个基本关系上可以有多个触发器。触发器定义被保存在数据库服务器中,当触发事件发生时,服务器自动激活相应的触发器,在数据库管理系统核心层进行集中的完整性控制。

触发器的功能很强大,要慎重定义它,因为每次访问一个表时,都可能触发一个甚至多个触发器,这样会影响系统性能。

1. 定义触发器

触发器在 SQL 3 之后才写入 SQL 标准,但之前很多数据库管理系统产品早就支持触发器,因此不同的关系型 DBMS 实现触发器的语法不完全相同,本书给出触发器定义的 SQL 基本语法,在具体的 DBMS 产品中定义触发器时,请读者注意查阅帮助文档。

SQL 使用 CREATE TRIGGER 语句定义触发器,语法格式如下:

```
CREATE TRIGGER <触发器名>
    { BEFORE | AFTER }<触发事件>ON <表名>
    {REFERENCING NEW|OLD ROW AS<变量>} |{REFERENCING NEW|OLD TABLE AS<变量>}
    FOR EACH {ROW | STATEMENT}
    [WHEN <触发条件>]
    <触发过程体>
```

触发器名可以包含模式名,也可以不包含模式名。在同一数据库模式下,触发器名必须唯一。

触发器只能定义在基本表上,不能定义在视图上。

<触发事件>可以是 INSERT、DELETE 或 UPDATE,也可以是这几个事件的组合。例如 INSERT DELETE 表示插入事件与删除事件将触发执行触发器。<触发事件>还可以是 UPDATE OF <触发列,…>,即进一步指明修改哪些列时触发执行触发器。

BEFORE | AFTER 是触发的时机。AFTER 表示触发事件的操作执行之后触发过程体,BEFORE 表示触发事件的操作执行之前触发过程体。

FOR EACH {ROW | STATEMENT}表示触发器分类。FOR EACH ROW 是行级触发器,对于触发事件涉及的元组行,每一元组行执行一次触发过程体。FOR EACH STATEMENT 是语句级触发器,对于触发事件对应的 SQL 语句,一个语句执行一次触发过程体。

<触发条件>触发器被触发事件激活时,只有当触发条件为真时触发过程体才执行。如果省略 WHEN 触发条件,则触发过程体在触发器激活后立即执行。

<触发过程体>是一个 PL/SQL 过程块,甚至可以调用已经创建的存储过程。对于行级触发器,NEWROW | OLDROW 存储 UPDATE/INSERT 事件之后的新值和 UPDATE/DELETE 事件之前的旧值;对于语句级触发器,NEWTABLE | OLDTABLE 存储 UPDATE/INSERT 事件之后的新值和 UPDATE/DELETE 事件之前的旧值。

REFERENCING 定义过程体引用的变量。用以指代行级触发器的 NEWROW | OLDROW 以及语句级触发器的 NEWTABLE | OLDTABLE。

如果触发过程体执行失败,触发事件终止进行,触发过程体对触发器表以及其涉及的其他对象的修改撤销。

例 3-70 当对 spj 表的零件供应数量 QTY 修改时,若数额增加了 50%,则将这个修改记录到另外一个表 spj-u(SNO,PNO,JNO,OLDQTY,NEWQTY)中,其中 OLDQTY 是修改前的数量,NEWQTY 是修改后的数量。

```
CREATE TRIGGER spj-u-qty
```

```
        AFTER UPDATE OF QTY ON spj
        REFERENCING
            OLDROW AS OldTuple
            NEWROW AS NewTuple
        FOR EACH ROW       --行级触发器,每执行一次 QTY 的更新,下面的规则执行一次。
        WHEN(NewTuple.QTY>=1.5*OldTuple.QTY)
                            --触发条件,只有该条件为真时,过程体才执行。
        BEGIN
        INSERT INTO spj-u(SNO,PNO,JNO,OLDQTY,NEWQTY)
            VALUES (OldTuple. SNO, OldTuple. PNO, OldTuple. JNO, OldTuple. OLDQTY,
            NewTuple.NEWQTY);
        END
```

例 3-71　当对 spj 表插入新的记录时,将这个插入操作增加的元组数目和执行操作的用户名记录到另外一个表 spj-log(NUMBERS,USER)中。

```
CREATE TRIGGER spj-i
    AFTER INSERT ON spj
        REFERENCING
            NEWTABLE AS instab
    FOR EACH STATEMENT
        --语句级触发器,每执行完一次 INSERT 语句,触发动作体执行一次。
    BEGIN
    INSERT INTO spj-log
        SELECT COUNT(*),CURRENT_USER FROM instab;
    END
```

2. 非标准的触发器语法

上一小节中介绍的触发器语法是 SQL 关于触发器的部分标准语法,大多数数据库系统使用非标准的语法来说明触发器,不一定会实现 SQL 标准的所有特性。读者在使用不同产品时请参考相关的数据库管理系统使用手册。

在 ORACLE 语法中,SELECT 语句对 NEWROW 的引用必须以冒号(:)为前缀,用以向系统说明变量 NEWROW 是在 SQL 语句之外所定义的。WHEN 子句中不允许包含子查询。ORACLE 触发器还不允许直接执行事务回滚,而是使用函数 raise_application_error,回滚事务的同时返回错误信息给执行更新的用户与应用程序。

在 MS SQL Server 中用关键字 ON 代替 AFTER。不支持 REFERENCING 子句,而是用 deleted 和 inserted 元组变量来表示被影响的行的旧值和新值。语法也省略了 FOR EACH ROW 子句,并用 IF 代替 WHEN。语法也不支持 BEFORE 语句样式,但是支持 INSTEAD OF 语法。

3. 触发器的执行

触发器的激活执行是由定义中的触发事件激活,并由数据库服务器自动执行。一个数据表上可能定义了多个触发器。同一表上的多个触发器激活时,遵循如下执行顺序。

(1) 执行表上的 BEFORE 触发器。

(2) 执行触发器的 SQL 语句。

(3) 执行该表上的 AFTER 触发器。

表上有时可能有多个 BEFORE/AFTER 触发器,遵循"先创建先执行"的原则,即按照触发器创建的时间先后顺序执行。

4. 删除触发器

SQL 删除触发器的语法如下:

```
DROP TRIGGER <触发器名>ON <表名>;
```

3.6 小　　结

数据库管理系统提供数据定义语言对数据库三级模式结构进行描述与定义。用户利用 DDL 完成数据对象的定义,数据库管理系统将其定义转换为元数据存储在数据字典中。

数据库管理系统提供数据操纵语言实现对数据库中数据的操作。操作分为查询与更新两大类,其中更新具体指插入、删除与修改。数据查询是数据操纵的重点。

数据库管理系统必须维护数据库中数据的完整性。数据完整性是指数据的正确与相容。简单地说,数据完整性是数据库中数据的某些约束条件,这些约束条件实际上是现实世界对数据的取值要求。完整性定义记载在 DBMS 的数据字典中,它的检查与处理由 DBMS 的完整性子系统负责。

迄今主流的数据库产品仍是关系数据库,使用标准的结构化查询语言(Structured Query Language,SQL)定义数据库数据结构、完成数据操纵以及完整性约束。

思　考　题

1. 试述 SQL 的特点。

2. 有成绩管理数据库包括以下三个表:

学生表 student(SNO,SNAME,SSEX,SAGE,SDEPT)

课程表 course(CNO,CNAME,CPNO,CCREDIT)

成绩表 grade(SNO,CNO,SCORE)

试用 SQL 定义语句建立上述三个表。

3. 针对思考题 2 的三个表,试用 SQL 操纵语句完成以下各项操作:

(1) 查询选修了课程的学生的学号;

(2) 查询年龄在 20 岁以下的学生的姓名与年龄;

(3) 查询所有姓王的学生的姓名、学号和性别;

(4) 计算选修"1"号课程的学生的平均成绩;

（5）查询选修"3"号课程且成绩在 85 分以上的所有学生的学号与姓名；

（6）查询没有选修"5"号课程的学生的姓名；

（7）查询选修了全部课程的学生的姓名；

（8）插入一条新的成绩记录（"21211"，"1"，88）；

（9）将学生王明的年龄改为 22；

（10）删除所有的学生成绩。

4. 什么是基本表？什么是视图？两者的区别与联系是什么？

5. 试述视图优点。

6. 针对思考题 2 的三个表，建立信息系（"information"）选修了"1"号课程并且成绩在 80 分以上的学生视图。

7. 什么是数据库的完整性？在关系系统中，当操作违反完整性时，数据库管理系统一般如何处理？

8. 针对思考题 2 的三个表，为 grade 表设置完整性约束，其成绩 SCORE 必须为 0～100。

第 **4** 章　查 询 处 理

查询处理(Query Processing)是数据库管理系统执行查询语句的过程,包括从数据库中提取出所需数据涉及的一系列活动。这些活动包括:将用户的高层数据库语言翻译为能在文件系统物理层上使用的表达式,优化查询表达式,执行查询。

4.1　概　　述

查询处理步骤如图 4-1 所示,基本步骤包括:语法分析与翻译、查询优化、查询执行。

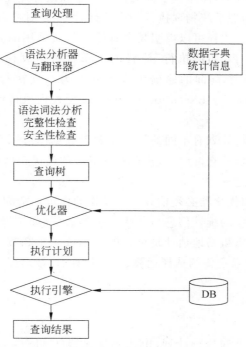

图 4-1　查询处理

1. 语法分析与翻译

在查询开始执行之前,系统必须将 SQL 语句表达的查询翻译成系统的查询内部表示。查询的内部表示是建立在扩展的关系代数基础上的。这个翻译过程类似于编译器的语法分析器工作,语法分析器检查用户查询的语法,识别出查询语句里的语言符号,如 SQL 关键字、属性名、关系名、视图名等,进行语法检查和语法分析,判断查询语句是否符合 SQL 语法规则,根据数据字典中有关的模式定义验证查询里涉及的关系名、属性名等是否在数据库存在和有效;如果有视图,要用视图消解等方法把对视图的引用转换成对基本表的引用;还要根据数据字典中的用户权限定义和完整性约束定义对查询语句涉及的权限与完整性约束进行检查。如果提出查询的用户没有相应的访问权限或者违反了完整性约束,就拒绝执行该查询。当然,这时的完整性检查是静态、初步的检查。

完成语法分析与检查的 SQL 语句转换成等价的关系代数表达式,即系统查询的内部表达。数据库对象(关系、属性、视图等)的外部名称转换成内部表示。关系型数据库管理系统都用查询树,也称语法分析树来表示扩展的关系代数表达式。

2. 查询优化

查询一般都有多种表达方式或者计算结果的方法。例如,一个查询可以用几种不同的 SQL 语句表示,每个 SQL 查询可以用其中的一种方式翻译成关系代数表达式。而查询的关系代数表达式仅部分指定了如何执行查询,可以对这个关系代数表达式有不同的操作次序和组合来表达查询,而这些不同的操作次序和组合往往导致执行效率的不同。

进一步地,数据库管理系统物理执行一个查询时,还要对关系代数表达式加上注释来说明如何执行每个操作。注释可以声明某个具体操作所采用的算法,或将要使用的一个或多个特定的索引。加了"如何执行"注释的关系代数运算称为计算原语(Evaluation Primitive)。用于执行一个查询的原语操作序列称为查询执行计划(Query Execution Plan)。查询执行引擎(Query Execution Engine)接受查询执行计划,并把计划执行结果返回给查询应用端。

同一查询的不同执行计划有不同的代价。对于数据库应用系统,不可能要求用户写出具有最高效率执行计划的查询语句,构造查询对应的最优查询执行计划即查询优化,是数据库管理系统的职责之一。

为了优化查询,查询优化器必须估算每个操作的代价。精确地计算代价很难,但是依赖数据字典的数据库对象的统计信息与一些系统参数(例如该操作实际能用的内存),对每个操作的执行代价做出粗略地估计是可行的。本章 4.1.2 节讨论如何度量操作代价。4.2~4.4 节介绍查询中最主要的选择运算、排序运算、连接运算的实现与代价估算。第 5 章将专门介绍查询优化。

3. 查询执行

查询优化器生成的查询执行计划,由代码生成器(Code Generator)生成执行这个查询计划的代码,并将运行的结果即查询结果返回给应用程序客户端。4.5 节介绍查询计划表达式的计算。

4. 查询代价度量

查询处理的代价可以通过该查询对各种资源的使用情况进行度量,这些资源具体包括磁盘存取、执行查询的 CPU 时间、通信代价。

在大多数大型数据库管理系统中,在磁盘上存取数据是最主要的代价,因为磁盘存取比内存操作速度慢。CPU 运行速度比磁盘运行速度快得多,所以花费在磁盘存取上的时间占据整个查询执行的大部分时间。一个任务消耗的 CPU 时间难以估计,它取决于执行代码的底层详细情况,尽管在实际应用中查询优化器的确把 CPU 时间考虑在内,但为了简化起见,忽略 CPU 时间,用磁盘存取代价来度量执行计划的代价:查询处理的代价＝传输磁盘块数＋搜索磁盘次数。

假设磁盘子系统传输一个块数据平均消耗 t_T 秒,磁盘块平均访问时间(磁盘搜索时间加上旋转延迟)为 t_S 秒,则一次传输 b 个块以及执行 s 次磁盘搜索的操作将消耗 $b \times t_T + s \times t_S$ 秒。t_T 和 t_S 的值必须针对所使用的磁盘系统进行计算,而磁盘系统的典型数据通常是 $t_T = 0.1\text{ms}$,$t_S = 4\text{ms}$,假定磁盘块的大小是 4KB,传输率为 40MB/s。

写磁盘块的代价通常是读磁盘块的两倍(由于磁盘系统在写完扇区后还会重新读取该扇区以验证写操作已经成功)。

查询执行计划算法代价依赖于主存缓冲区的大小。最好的情形是所有的数据可以读入缓冲区,不必再次访问磁盘。最坏的情况是假定缓冲区只能容纳数目不多的数据块——大约每个关系一块。设计估算代价时,假定最坏的情形,同时假定执行开始时数据必须从磁盘中读出来。所以,很可能在查询计划执行时,需要访问的磁盘块已经在内存缓冲区中。所以,执行一个查询执行计划的实际磁盘存取代价可能会比估算的代价小。

4.2～4.4 节介绍查询中最主要的选择运算、排序运算、连接运算的实现与代价估算。每一种操作都有多种执行的算法,本书介绍其中主要的算法。对于其他操作(如去除重复、投影、集合运算、外连接、聚集等)的详细实现算法,有兴趣的读者请查阅关系型数据库管理系统实现技术参考手册。

4.2　查询的选择运算实现

最常用的用来检索满足选择条件记录的搜索算法是文件扫描(File Scan)。文件扫描是查询处理中存取数据的最低级操作。

4.2.1　使用单文件扫描和索引的选择

执行选择最简单的方式是,所有元组都保存在单个文件上,选择利用文件扫描和索引完成。

文件扫描是定位、检索满足选择条件的记录的搜索算法。查询处理中,文件扫描(File Scan)是存取数据最低级的操作。关系系统中,若关系保存在单个文件中,文件扫描就可以读取整个关系。

1. 线性搜索

系统扫描每一个文件块,读取所有数据。开始时需要做一次磁盘搜索来访问文件的第一个块。如果文件的块不是顺序存放的,会需要执行更多次磁盘搜索,不过本章考虑的是顺序文件,忽略这种情况。线性搜索特别适合无条件全表扫描读取数据的情况。

线性搜索的开销:$t_S + b_r \times t_T$,即一次初始搜索加上 b_r 个块数据传输,b_r 表示在文件中的块数量。

2. 线性搜索,码等值比较

系统扫描每一个文件块,对所有记录进行条件测试,看它们是否满足选择条件,找到要查找的码值匹配的那一条记录,扫描就可以终止。最坏的情况下,仍需要 b_r 个块传输。

线性搜索,码等值比较开销:

$$t_S + (b_r/2) \times t_T$$

3. B⁺ 树顺序索引,码属性等值比较

对于具有 B⁺ 树结构的顺序索引的码属性的等值比较,这里假设顺序索引的查找键值是码属性(实际上,很多系统确实是这样做的),系统利用索引检索到满足条件的唯一一条码记录。

B⁺ 树顺序索引,码属性等值比较开销:

$$(h_i + 1) \times (t_T + t_S)$$

h_i 表示 B⁺ 树的高度。数据库管理系统查询优化器通常假设树的根在内存的缓冲区中,因为它被频繁访问。有的优化器甚至假设树的所有非叶级别都是保存在内存中的,B⁺ 树结点中通常只有小于 1% 的是非叶结点,这种情况下,代价公式可以适当修改。

4. B⁺ 树顺序索引,非码属性等值比较

选择条件涉及的属性是非码属性,B⁺ 树索引结构的查找键是非码属性,顺序文件依照非码属性值进行排序。这种情况下,利用索引可以检索到具有某一个非码属性值的记录。由于是非码属性,检索到符合选择条件的记录可以是多条,这里顺序文件是按非码属性排序的。因此这多条记录连续存储在 b 个块中,不需要额外的磁盘搜索。

B⁺ 树顺序索引,非码属性等值比较的开销:

$$h_i \times (t_T + t_S) + b \times t_T$$

5. B⁺ 树辅助索引,码属性等值比较

B⁺ 树索引结构的查找键是码属性,顺序文件依照非码属性值进行排序。等值条件涉及的是码属性,利用 B⁺ 树辅助索引可以查找到唯一一条记录。这种情况下的时间代价与 B⁺ 树顺序索引,码属性等值比较情况一样。

B⁺ 树辅助索引,码属性等值比较的开销:

$$(h_i + 1) \times (t_T + t_S)$$

6. B$^+$ 树辅助索引,非码属性等值比较

B$^+$ 树索引结构的查找键是非码属性,顺序文件依照码属性值进行排序。等值条件涉及的是非码属性,利用 B$^+$ 树辅助索引,可以查找到多条选择条件指定值的记录。这种情况下,每一条记录可能存在于不同的磁盘块中,可能导致每一条记录都需要一次 I/O 磁盘搜索操作和一次磁盘传输操作。

在这种情况下,数据量大的顺序文件每条记录往往位于不同磁盘块,并且所取块是任意排列的。由此得出,B$^+$ 树辅助索引,非码属性等值比较的开销:

$$(h_i + n) \times (t_T + t_S)$$

其中,n 是所取记录数。

如果内存缓冲区较大,那么包含要查找记录的索引或者块可能已经在缓冲区中。所以实际的磁盘搜索与传输操作次数会比最坏情况开销小。可以将已经在缓冲区中包含要查找记录的索引或者块的情况考虑进去,构建选择操作的平均代价估算。对于大的缓冲区,这样的估算会比上述最坏情况的估计小很多。

4.2.2 涉及比较的选择

对于形如 SALARY<600 的比较选择,系统可以使用线性搜索或者按如下方法使用索引来实现选择运算。

1. B$^+$ 树顺序索引,非等值比较

在选择条件是非等值比较时,可以使用顺序索引,如 B$^+$ 树顺序索引。对于形如 A>v 或 A>=v 的比较条件,假设顺序索引的查找键是 A,那么可以利用 A 上的顺序索引来检索符合条件的元组。系统先在索引中查找值 v,检索出满足条件 A=v 的首条记录。对于 A>=v,从该元组开始扫描到文件末尾,返回的元组即满足该条件的所有记录。对于 A>v,文件从第一条满足 A>v 的记录开始扫描至文件末尾。这种情况下代价估算跟 4.2.1 节的第 4 种情况一样。

对于形如 A<v 或 A<=v 的比较条件,可以采用与 A>v 或 A>=v 的比较条件类似的索引查找,估算代价一样。也可以简单地从顺序文件头开始进行文件扫描,直到遇上但不包含首条满足 A=v 的元组为止(对于 A<v)或直到遇上 A>v 但不包含的元组为止(对于 A<=v)。

这种情况下比较查询的开销:

$$h_i \times (t_T + t_S) + b \times t_T$$

2. B$^+$ 树辅助索引,非等值比较

这里,B$^+$ 树辅助索引的查找键是 A,顺序文件的排序依据不是 A。系统利用这个 B$^+$ 树辅助索引完成<、<=、>、>= 比较条件的检索。对于<及<=情形,从头扫描底层索引块直到 v 为止;对于>及>=情形,扫描从 v 开始直到底层索引块最大值为止。

这种情况下比较查询的开销:

$$(h_i + n) \times (t_T + t_S)$$

辅助索引提供指向要查找记录的指针，利用指针可以取得实际的记录。由于比较非等值查询时，连续的记录可能存在于不同的磁盘块中，因此每取一条记录可能需要一次 I/O 操作。一次 I/O 操作需要一次磁盘搜索和一次块传输。如果某一个非等值查询得到的记录数目很大，那么使用辅助索引的代价甚至比线性搜索大。因此，辅助索引应该在非等值查询结果记录数目很少时使用。

4.2.3 复合条件选择

4.2.1～4.2.2 节只考虑了单个等值或不等值比较查询，有时选择条件是多个简单选择条件的复合。

更复杂选择谓词的基本形式有：合取($\sigma_{\theta_1 \wedge \theta_2 \wedge \theta_3 \cdots \wedge \theta_n}(R)$)、析取($\sigma_{\theta_1 \vee \theta_2 \vee \theta_3 \cdots \vee \theta_n}(R)$)和取反($\sigma_{\neg \theta}(R)$)。$\theta_i$ 指简单选择条件。

可以利用下列算法来实现多个简单条件的合取选择操作。

(1) 利用一个索引的合取选择：首先判断是否存在某个简单条件中的某个属性上的索引。若存在，使用 4.2.1 节的 3～6 和 4.2.2 节的 1～2 来查找满足该条件的记录。然后在内存缓冲区中，测试每条检索到的记录是否满足其余的简单条件，最终完成操作。

(2) 使用组合索引的合取选择：某些合取选择可能有合适的组合索引，即在多个属性上建立的索引。如果选择指定两个或者两个以上属性的等值条件，并且这些属性字段组合上又存在组合索引，则可以直接利用组合索引使用 4.2.1 节的 3～6 进行选择查询。

(3) 通过标识符的交实现合取选择：利用记录指针或记录标识符来实现合取选择。如果各个简单条件涉及的字段上都带有记录指针的索引。系统可以对每个索引进行扫描，获取那些指向满足单个条件的记录的指针集合。所有检测到的指针集合的交集就是那些满足合取条件的指针的集合，再利用指针获取实际的记录。如果并非各个简单条件上均存在索引，则该算法要用剩余条件对所检测到的记录进行条件测试，最终确定整个合取选择的结果记录集。

使用标识符的交实现合取选择，其代价是扫描各个单独索引代价的总和，加上获取指针集合的交集记录的代价。系统可以尽量将同一磁盘块的指针记录归并到一起，这样只需要通过一次 I/O 操作就可以获取到该磁盘块中选择的所有记录。

(4) 通过标识符的并实现析取选择：如果在析取选择中所有简单条件上均有相应的索引存在，则逐个扫描索引获取满足单个条件的元组指针集合。所有指针集合的并集就是整个析取选择的指针集。利用指针集合可以检索到实际的记录。

如果有某一个或者某几个简单查询没有相应的索引存在，系统对这个关系将进行扫描以找出满足该条件的元组。这种情况下，最有效的存取方法往往是线性扫描，扫描的同时对每个元组进行析取条件测试。

(5) 取反条件 $\sigma_{\neg \theta}(R)$ 选择操作的结果就是关系 r 中对条件 θ 取值为假的元组的集合。有兴趣的读者可以查阅相关数据库手册，本书不再赘述。

4.3　查询的排序处理

本节讨论的排序是物理上的记录排序。在查询处理中,有时 SQL 查询对查询结果需要排序,有时对关系物理排序可以使得关系运算的某些运算(比如连接运算)高效实现。

在排序码上建立索引,然后利用索引映射关系按序读取关系记录,可以完成对关系的逻辑排序。逻辑排序在系统顺序读取记录时,可能导致每读一个记录就要访问一次磁盘(I/O 操作),带来很大的读取开销。所以,有时需要在物理上对记录排序。

对于排序,如果内存可以完全容纳关系,可以利用标准的排序技术,如快速排序。而当需要排序的关系数据量很大,内存或者分配缓存区放不下时,就需要外部归并排序算法进行排序。本节的排序讨论的是后一种情况。

4.3.1　外部归并排序算法

对于不能全部放在内存中的关系的排序称为外排序(External Sorting)。外排序最常用的技术是外部归并排序(External Merge Sort)算法。

外部归并排序算法的基本原理如下。

M 表示内存缓冲区中可以用于排序的块数及算法用到的磁盘块数。

第一步,建立归并段。将关系的数据块每次读入 M 块内存,在内存中对这一部分数据排序,写到归并段文件 R_i 中。i 是每次装载 M 块的次数。$i = 0, 1, \cdots, N$,$N = \lceil$ 关系的数据块数$/M \rceil$。

第二步,对每一个归并段进行归并。先假定 N 小于 M,系统可以为每个归并段文件分配一个块,此外剩下的空间还应能容纳存放结果的一个块。从 N 个归并段文件中各读一个数据块到内存缓冲区,对这 N 个块里的数据,按次序挑出元组记录输出,同时在缓冲区将排序输出的记录删除。如果某一个数据块为空,对应的归并段文件 R_i 没有达到文件尾,那么从 R_i 中读入下一个数据块至内存缓冲区。继续对缓冲区元组排序输出,直至所有的缓冲块为空。该算法对 N 个归并段进行归并,称为 N 路归并(N-Way Merge)。

一般而言,关系比内存大得多,在第一步可能产生 M 个甚至更多的归并段,从而在第二步归并阶段为每个归并段分配一个块是不可能的。在这种情况下,归并操作需要分多趟进行。内存缓冲区可以容纳 $M-1$ 个缓冲块,因此每趟归并可以用 $M-1$ 个归并段作为输入。

归并过程修改为:对于第一步得到的归并段,开始的 $M-1$ 个归并段通过第二步方法进行归并得到一个归并段作为下一趟归并的输入。接下来的 $M-1$ 个归并段类似地进行归并,如此反复,直到所有的初始归并段都处理过为止。此时,归并段的数目减少到原来的 $1/(M-1)$,如果归并后的归并段数目仍然大于或等于 M,则以上一趟归并创建的归并段作为输入进行下一趟归并。每一趟归并之后归并段的数目都会减少为原来的 $1/(M-1)$。重复归并过程直到归并段数目小于 M,此时做最后一趟归并,得到整个关系文件排序的输出结果。

图 4-2 显示了一个示例关系进行外部归并排序的过程。假定每块只能容纳 1 个元

组,内存缓冲区只能提供三个块。在归并阶段,两个块用于输入,第三个块用于输出。

初始关系　　　归并段文件　　归并段文件　　排序结果文件

初始关系		归并段文件 R_1		归并段文件 R_1		排序结果文件	
g	23	a	18	a	18	a	15
a	18	d	32	b	14	a	18
d	32	g	23	c	33	b	14
c	33	R_2		d	32	c	33
b	14	b	14	e	17	d	8
e	17	c	33	g	23	d	20
r	16	e	17	R_2		d	32
d	20	R_3		a	15	e	17
m	13	d	20	d	8	g	23
p	9	m	13	d	20	m	13
d	8	r	16	m	13	p	9
a	15	R_4		p	9	r	16
		a	15	r	16		
		d	8				
		p	9				

创建归并段　　　第一趟归并　　　第二趟归并

图 4-2　外部归并排序示例

4.3.2　外部归并排序的代价分析

设 b_r 表示关系 r 的磁盘块数。在第一步中,要读入关系的每一块并写出,共需要 $2b_r$ 次磁盘块传输。初始归并段数目为 $\lceil b_r/M \rceil$。每一趟归并会使归并段数目减少为原来的 $1/(M-1)$,因此总共所需归并趟数为 $\lceil \log_{M-1}(b_r/M) \rceil$。对于每一趟归并,关系的每一个块读写各一次,最后一趟例外。最后一趟只产生排序结果而不写入磁盘。关系外排序的磁盘块传输的总数为:

$$b_r \times (2 \times \lceil \log_{M-1}(b_r/M) \rceil + 1)$$

例 4-1　对于图 4-2 的示例关系,运用上述公式,共需 $12 \times (4+1) = 60$ 次块传输(不包括将最后结果写到外存的开销)。

接下来计算磁盘搜索的代价。在第一步产生归并段阶段,需要为读取每个归并段的数据做磁盘搜索,也要为写回归并段做磁盘搜索。在归并阶段,如果每次从一个归并段文件 R_i 读取 b_b 块数据,也就是说将 b_b 个缓冲块分配给每个归并段,则每一趟归并需要做 $\lceil b_r/b_b \rceil$ 次磁盘搜索以读取数据。尽管输出结果是顺序写回磁盘的,即便回写磁盘块和输入归并段在同一个磁盘上,磁盘头在写回块的间隔中有可能已经移到别处,所以写回也需要 $\lceil b_r/b_b \rceil$ 次磁盘搜索。那么除了最后一趟(假定最终结果不写回磁盘),每趟归并需要 $2 \times \lceil b_r/b_b \rceil$ 次磁盘搜索,磁盘搜索总次数为:

$$2 \times \lceil b_r/M \rceil + \lceil b_r/b_b \rceil \times (2 \times \lceil \log_{M-1}(b_r/M) \rceil - 1)$$

例 4-2　对于图 4-2 的示例关系,分配给每个归并段的缓冲块数 b_b 值为 1,运用磁搜索公式,可以计算出共需 $8+12\times(2\times2-1)=44$ 次磁盘搜索(最后结果不写回到外存)。

4.4　查询的连接处理

本节讨论查询处理中最常见,也最耗时的操作之一——连接操作。考虑最常见的等值连接(或自然连接):

```
SELECT *
FROM R,S
WHERE R.A=S.B;
```

假设关系 R 的记录数 $n=5000$,磁盘块数 $b_r=100$;关系 S 的记录数 $m=10\,000$,磁盘块数 $b_s=400$。

对这个最常见的等值连接处理,系统常用的连接算法如下。

4.4.1　嵌套循环算法

嵌套循环算法(Nested Loop Join)是最简单的连接实现算法,可以处理包括非等值连接在内的各种连接操作。嵌套循环算法不需要有索引。其算法的基本思想是连接中的关系 R、S 任意被指定为外层关系、内层关系。本节中,指定 R 为外层关系,S 为内层关系。指定外层关系的第一个元组,依次检查内层关系的每一个元组,检查这两个元组是否满足连接条件 R.A=S.B。如果满足连接条件,则拼接作为结果元组行输出。类似地,依次指定外层关系的每一行、内层关系的每一行都与之对应测试一遍,看是否满足连接条件,直至外层关系扫描一遍。这里,内层关系 S 要被反复扫描多遍,而外层关系 R 只需要扫描一遍,此即嵌套循环。

如果 R、S 中某一个关系比较小,能完全放在内存里,那么将这个小的关系作为内层关系来处理可以减少很多 I/O 操作。这样,内层关系常驻内存反复被扫描,外层关系逐块读入即可。这时,算法只需要 b_r+b_s 次块传输和两次磁盘搜索。

但是实际的执行情况总是缓冲区太小,内存无法容纳任何一个关系。这时,算法的做法是假设内存缓冲区有 M 块,将这 M 块分为三个部分,一部分大小为 $M-2$,用于读取外层关系块;另外两部分大小都为 1,分别用于读取内层关系以及输出结果。每次读取外层关系的 $M-2$ 块,内层关系逐块读入,测试是否满足连接条件,形成结果行。这种情况下,内层关系扫描 $\lceil b_r/(M-2)\rceil$ 次,这里的 b_r 是外层关系所占的块数。这样全部代价为 $\lceil b_r/(M-2)\rceil\times b_s+b_r$ 次块传输和 $2\times\lceil b_r/(M-2)\rceil$ 次磁盘搜索。显然,如果内存不能容纳 R 与 S 任意一个关系,则使用较小的关系作为外层关系算法更有效,因为对内层关系的每一次扫描需要一次磁盘搜索 t_S,对外层关系每读 $M-2$ 块需要一次磁盘搜索 t_S,磁盘搜索 t_S 比磁盘传输 t_T 耗时。

例 4-3　设 $M=3$,本节开始的例子,共需 $100\times400+100=40\,100$ 次块传输,加上 $2\times100=200$ 次磁盘搜索。

若内层关系的连接属性上有索引,可以用更有效的算法,如下文 4.4.2 节所述。

4.4.2　索引嵌套循环连接

在嵌套循环连接中,若在内层循环的连接属性上有索引,可以用索引查找代替文件扫描。

对于外层关系 R 的每一个元组,利用关系 S 上的索引进行查找,检索到相关元组。最坏的情况是缓冲区只能容纳关系 R 的一块和索引的一块。此时,读取关系 R 需要 b_r 次 I/O 操作,这里的 b_r 指关系 R 的磁盘块数。每次 I/O 操作都需要一次磁盘搜索和一次磁盘传输,因为磁盘头在 I/O 操作的间隔中可能移动过。这样,索引嵌套循环连接的时间代价为:$b_r(t_T+t_S)+n \times c$。其中,n 是关系 R 的记录数,c 是使用连接条件对关系 S 进行单次选择操作的代价。利用 4.3 节中已经讨论过单个选择的代价估算,c 的值可以估算出来。公式表明,如果两个关系 R、S 上均有索引,把元组较少的关系作为外层关系的代价更小。

例 4-4　考虑本节开始的例子,对其使用索引嵌套查询循环连接算法。R 作为外层关系。假设 S 在连接属性 B 上有 B$^+$ 树索引主索引,平均每个索引结点包含 20 个索引记录。由于 S 有 10 000 个元组,因此,树高度为 $\log_{\lceil 20/2 \rceil} 10\ 000 = 4$,存取物理记录还需要一次磁盘访问。由于 R 的元组数目 $n=5000$,因此,本例使用索引嵌套循环连接算法的代价为:$100+5000 \times 5 = 25\ 100$ 次磁盘 I/O 访问。每次访问需要一次磁盘搜索和一次磁盘传输。

相比例 4-3,使用嵌套循环连接算法需要 40 100 次块传输和 200 次磁盘搜索。索引嵌套循环连接算法块传输次数减少,磁盘搜索的代价增加。总的代价可能还是增加,因为一次磁盘搜索的代价比一次传输的代价要高。如果在连接语句里,在 R 上有一个选择操作使得行数显著减少,索引嵌套循环连接就会比嵌套循环连接快得多。

4.4.3　归并连接算法

归并算法又称为排序归并连接算法(Sort-Merge Join)。归并算法可用于自然连接和等值连接。对于关系 R 和关系 S 的连接属性或者公共属性(对于自然连接),假定两个关系均按连接属性或者公共属性排序,那么它们的连接就可用与归并排序算法中的归并阶段非常类似的处理过程来计算。

1. 排序-归并算法

第一步,如果 R 与 S 没有按照连接属性(公共属性)排好序,先让 R 与 S 按照连接属性(公共属性)完成排序。为关系 R 和关系 S 各分配一个指针,指针一开始指向两个关系的第一个元组。

第二步,由于 R 与 S 已经按照连接属性(公共属性)完成了排序。R 的第一个元组记录可以依次与 S 表中具有相同连接属性(公共属性)的元组连接起来,形成结果元组记录。

第三步,当扫描到 S 中第一个不与当前 R 中记录的连接属性(公共属性)值相等的元组时,返回关系 R,将它的指针指向下一个元组记录。

第四步,重复第二、三步,直到 R 表扫描完毕。

这里 R、S 都只要扫描一遍就完成连接操作。当然,如果原来 R 与 S 无序,算法时间代价还要加上两个关系的排序时间。一般说来,对于大关系,先排序后归并连接,总的时间仍然会减少。

2. 归并连接代价分析

第一步,如果关系 R 和关系 S 已经排序,二者在连接属性上具有相同值的元组是连续存放的。如果没有排序,必须先对关系 R 和关系 S 排序,排序代价估算参见 4.3.2 节,并且计入归并连接代价。

第二步,由于已经排序,每一个元组只需要读一次,也就是每块只需要读一次。假设系统为每个关系分配 b_b 个缓冲块,那么这一步所需的磁盘搜索次数为 $\lceil b_r/b_b \rceil + \lceil b_s/b_b \rceil$。磁盘搜索代价远比磁盘数据传输代价高,假设还有额外的内存,为每个关系分配多个缓冲块是有意义的。

例 4-5 对于本节开始的例子,使用归并连接算法实现,对其估算代价。

假设两个关系均未排序,内存大小为最差情况,只有 3 块。代价计算如下。

第一步,利用 4.3 节得到的公式,对关系 S 进行排序需要 $\lceil \log_{3-1}(400/3) \rceil = 8$ 趟归并。对关系 S 进行排序需要 $400 \times (2 \times \lceil \log_{3-1}(400/3) \rceil + 1) = 6800$ 次传输,再加上将结果写回的 400 次传输。排序所需的磁盘搜索次数是 $2 \times \lceil 400/3 \rceil + 400 \times (2 \times 8 - 1) = 6268$ 次,加上写回结果需要 400 次磁盘搜索,总共是 6668 次磁盘搜索,因为每个归并段只能分配到一个缓冲块。

类似地,对关系 R 进行排序需要 $\lceil \log_{3-1}(100/3) \rceil = 6$ 趟归并,即 $100 \times (2 \times \lceil \log_{3-1}(100/3) \rceil + 1) = 1300$ 次块传输,还有将结果写回的 100 次块传输。对关系 R 进行排序所需的磁盘搜索次数为 $2 \times \lceil 100/3 \rceil + 100 \times (2 \times 6 - 1) = 1168$,另外写回结果需要 100 次磁盘搜索。所以总共是 1268 次搜索。

第二步,归并这两个关系需要 $400 + 100 = 500$ 次磁盘块传输和 500 次磁盘搜索。

所以,在内存缓冲区只能容纳 3 块的情况下,总共需要 9100 次块传输和 8436 次磁盘搜索。

如果内存缓冲区有 25 个磁盘块,关系未排序,则先排序后归并连接的代价如下。

第一步,对关系 S 的排序可以只用一趟归并步骤完成,总共需要花费 $400 \times (2 \times \lceil \log_{25-1}(400/25) \rceil + 1) = 1200$ 次磁盘传输。类似地,关系 R 的排序需要 $100 \times (2 \times \lceil \log_{25-1}(100/25) \rceil + 1) = 300$ 次磁盘传输。把排序结果写回磁盘需要 $400 + 100 = 500$ 次磁盘块传输。假设为每个归并段分配一个缓冲块,在这种情况下,对 S 关系进行排序以及把排序结果写回磁盘,所需的磁盘搜索次数是 $2 \times \lceil 400/25 \rceil + 400 \times (2 \times 1 - 1) + 400 = 832$ 次。类似地,对关系 R 进行排序及把排序结果写回磁盘,需要的磁盘搜索次数是 $2 \times \lceil 100/25 \rceil + 100 \times (2 \times 1 - 1) + 100 = 208$ 次。

第二步,归并这两个关系需要 $400 + 100 = 500$ 次磁盘块传输和 500 次磁盘搜索。

总共需要 2500 次块传输和 1540 次磁盘搜索。

进一步地,如果排序是为每个归并段分配更多的缓冲块,磁盘搜索的次数能够显著减少。比如,设置 $b_b=5$(即每次读取归并段文件的五个块),则归并关系 R 的磁盘搜索次数从上面的 208 次降为 $2\times\lceil100/25\rceil+\lceil100/5\rceil\times(2\times1-1)+\lceil100/5\rceil=48$ 次,关系 S 的磁盘搜索次数从上面的 832 次降为 $2\times\lceil400/25\rceil+\lceil400/5\rceil\times(2\times1-1)+\lceil400/5\rceil=192$ 次。如果归并连接阶段为关系 R 和 S 都保留 12 个缓冲块,则这一阶段的磁盘搜索次数将从 500 降为 $\lceil400/12\rceil+\lceil100/12\rceil=34+9=43$ 次。于是磁盘搜索的总次数是 283 次。

这样,总代价进一步降为 2500 次磁盘块传输和 283 次磁盘搜索。这比嵌套循环连接算法与索引嵌套循环连接算法的代价小得多。但是归并排序算法的效率与内存缓冲区可容纳的块数目有很大关系。

4.4.4 散列连接算法

散列连接算法(Hash Join)中,用散列函数 h 来划分两个关系 R 与 S 的元组,基本思想是把这两个关系的元组划分成在连接属性值上具有相同散列值的元组集合。散列连接索引也是处理等值连接或者自然连接的算法。

1. 基本思想

假设散列函数 h 将连接属性值映射到 $\{0,1,2,3,\cdots,n\}$ 的散列函数,其中连接属性是关系 R 与 S 的公共属性或者连接属性。

$r_0,r_1,r_2,\cdots,r_n$ 表示关系 R 的元组划分,一开始每个都是空集。关系 R 中的每个元组 t_r 被放入划分 r_i 中,其中 $i=h(t_r[连接属性])$。

$s_0,s_1,s_2,\cdots,s_n$ 表示关系 S 的元组划分,一开始每个都是空集。关系 S 中的每个元组 t_s 被放入划分 s_i 中,其中 $i=h(t_s[连接属性])$。

散列函数 h 具有良好的随机性与均匀性。关系 R 与 S 的散列划分如图 4-3 所示。

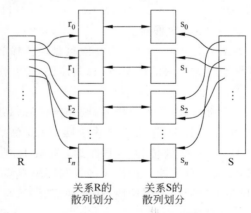

图 4-3   关系 R 与 S 的散列划分

如果关系 R 的一个元组与关系 S 的一个元组满足连接条件,那么它们在连接属性上就会有相同的值。若该值经散列函数映射到 i,则关系 R 的那个元组必在 r_i 中,而关系 S 的那个元组必在 s_i 中。因此,r_i 中的元组只需要与 s_i 中的元组相比较。对关系进行划分后,散列连接算法的各个 i 划分$(i=0,1,2,\cdots,n)$进行单独的索引嵌套循环连接。为此,

该算法先为每个 s_i 构造（Build）散列索引，然后用 r_i 中的元组进行探查（Probe）（即在 s_i 中查找）。关系 S 称为构造用输入（Build Input），关系 R 称为探查用输入（Probe Input）。

s_i 的散列索引是在内存中建立的，因此并不需要访问磁盘以检索元组。用于构造 s_i 散列索引的散列函数与前面使用的散列划分用的散列函数 h 必须是不同的，但仍然是对连接属性进行散列映射。在 s_i 内进行索引嵌套循环连接时，系统使用该索引检索那些与探查关系划分 r_i 中的记录相匹配的 s_i 内的记录，得到对应的第 i 个划分连接查询的结果。

n 的值需要选择得足够大，这样对于任意的 i，内存中可以容纳构造用输入关系的划分 s_i 中的元组以及划分上的散列索引。内存中可以不容纳探查关系的划分。所以，总是用较小的关系作为构造用输入关系。如果构造用关系有 b_s 块，那么要使 n 个划分中的每一个划分小于或等于 M，n 值至少应该是 $\lceil b_r/M \rceil$，因为划分的散列索引也需要占用内存空间，因此 n 值应当相应地取大一点。简单起见，下面的分析中有时忽略散列索引所需的内存空间。

2. 递归划分

如果 n 的值大于或者等于内存块数，因为没有足够的缓冲块，所以关系的划分不可能一趟完成。这时，完成关系的划分需要重复多趟。在每一趟中，输入的最大划分数不超过用于输入的缓冲块数。每一趟产生的存储桶在下一趟中分别被读入并再次划分，产生更小的划分。每趟划分所用的散列函数与上一趟所用的散列函数不同。系统不断重复输入分裂，直到构造用输入关系的每个划分都能被内存容纳为止。因此称之为递归划分（Recursive Partitioning）。

在 $M > n+1$ 或等价地 $M > (b_s/M)+1$（可以近似简化为 $M > \sqrt{b_s}$）时，关系不需要进行递归划分。例如，内存大小是 12MB，分成 4KB 大小的块，则共有 3K 个块。这样的内存可以对 $3K \times 3K$（即 36GB）的关系进行划分。类似地，1GB 大小的关系需要 $\sqrt{256K}$ 内存块，约 2MB。

3. 溢出处理

当 s_i 的散列索引大于存储缓冲区时，构造用输入关系 S 的划分 i 发生散列溢出（Hash-Table Overflow）。如果构造用输入关系在连接属性上具有相同值的元组数目很多，或所选散列函数不够好，比较容易发生散列溢出。这时，某些划分所含元组数目大于平均数，而另一些划分所含元组数比平均数小，则该划分是偏斜的（Skewed）。

少量的偏斜可以通过增加划分个数，使得每个划分的期望大小（包括该划分上的散列索引）比内存容量略小。划分数目会因此有少量增加，增加的数目称为避让因子，其大小为散列划分数 n 的百分之二十左右。即使通过避让因子，在划分的大小上采取保守态度，散列溢出仍然在所难免。

散列溢出可以通过溢出分解或者溢出避免的方法来进行处理。如果在构造阶段发现了散列索引溢出，采用溢出分解来处理。过程如下，对任意的 i，若 s_i 太大，用另一个散列函数将之进一步划分成更小的划分。类似地，r_i 也用新的散列函数进行同样处理。

更谨慎的做法是溢出避免法,为了保证构造阶段不会有溢出发生,在溢出避免法中,首先将构造用输入关系 S 划分成许多小划分,然后把某些划分组合在一起,但确保每个组合后的划分都能被内存容纳。探查用关系 R 必须按照与关系 S 上的组合划分相同的方式进行划分,但 r_i 的大小无关紧要。

如果 S 中有大量元组在连接属性上有相同的值,溢出分解与溢出避免在某些划分上都可能失效。这种情形下,系统就不采用散列连接技术,而采用其他技术,如嵌套循环连接。

4. 散列连接的代价

假定没有发生溢出。首先考虑不需要递归划分的情形。两个关系 R、S 的划分需要对其分别进行一次完整的写入与读出,该操作需要 $2 \times (b_r + b_s)$ 次块传输,这里 b_r 和 b_s 分别代表关系 R 和 S 的磁盘块数。在构造与探查阶段每个划分需要读入一次,这里又需要 $b_r + b_s$ 次块传输。划分所占用的块数可能比 $b_r + b_s$ 略多,因为有的块只是部分满的。由于 n 个划分中的每个划分都可能有一个部分满的块,而这个块需要写入、读出各一次。因此对于每个关系而言,存取这些部分满的块至多增加 $2n$ 次的开销。

从而散列连接需要 $3 \times (b_r + b_s) + 4n$ 次块传输。其中,$4n$ 的开销与 $b_r + b_s$ 相比是很小的,可以忽略不计。

假设输入缓冲区和输出缓冲区分配了 b_b 个块,划分总共需要 $2 \times (\lceil b_r / b_b \rceil + \lceil b_s / b_b \rceil)$ 次磁盘搜索。在构造和探查阶段,每个关系中的 n 个划分中的每一个块仅需要一次磁盘搜索,因为每个划分都可以顺序地读取。

这样,散列连接需要 $2 \times (\lceil b_r / b_b \rceil + \lceil b_s / b_b \rceil) + 2n$ 次磁盘搜索。

考虑递归划分的情形:每一趟预计可将划分的大小减小为原来的 $1/(M-1)$;不断重复操作直到每个划分最多占 M 块为止。则划分关系 S 所需要的趟数预计为 $\lceil \log_{M-1}(b_s) - 1 \rceil$。

由于在每一趟中,需要对关系 S 的每一块进行写入和读出,因此划分过程中总共需要 $2 \times b_s \times \lceil \log_{M-1}(b_s) - 1 \rceil$ 次块传输。

再次假设为每个划分分配 b_b 个块用于缓冲,忽略构造和探查过程中相对较少的磁盘搜索,用递归划分的散列连接需要 $2 \times (\lceil b_r / b_b \rceil + \lceil b_s / b_b \rceil) \times \lceil \log_{M-1}(b_s) - 1 \rceil$ 次磁盘搜索。

若主存较大,散列连接性能可以得到很大提高。最优情况下,主存可以容纳整个构造用输入关系,n 可以置为 0。此时,不管探查输入的关系大小如何,不必将关系划分成为临时文件,因而散列连接算法可以快速执行。其估算代价降为 $b_r + b_s$ 次磁盘传输和两次磁盘搜索。

例 4-6　对于本节开始讨论的例子,使用散列连接算法实现。内存缓冲区有 20 块,关系 R 分成 5 个划分,每个划分占 20 块,正好能装入内存。划分只需要一趟。关系 S 类似地划分成 5 个划分,每个划分占 80 块。(请注意,本例中的关系 R 是构造用输入关系,关系 S 是探查用输入关系。)忽略写入部分满的块的代价,共需 $3 \times (100 + 400) = 1500$ 次块传输。在划分过程中分配 3 个输入缓冲区和 5 个输出缓冲区,共需要 $2 \times (\lceil 100/3 \rceil + \lceil 400/3 \rceil) = 336$ 次磁盘搜索。

4.5　表达式计算

4.2~4.4 节讨论了单个关系运算如何执行。4.5 节讨论包含多个运算的表达式,也就是查询计划的执行。

显而易见的方法是以适当的顺序每次执行一个操作,每次计算的结果被物化(Materialized)到一个临时关系以备后用。其缺点也是显而易见的,需要构造临时关系,这些临时关系必须写到磁盘上,除非其占用空间很小,则可以存放在内存里。另一种方法是在流水线(Pipeline)上同时计算多个运算,一个运算的结果传递给下一个,不必保存临时关系。这两种方法的代价相差很大,并且有些情况下只能使用物化。

4.5.1　物化

考虑以下关系代数表达式:

$$\Pi_{\text{LNAME,FNAME}}(\sigma_{\text{DNAME='sales'}}(\text{department}) \bowtie \text{employee})$$

将这个表达式转化为图形化表示,也就是生成表达式的语法操作表达树(Operator Tree)如图 4-4 所示。

当采用物化方法时,系统从表达式的最底层运算(树的底部)开始。在该例子中,只有一个底层运算,即 department 上的选择运算,底层运算的输入是数据库模式中的关系 department。利用 4.2 节中的算法执行这个选择运算并将结果存储在临时关系中。在树的高一层,系统利用底层运算得到的临时关系来进行运算,这时的输入之一是临时关系,另外一个输入是来自数据库模式的关系 employee。接着得到另外的临时关系,进入语法树的更高层。重复这一过程,最终计算根结点的运算,得到表达式的最终结果。这样的计算方法称为物化算法(Materialized Evaluation),因为运算的每个中间结果被创建(物化),然后用于上一层的运算。

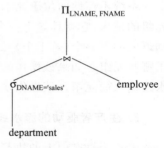

图 4-4　一个关系表达式的图形化标识——语法树

物化算法的代价不仅仅是表达式所涉及的运算代价的和,而是表达式涉及所有运算的代价以及把中间临时关系写回磁盘的代价的和。假设结果在缓冲区中累积,当缓冲区被写满时,中间结果会写到磁盘上。写出块数 b_t 的代价可以按照 t_t/t_{pb} 来估算,其中 t_t 是临时中间结果 temporary table 的元组数的估计,t_{pb} 是每个磁盘块可容纳的中间结果临时关系的元组数目。除了磁盘块传输时间,还需要加上磁盘搜索的时间,因为磁盘头在连续的写回操作之间可能会移动到别处。磁盘搜索的次数可以估算为 $\lceil b_t/b_b \rceil$,其中 b_b 是输出缓冲区的块数。

4.5.2　流水线

为了提高查询执行的效率,可以将许多关系操作结合成一个操作(也就是流水线)来实现。在流水线执行方式下,一个操作的结果传送到下一个操作,流水线计算(Pipelined

Evaluation)因此而命名。考虑关系表达式 $\Pi_{\text{LNAME,FNAME,DNAME}}(\text{department} \bowtie \text{employee})$ 采用物化方法,系统执行时总是要创建存放连接结果的临时关系,然后在执行语法树高一层操作时又读入临时关系。流水线将这些操作组合起来,当连接操作产生一个结果元组时,该元组马上传送给投影操作去处理。连接操作与投影操作组合起来,可以避免创建中间结果,直接得到最终结果。

流水线方式有两个优点:一是可以消除读写临时关系的代价,降低查询运算代价;二是如果某一个查询语法的根操作符及其输入合并到流水线,那么可以迅速开始产生查询结果,一旦开始生成结果,就可以将结果直接显示给用户,使用户查询数据的体验更良好。

在图 4-4 的关系表达式里,三个操作可以放进一条流水线,选择操作的结果传送给连接操作,连接操作的结果又传送给投影操作。一个操作的结果不必长时间保存,因此对内存要求不高。然而,并非每个操作总是能立即获得输入进行处理的。所以有些情况必须使用物化方法。

流水线可以有以下两种执行方式。

1. 需求驱动的流水线

需求驱动的流水线也称为自顶向下的执行方式,是一种被动的需求驱动的执行方式。

系统不停地向位于流水线顶端的操作发出需要元组的请求。每当一个操作收到需要元组的请求,它就计算下一个(若干个)元组并返回。如果该操作的输入不是来自流水线,则返回的下一个(若干个)元组可以由输入关系计算得到,同时系统记载目前为止已返回了哪些元组。如果该操作的某些输入来自流水线,那么该操作也发出请求以获得来自流水线输入的元组。该操作使用来自流水线输入的元组,计算输出元组,然后传递给父层。

2. 生产者驱动的流水线

也称为自底向上的执行方式,查询计划从叶结点开始执行,叶结点操作符不断产生元组并放入缓冲区,直到填满,并等待父操作符将元组从缓冲区取走才能继续执行。然后,父结点操作符开始执行,利用下层输入元组产生自己的输出元组,直到其输出缓冲区填满。这个过程不断重复,直到产生所有的输出元组。

各操作并不等待元组请求,而是积极地产生元组。生产者驱动的流水线中的每一个操作作为系统中一个单独的进程或者线程建模,以处理流水线输入的元组流,并产生相应的输出元组流。

4.6 小　　结

查询处理是关系型数据库管理系统的核心处理。

查询处理是数据库管理系统执行查询语句的过程,包括从数据库中提取出所需数据所涉及的一系列活动。这些活动包括:将用户的高层数据库语言翻译为能在文件系统物理层上使用的表达式,优化查询表达式,执行查询。查询处理基本步骤包括:语法分析与翻译、查询优化、查询执行。

　　查询处理的代价可以通过该查询对各种资源的使用情况进行度量,这些资源具体包括磁盘存取、执行查询的 CPU 时间、通信代价等。其中在磁盘上存取数据是最主要的代价,因为磁盘存取比内存操作速度慢。简化起见,忽略 CPU 时间,用磁盘存取代价来度量执行计划的代价:查询处理的代价=传送磁盘块数+搜索磁盘次数。

　　查询中最主要的选择运算、排序运算、连接运算的实现与代价估算分别在 4.2、4.3、4.4 节进行了阐述。

　　查询表达式的执行有物化与流水线两种方式。常用的关系系统多采用流水线方式。

思　考　题

1. 简述查询处理的处理流程。

2. 术语解释:查询处理。

3. 查询处理的代价如何计算?

4. 设有关系 R(A,B,C) 与 S(C,D,E),R 有 20 000 个元组,S 有 45 000 个元组,一个磁盘块可以容纳 25 个 R 元组或者 30 个 S 元组。分别估算使用以下策略计算 R $\bowtie$ S 需要多少次块传输和磁盘搜索:

(1) 嵌套循环连接。

(2) 归并连接。

5. 什么是物化方式? 什么是流水线方式?

第 5 章 查 询 优 化

由第 4 章的描述可知,对于一个给定查询,尤其是复杂的查询,数据库管理系统有许多种可能的执行策略,好的查询策略和差的查询策略在执行代价上(执行时间)通常会有相当大的区别,它们之间可能相差几个数量级。因此,数据库管理系统为查询处理选择一个好的查询策略而付出额外的时间开销是完全值得的。数据库管理系统能够构造一个让查询执行代价最小化的等价查询执行计划,即查询优化。

5.1 概 述

为了达到用户可以接受的性能,数据库管理系统必须进行查询优化;而恰好关系表达式的语义级别很高,关系数据库管理系统可以分析关系式的语义,对其进行优化。查询优化使得关系系统在性能上接近甚至超过了非关系系统。查询优化是关系数据库管理系统的关键技术。关系数据库系统及其 SQL 语言之所以广泛流行,很大程度得益于查询优化技术的发展成熟。

关系系统中,用户使用非过程化的语言表达查询要求时,只需要描述做什么,不必指出怎么做,这使得用户选择数据存取路径的负担大大减轻。对比非关系系统,用户需要了解数据的存取路径,查询的效率由用户的查询策略决定;如果用户做了不当选择,系统不能对此加以改进。这实际上要求非关系系统的用户具有较高的数据库技术和程序设计水平。

让 DBMS 做查询优化,不仅可以让用户关注查询问题本身,无须考虑如何表达查询以获得较高的效率,而且系统优化比用户程序优化做得更好。数据库管理系统的查询优化器可以从数据字典获取许多统计信息(例如关系的元组数,关系的每个属性值的分布情况,哪些属性上建立了索引等),优化器可以根据这些信息做出估算,选择高效的执行计划,而用户程序难以做到;另外,如果物理统计信息改变了,数据库管理系统会自动更新数据字典,自动调整查询执行计划。系统优化器可以利用很多复杂的优化技术,同时比较数百种不同的执行计划,而用户程序难以企及。

实际数据库管理系统的查询优化步骤如下。

(1)将查询转换成某种内部表示,通常是语法树。

(2)根据一定的等价变换规则把语法树转换成标准(优化)形式。

(3)选择底层的操作算法:对于语法树中的每一个操作,计算各种执行算法的执行代价,选择代价小的执行算法。

(4)生成查询计划(查询执行方案),查询计划是由一系列内部操作组成的。

查询优化主要分为代数优化(即上述优化步骤的步骤(2))与物理优化(即上述优化步骤的步骤(3))。

查询优化的总目标是选择有效的策略,求得给定关系表达式的值,使得查询代价较小。而查询优化的搜索空间实际是非常大的,因此实际系统选择的策略不一定是最优的,而是较优的。

5.2 代数优化

4.1 节讲解了 SQL 语句经过语法分析与翻译后变换为关系代数表达式的内部表示——语法查询树,本节介绍基于关系代数等价变化规则的优化方法——代数优化。

代数优化策略通过对关系代数表达式的等价变换来提高查询效率,只改变查询语句中操作的次序与组合,不涉及底层的存取路径。

5.2.1 关系代数表达式等价变换规则

关系代数表达式的等价变换是指用相同的关系代替两个代数表达式中相应的关系,二者所得到的结果是相同的。如果两个关系代数表达式在每一个数据库实例中都会产生相同的元组集合,那么这两个表达式有可能以不同的顺序产生元组,而元组的顺序是无关紧要的,因此只要元组集合内容一致,就认为二者等价。

等价规则指出两种不同形式的表达式是等价的。第一种可以代替第二种,反之亦然。优化器利用等价规则将表达式转换成逻辑上等价的其他表达式。两个关系表达式 E1 和 E2 是等价的,记为 $E1 \equiv E2$。

下面列出关系代数表达式的通用等价规则。

1. 连接、笛卡尔积交换律

设 E1 和 E2 是关系代数表达式,F 是连接运算的条件,则有:

$$E1 \times E2 \equiv E2 \times E1$$

$$E1 \bowtie E2 \equiv E2 \bowtie E1$$

$$E1 \underset{F}{\bowtie} E2 \equiv E2 \underset{F}{\bowtie} E1$$

2. 连接、笛卡尔积的结合律

设 E1,E2,E3 是关系代数表达式,F1 和 F2 是连接运算的条件,则有:

$$(E1 \times E2) \times E3 \equiv E1 \times (E2 \times E3)$$
$$(E1 \bowtie E2) \bowtie E3 \equiv E1 \bowtie (E2 \bowtie E3)$$
$$(E_1 \underset{F}{\bowtie} E2) \underset{F}{\bowtie} E3 \equiv E1 \underset{F}{\bowtie} (E2 \underset{F}{\bowtie} E3)$$

3. 投影的串接定律

$$\prod_{A_1,A_2,\cdots,A_n}(\prod_{B_1,B_2,\cdots,B_m}(E)) \equiv \prod_{A_1,A_2,\cdots,A_n}(E)$$

这里，E 是关系代数表达式，$A_i(i=1,2,\cdots,n)$，$B_j(j=1,2,\cdots,m)$ 是属性名，并且 $\{A_1,A_2,\cdots,A_n\}$ 构成 $\{B_1,B_2,\cdots,B_m\}$ 的子集。

4. 选择的串接定律

$$\sigma_{F1}(\sigma_{F2}(E)) \equiv \sigma_{F1 \wedge F2}(E)$$

这里，E 是关系代数表达式，F1 和 F2 是选择条件。选择的串接定律说明选择条件可以合并，这样一次就可检查全部条件。

5. 选择与投影操作的交换律

如果选择条件 F 只涉及属性 $A_1,A_2,\cdots,A_n$，交换律表达如下：

$$\sigma_F(\prod_{A_1,A_2,\cdots,A_n}(E)) \equiv \prod_{A_1,A_2,\cdots,A_n}(\sigma_F(E))$$

若 F 中有不属于 $A_1,A_2,\cdots,A_n$ 的属性 $B_1,B_2,\cdots,B_m$，则有更一般的交换律如下：

$$\prod_{A_1,A_2,\cdots,A_n}(\sigma_F(E)) \equiv \prod_{A_1,A_2,\cdots,A_n}(\sigma_F(\prod_{A_1,A_2,\cdots,A_n,B_1,B_2,\cdots,B_m}(E)))$$

6. 选择与笛卡尔积的交换律

如果 F 中涉及的属性都是 E1 中的属性，则有：

$$\sigma_F(E1 \times E2) \equiv \sigma_F(E1) \times E2$$

如果 $F = F1 \wedge F2$，并且 F1 只涉及 E1 中的属性，F2 只涉及 E2 中的属性，则由上述等价变换规则 1、4、6 可推出：

$$\sigma_F(E1 \times E2) \equiv \sigma_{F1}(E1) \times \sigma_{F2}(E2)$$

如果 $F = F1 \wedge F2$，F1 只涉及 E1 中的属性，F2 涉及 E1 和 E2 两者的属性，选择与笛卡尔积交换律表达为：

$$\sigma_F(E1 \times E2) \equiv \sigma_{F2}(\sigma_{F1}(E1) \times E2)$$

它使部分选择在笛卡尔积前先做。

7. 选择与并的交换律

假设：$E = E1 \cup E2$、E1，E2 有相同的属性名，则有：

$$\sigma_F(E1 \cup E2) \equiv \sigma_F(E1) \cup \sigma_F(E2)$$

8. 选择与差运算的交换律

假设 E1 与 E2 有相同的属性名，则有：

$$\sigma_F(E1-E2) \equiv \sigma_F(E1) - \sigma_F(E2)$$

9. 选择对自然连接的分配律

$$\sigma_F(E1 \bowtie E2) \equiv \sigma_F(E1) \bowtie \sigma_F(E2)$$

这里,F 只涉及 E1 与 E2 的公共属性。

10. 投影与笛卡尔积的交换律

设 E1 和 E2 是两个关系表达式,$A_1, A_2, \cdots, A_n$ 是 E1 的属性,$B_1, B_2, \cdots, B_m$ 是 E2 的属性,则:

$$\prod_{A_1,A_2,\cdots,A_n,B_1,B_2,\cdots,B_m}(E1 \times E2) \equiv \prod_{A_1,A_2,\cdots,A_n}(E1) \times \prod_{B_1,B_2,\cdots,B_m}(E2)$$

11. 投影与并的交换律

设 E1 和 E2 有相同的属性名,则:

$$\prod_{A_1,A_2,\cdots,A_n}(E1 \bigcup E2) \equiv \prod_{A_1,A_2,\cdots,A_n}(E1) \bigcup \prod_{A_1,A_2,\cdots,A_n}(E2)$$

5.2.2 基于启发式规则的代数优化

对于关系代数表达式的图形化表示——语法查询树,典型的代数优化启发式规则如下。

(1) 选择运算应尽可能先做。这是优化规则中最重要、最基本的一条。因为先做选择运算可以使中间关系大幅变小,执行代价可以达到数量级地减小。

(2) 投影运算和选择运算同时做。如果有若干个投影运算和选择运算对同一个关系操作,则可以在扫描此关系的同时完成所有这些运算,以避免重复扫描关系。

(3) 将投影运算与其前或其后的双目运算结合。没有必要为了去掉某些字段而扫描一遍关系。

(4) 把某些选择同在其前面的笛卡尔积结合起来成为一个连接运算,连接运算特别是等值连接,要比同样关系上的笛卡尔积的执行代价小很多。

(5) 找出公共子表达式。如果重复出现的公共子表达式结果不大,并且从外存读入这个关系比计算该子表达式的执行代价小,则先计算出公共子表达式,并将结果写入临时文件。当利用视图执行查询时,定义视图的语句就是公共子表达式的情况。

根据启发式规则,应用 5.2 节的表达式等价变换公式中优化关系表达式的代数优化算法描述如下。

算法:关系表达式的优化。

输入:一个关系表达式的语法树。

输出:优化的查询树。

算法步骤如下。

第一步,分解选择运算,利用等价变换规则 4 把形如 $\sigma_{F1 \wedge F2 \wedge \cdots \wedge Fn}(E)$ 变换为 $\sigma_{F1}(\sigma_{F2}(\cdots(\sigma_{Fn}(E))\cdots))$ 形式。

第二步,交换选择运算,将其尽可能移到叶端,利用规则 4~9 尽可能把每一个选择移到树的叶端。

第三步,交换投影运算,将其尽可能移到叶端,利用规则 3、5、10、11 中的一般形式尽可能把每一个投影移向树的叶端。

第四步,合并同一关系上串接的选择和投影,以便同时执行这些操作或在一次扫描中完成这些操作。利用规则 3、4、5 把选择和投影的串接合并成单个选择、单个投影或一个选择后跟一个投影的形式。由于投影或者选择操作是对同一个关系的操作,这样处理的效果是使多个选择或投影能同时执行,或在一次扫描中全部完成。

第五步,将经过上述步骤得到的语法树的内结点分组:每一双目运算($\times$,$\bowtie$,$\cup$,$-$)和它所有的直接祖先划分为一组(这些直接祖先是 σ,Π 运算)。如果其后代直到叶子全是单目运算,则也将它们并入该组,但当双目运算是笛卡尔积($\times$),并且其后的选择运算不能与它结合为等值连接时除外,这种情况的单目运算单独分为一组。

第六步,生成程序。生成一个程序,第五步划分的每组结点的计算是程序中的一步。各步的顺序是任意的,只要保证任何一组的计算不会在它的后代组之前计算即可。

5.2.3　代数优化实例

例 5-1　对于学生选课关系数据库:

student(SNO,SNAME,SSEX,SAGE,SDEPT)关系模式存放学生基本信息,包括学号、姓名、性别、年龄、系名;

sc(SNO,CNO,GRADE)关系模式存放选课信息,包括选课学生学号、课程号、成绩;

course(CNO,CNAME,CPNO,CCREDIT)关系模式存放课程信息,包括课程号、课程名、先修课号、学分。

执行查询语句,求选修了“信息系统”的女同学的学号与姓名。该查询语句的关系代数表达式如下:

$$\Pi_{\text{SNO,SNAME}}(\sigma_{\text{CNAME}='信息系统' \wedge \text{SSEX}='女'}(\text{student} \bowtie \text{sc} \bowtie \text{course}))$$

上式中,$\bowtie$ 符号用 Π、σ、$\times$ 操作表示,可得到等价的表达式如下:

$$\Pi_{\text{SNO,SNAME}}(\sigma_{\text{CNAME}='信息系统' \wedge \text{SSEX}='女'}(\Pi_{\text{L}}(\sigma_{\text{student.SNO}=\text{sc.SNO} \wedge \text{sc.CNO}=\text{course.CNO}}$$
$$(\text{student} \times \text{sc} \times \text{course}))))$$

此处,L 是属性{student. SNO, SNAME, SSEX, SAGE, SDEPT, course. CNO, GRADE,CNAME,CPNO,CCREDIT}的集合(student、sc、course 三表自然连接的属性集合)。

将等价的表达式构成初始语法查询树,如图 5-1 所示。

使用优化算法对初始语法树进行优化。

第一步,将选择运算尽量往叶端放。

将图 5-1 的每个选择操作分裂成两个选择运算,得到 4 个选择操作:$\sigma_{\text{CNAME}='信息系统'}$、$\sigma_{\text{SSEX}='女'}$、$\sigma_{\text{student.SNO}=\text{sc.SNO}}$、$\sigma_{\text{sc.CNO}=\text{course.CNO}}$;使用等价变换规则 4~8,将上述 4 个选择操作尽可能向树的叶子靠拢。根据规则 4 和 5 可以将选择 $\sigma_{\text{CNAME}='信息系统'}$ 和 $\sigma_{\text{SSEX}='女'}$ 移到投影和另外两个选择操作下面,直接放在笛卡尔积外面得到子表达式:

$$\sigma_{\text{CNAME}='信息系统'}(\sigma_{\text{SSEX}='女'}(\text{student} \times \text{sc}) \times \text{course})$$

其中,外层选择仅涉及关系 course,内层选择仅涉及关系 student,所以上述子表达式又可以变换成如下形式:

$$(\sigma_{SSEX='女'}(student)\times sc)\times\sigma_{CNAME='信息系统'}(course)$$

选择 $\sigma_{sc.CNO=course.CNO}$ 不能再往叶子端移动,因为它的属性涉及 sc 和 course 两个关系,而选择 $\sigma_{student.SNO=sc.SNO}$ 还可以与笛卡尔积交换,往叶端移动一步。

最后根据规则 3,从树的根往下的两个投影操作合并成一个投影操作 $\Pi_{student.SNO,SNAME}$。

经过上述等价变换,使 4 个简单选择操作尽量往叶端放,等价变换后的语法树如图 5-2 所示。

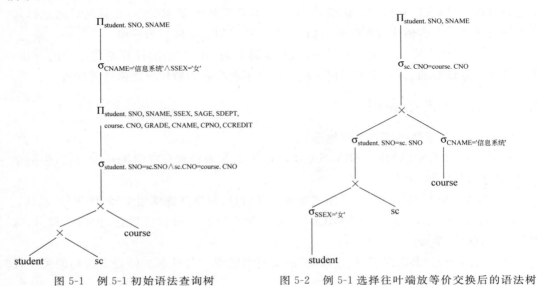

图 5-1 例 5-1 初始语法查询树　　　　图 5-2 例 5-1 选择往叶端放等价交换后的语法树

第二步,将投影运算尽量往叶端放。

对于根的投影操作,根据等价变换规则 5 的更一般规则,把投影跟其下的选择进行交换,在选择下面增加一个投影操作,如图 5-3 所示。

根据等价变换规则 10,将 $\Pi_{student.SNO,SNAME,sc.CNO,course.CNO}$ 分成 $\Pi_{student.SNO,SNAME,sc.CNO}$ 和 $\Pi_{course.CNO}$,与其下的笛卡尔积交换,使它们分别对 $\sigma_{student.SNO=sc.SNO}(\cdots)$ 和 $\sigma_{CNAME='信息系统'}(\cdots)$ 做投影操作。转换后的语法树如图 5-4 所示。

对于更靠近根的笛卡尔积交换的投影操作 $\Pi_{student.SNO,SNAME,sc.CNO}$,类似地,又根据等价规则 5 的更一般规则,将这个投影分别与其下的选择操作形成级联运算:$\Pi_{student.SNO,SNAME,sc.CNO}(\sigma_{student.SNO=sc.SNO}(\Pi_{student.SNO,SNAME,sc.SNO,sc.CNO}(\cdots)))$。

再根据等价规则 10,将 $\Pi_{student.SNO,SNAME,sc.SNO,sc.CNO}$ 与靠近叶子结点 student 与叶子结点 sc 的笛卡尔积交换,如图 5-5 所示。

第三步,对优化后的语法树进行分组。图 5-5 用虚线划分了两个运算组。

执行时,从叶端依次向上执行,每组运算对关系扫描一次。

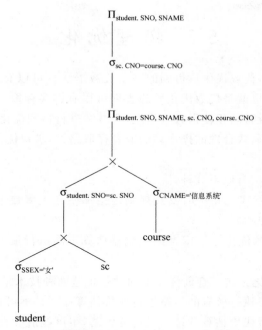

图 5-3　例 5-1 根投影往叶端放等价交换后的语法树

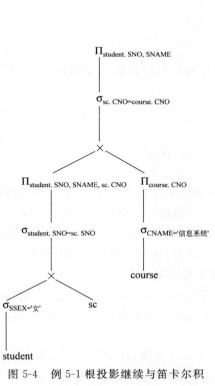

图 5-4　例 5-1 根投影继续与笛卡尔积
交换后的语法树

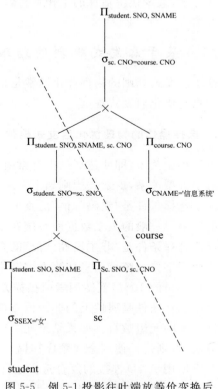

图 5-5　例 5-1 投影往叶端放等价变换后
的最终语法树

5.3 物理优化

对于一个查询语句,代数优化后得到的关系代数语法树可以有多种执行这个语法树的算法,多种存取路径,也就是代数优化后的查询可以有许多存取方案,这些方案的执行效率各不相同,有的执行时间相差很大。因此,要继续进行物理优化。

物理优化就是选择高效合理的操作算法或者存取路径,求得优化的查询计划,达到执行代价的优化。

物理优化的常用方法有以下 3 种。

(1) 基于规则的启发式优化。启发式规则是指那些在大多数情况下适用,但不是每一种情况下都是最好的规则。

(2) 基于代价估算的优化。使用查询优化器估算不同执行策略的代价,选出其中具有最小代价的执行计划。

(3) 两者结合的优化方法。查询优化器通常会把这两种技术结合在一起使用。因为可能的执行策略很多,要执行所有的策略进行代价估算往往是不可行的,因为估算需要代价,若对所有策略都进行代价估算并选出最优的策略,很可能造成查询优化本身付出的代价大于获得的益处。因此结合启发式规则与代价估算,先使用启发式规则,挑选若干较优的候选方案,减少代价估算的工作量;然后分别计算这些候选方案的执行代价,从中选出最优方案。

5.3.1 基于启发式规则的物理优化

基于启发式规则的物理优化通常是指存取路径和底层操作算法的选择,下面介绍最常用的物理优化启发式规则。

1. 选择操作的物理优化启发式规则

对于小型关系,即使选择列上有索引,也使用全表顺序扫描。

对于大型关系,启发式规则如下。

对于选择条件是"主码＝值"的查询,也就是查询结果是空或者唯一元组,可以选择主码上的索引。一般的关系数据库系统在主码上会自动创建一个唯一属性的聚集索引。

对于选择条件是"非主属性＝值"的查询,并且非主属性列上建有索引,查询优化器则会利用数据字典的统计信息估算查询结果涉及的元组数目。如果结果元组行数目小于关系元组行数目的 10%,就使用索引扫描方法;否则还是使用全表顺序扫描。

对于选择条件是属性上的非等值查询或者范围查询,并且选择列上有索引,同样要估算查询结果的元组数目。如果结果元组行数目小于关系元组行数目的 10%,就使用索引扫描方法;否则还是使用全表顺序扫描。

对于使用 AND 连接的复合选择条件,如果有涉及这些属性的组合索引,优先采用组合索引扫描;如果某个属性上有一般索引,可以利用该索引找到符合涉及该属性单条件的记录指针集,再对集合里涉及的记录测试,看是否符合其他的条件。

对于使用 OR 连接的复合选择条件,一般使用全表顺序扫描。

2. 连接操作的物理优化启发式规则

如果两个关系都已经按照连接属性排序,则选用归并连接算法。如果一个关系在连接属性上有索引,则可以选用索引嵌套循环连接算法。如果上面两个规则都不适用,其中一个关系较小,可以选用散列连接算法。否则可以选用嵌套循环算法,并且选择其中较小的关系(但不能完全放在内存里),即占用的磁盘块数较少的表作为外部关系(外循环的表)。如果两个关系中某一个关系小到能完全放在内存里,那么将这个小的关系作为内层关系来处理可以减少很多 I/O 操作。这时内层关系常驻内存反复被扫描,外层关系逐块读入即可。

实际的关系型数据库管理系统中代数优化启发式规则很多,本节只展示其中最主要的规则。启发式规则是定性选择,实现简单并且优化选择本身代价小,特别适合解释执行的系统。因为解释执行的数据库系统的优化开销包含在查询总代价中。

5.3.2　基于代价估算的物理优化

编译执行数据库系统中,一次编译优化,多次执行,查询优化与查询执行是分开的。因此,可以采用精细复杂一些的基于代价估算的物理优化方法。

基于代价估算的物理优化需要计算各种操作算法的执行代价,很多时候执行代价与数据库状态密切相关。为此,数据库内模式在数据字典中设计存储了查询优化器需要的统计信息,其统计内容主要包括以下 3 个方面。

(1) 对于每个基本关系,统计关系的元组个数(N)、元组长度、占用的块数、占用的溢出块数。

(2) 对于每个基本关系的每个属性,统计该属性不同取值的个数(m)、属性取值的最大值、最小值、该属性上是否创建了索引、是哪种索引(B^+ 树索引、散列索引、聚集索引)以及根据这些统计信息计算出谓词条件的选择率(f),如果不同值的分布是均匀的,则 $f=1/m$;如果不同值的分布不均匀,则要计算每个值的选择率,$f=$ 具有该值的元组数目$/N$。

(3) 对于索引,例如 B^+ 树索引,统计该索引的层数、不同索引值的个数、索引的选择基数 S(有 S 个元组具有某一索引值)、索引的叶结点数。

5.4　基于语义的查询优化

这种技术根据数据库的语义约束,把查询转换成为另一个执行效率更高的查询。本节不对这种技术做详细讨论,只通过一个 SQL 语句来简要说明其原理,有兴趣的读者可以查阅数据库系统手册。

考虑如下 SQL 语句:

```
SELECT * FROM student WHERE sage>300;
```

这里,用户在写年龄值 sage 时,把 30 误写成 300。假设数据库模式上定义了一个约束,限定学生年龄的取值在 18～50 周岁。查询优化器在对上述 SQL 语句进行语法分析与检查时,由于约束的存在,马上可以判断查询的结果为空,所以不需要执行这个 SQL 语句。

5.5　小　　结

查询优化技术是查询处理的关键技术。

对于给定的查询,通常有许多计算这个查询的方案。将用户输入的查询语句转换为等价的、执行效率更高的查询执行方案,是查询优化的目标。

查询优化主要分为代数优化与物理优化。

代数优化策略通过对关系代数表达式的等价变换来提高查询效率,改变查询语句中操作的次序与组合,不涉及底层的存取路径。

物理优化就是选择高效合理的操作算法或者存取路径,求得优化的查询计划,达到执行代价的优化。

物理优化的常用方法有:基于规则的启发式优化、基于代价估算的优化、两者结合的优化方法。

思　考　题

1. 试述关系型数据库管理系统查询优化的一般准则。
2. 试述关系型数据库管理系统查询优化的一般步骤。
3. 对于例 5-1 的学生选课关系数据库,查询选修了 2 号课程的学生姓名。试画出用关系代数表示的语法树,并用关系代数表达式优化算法对原始语法树进行优化处理,画出优化后的标准语法树。

第**6**章　　　事　务

CHAPTER 6

数据库系统中的数据是由数据库管理系统统一管理和控制的,为了适应数据共享的环境,数据库管理系统必须提供安全性保护、完整性检查、并发控制以及数据库恢复,以保证数据库中数据的安全可靠和正确有效。

从数据库普通用户角度看,数据库中一些操作的集合应该是一个整体。例如,顾客从支付宝账户到储蓄账户的一次资金转账,在顾客逻辑里,这一次资金转账是一次"单一"的操作,而在数据库系统中,这是多个操作组成的:支付宝账户的资金转出和储蓄账户的资金转入,这些操作要么全部发生,要么全部不发生。资金从支付宝账户支出而未转入储蓄账户的情况是顾客不可接受的。这个逻辑上不可分割的若干数据库操作的整体就是事务(Transaction)。

6.1　事务的概念

事务是用户定义的构成单一逻辑工作单元的数据库操作集合。集合里的操作要么全部执行,要么根本不执行,它是一个不可分割的工作单位。

应用程序的用户数据处理需求,到了数据库系统内部就是正确高效地执行事务。事务是数据库管理系统的逻辑工作单元。

一个事务由应用程序中的一组操作序列组成。在应用程序中,事务以BEGIN TRANSACTION 语句开始,以 COMMIT 语句或者 ROLLBACK语句结束。COMMIT 语句表示事务执行成功的结束(提交),此时告诉系统数据库要进入一个新的正确状态,该事务对数据库的所有更新都已交付实施并写入磁盘。ROLLBACK 语句表示事务执行不成功的结束,也称之为回滚,此时告诉系统事务运行过程中发生了错误,数据库可能处于不正确的状态,该事务对数据库的所有更新必须被撤销,数据库应将该事务恢复初始状态。

如果用户没有显式地定义事务,数据库管理系统按照默认规则自动划分事务。

6.2 事务的 ACID 性质

事务具有 4 个特性：原子性（Atomicity）、一致性（Consistency）、隔离性（Isolation）和持续性（Durability）。合称为 ACID 特性。数据库管理系统必须保证事务的 ACID 特性。

1. 原子性

事务作为数据库的逻辑工作单元，其内部包含的数据库操作结合必须作为单一的不可分割的单元，要么全部被执行，要么根本不被执行。如果一个事务开始执行，但是由于某些原因不能达到终点，有可能是事务执行失败、操作系统崩溃、计算机本身停止运行，该事务对数据库造成的任何可能的修改都要撤销。确保原子性的要求十分困难，因为对数据库的一些修改可能仅仅存在事务的内存变量中，而另外一些修改已经写入数据库并存储到磁盘上。这种"全或无"的特性称为原子性。

2. 一致性

一个事务独立执行的结果应该是保持数据库的一致性，即数据库从一个一致性状态变到另一个一致性状态。数据不会因为事务的执行而遭受破坏。确保逻辑上事务的一致性是编写事务的应用程序员的职责。而运行时的一致性由数据库管理系统完整性子系统测试。

3. 隔离性

事务总是并发执行的，单个事务的执行不能被其他事务干扰，即一个事务的事务内部操作及使用的数据对其他并发事务是隔离的。在多个事务执行时，系统应该保证其执行结果与这些事务先后单独执行时的结果一样，也就是如同单用户环境一样。

4. 持续性

一个事务一旦提交，它对数据库的所有更新就应该永久地反映在数据库中。接下来的其他操作不应该对其执行结果有任何影响。即使以后系统发生故障，也应保留这个事务执行的痕迹。

6.3 一个简单的事务实例

数据库管理系统实际执行事务更新数据库的操作是很复杂的，简单起见，在此将数据读写语句操作简化如下。

对数据的实际操作仅限于算术操作。事务运用以下两个操作访问数据。

read(X)：从数据库把数据项 X 传送到执行 read 操作的事务的主存缓冲区的一个也称为 X 的变量中。

write(X)：从执行 write 的事务的主存缓冲区的变量 X 中把数据项 X 传回数据

库中。

　　事务处理的重点在于知道一个数据项的变化是只出现在主存中,还是已经写入磁盘上的数据库。实际的数据库系统中,write 操作不一定立即更新磁盘上的数据,write 操作的结果可以临时存储于某处,由操作系统调度再写回磁盘。本章的简化操作是假设 write 操作立即更新数据库。第 7 章再讨论真正的 write 操作。

　　例 6-1　假设事务 T 是从账户 A 转账(50 元)到账户 B,假设账户 A 和账户 B 分别有1000 元和 2000 元。这个事务可以定义为:

```
T: read(A);
   A:=A-50;
   write(A);
   read(B);
   B:=B+50;
   write(B);
```

1. 事务 T 的原子性讨论

　　事务 T 中所有操作应作为一个整体,不可分割,要么全部执行,要么全部不执行。假设电源故障、硬件故障或者软件错误等因素,造成事务 T 执行的结果只修改了 A 值而未修改 B 值,那么就违反了事务的原子性。事务 T 执行结束后,要么数据库中账户 A 的值减少了 50 元,而账户 B 的值增加了 50 元;要么账户 A 和账户 B 的值保持原样。如果事务 T 执行结束后,数据库中账户 A 的值减少了 50 元,而 B 的值未变,那么数据库就处于不一致状态,也违反了原子性。

　　原子性要求事务的所有动作要么在数据库中全部反映出来,要么全部不反映出来。保证原子性的基本思路如下:对于事务要执行写操作的数据项,数据库系统在磁盘日志文件上记录其旧值。如果事务未能完成它的整体执行,则数据库系统从日志中恢复旧值,使事务看上去从未执行过。保证原子性是数据库系统本身的职责,具体由数据库管理系统恢复子系统完成,该内容将在第 7 章详述。

2. 事务 T 的一致性讨论

　　这里,一致性要求事务的执行不改变 A、B 之和。如果没有一致性要求,金额可以被事务凭空创造或者销毁。事务执行结果应该保证数据库处于一致的状态:要么数据库中账户 A 的值减少了 50 元,而账户 B 的值增加了 50 元;要么账户 A 和账户 B 的值保持原样。总之,A+B 的和不变。

　　但是,在事务 T 执行过程中,如果某时刻数据库中 A 的值已经减了 50 元,而 B 的值尚未增加。显然这是一个不一致的状态,但这个不一致状态很快由于 B 值增加 50 元而又变回一致的状态。事务执行过程中出现的暂时不一致状态对用户是屏蔽的,用户不需要为此担忧。

3. 事务 T 的隔离性讨论

　　多个事务并发执行时,相互之间应该互不干扰。事务 T 在 A 的值减去 50 元后,系统暂时处于不一致状态,此时若第二个事务插进来计算 A 与 B 之和,就会得到错误的数据结果;甚至第三个事务修改 A、B 的值,势必造成数据库的数据错误。这恰恰是三个事务并发执行时相互干扰的原因导致了错误,违反了隔离性。

一种避免事务并发执行时产生问题的方法是串行执行这些事务,即一个接一个地执行,这在系统效率上显然不可取。所以,为了提高吞吐量和资源利用率,减少事务等待时间,要进行事务并发操作并进行控制。

4. 事务 T 的持久性讨论

一旦事务成功地执行,并且发起事务的用户 A、B 被告知资金转账已经发生,系统就必须保证任何系统故障都不会引起这次转账数据丢失。也就是这种数据修改对数据库是永久性的。第 7 章将讨论数据库系统的恢复子系统如何保证事务的持久性。

进一步地,编写程序时,应该考虑账户透支破坏事务一致性的情况,并将事务 T 用事务开始结束语句加以限定:

```
BEGIN TRANSACTION
    read(A);
    A:=A-50;
    write(A);
    if(A<0)ROLLBACK;
    else { read(B);
        B:=B+50;
        write(B);
        COMMIT ;
        }
```

ROLLBACK 语句在账号 A 透支时,就会拒绝这个转账操作,执行回滚操作,数据库的值恢复到事务的初始值。COMMIT 语句表示转账操作顺利结束,数据库转到新的一致性状态。

6.4　事务抽象模型与状态变迁

为了更准确地定义一个事务成功完成的含义,建立一个简单的抽象事务模型:事务必须处于活动的、部分提交的、失败的、中止的和提交的五种状态之一。事务相应的状态变迁图如图 6-1 所示。

1. 活动状态

事务的初始状态。事务开始执行后,立即进入活动状态(Active)。在活动状态,事务将执行对数据库的读/写操作。但是"写操作"并不立即写到磁盘上,很可能暂时存放在系统缓冲区中。

2. 部分提交状态

事务最后一条语句执行后,进入部分提交状态(Partially Committed)。此时,事务是

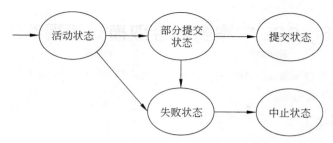

图 6-1　事务的状态变迁图

已经完成执行,但事务对数据库的修改可能仍然驻留在主存储器中,因此一个硬件故障都有可能阻止其成功完成,导致事务不得不中止。

接着,数据库管理系统往磁盘上写入足够的信息,确保即使出现故障时事务所做的更新也能在系统重启后重新创建。当最后一条这样的信息写完后,事务就进入提交状态。

在这个过程中,当遇到意外时,系统判定事务不能继续正常执行后(如硬件错误、逻辑错误等),事务进入失败状态。这时,事务必须回滚,进入中止状态。

3. 失败状态

发现正常的执行不能继续后,事务走向失败状态(Failed)。这时,处于活动状态的事务还没有到达最后一个语句就中止执行,或者处于部分提交状态的事务遇到故障(如发生干扰或未能完成对数据库的修改),就进入失败状态。

4. 中止状态

中止状态(Aborted)指事务回滚并且数据库已恢复到事务开始执行前的状态。处于失败状态的事务,很可能已经对磁盘中的数据进行了一部分修改。为了保证事务的原子性,应该撤销(UNDO)该事务对数据库已做的修改。对事务的撤销操作称为事务的回滚(ROLLBACK)。事务回滚由数据库管理系统恢复子系统执行。

在事务进入异常中止状态时,系统有如下两种选择。

(1)事务重新启动。由硬件或者软件错误而不是由事务内部逻辑错误造成异常中止时,可以重新启动事务。重新启动的事务是一个新的事务。

(2)取消事务。如果发现事务的内部逻辑有错误,那么应该取消原事务,重新改写应用程序。

5. 提交状态

事务成功完成后的状态。事务进入局部提交状态后,并发子系统将检查该事务与并发事务是否发生干扰现象,即是否发生错误。在检查通过以后,系统执行提交操作,把对数据库的修改全部写到磁盘上,并通知系统事务成功结束,进入提交状态。

只有在事务已经进入提交状态后,事务才是已提交。类似地,仅当事务已进入中止状态,事务才是已中止。事务已经结束(Terminated)是指事务是提交或者中止的状态。

6.5 SQL 中事务的存取模式和隔离级别

SQL 对事务的存取模式（Access Mode）和隔离级别（Isolation Level）做了具体规定，并提供语句让用户使用。

1. 事务存取模式

SQL 允许事务有以下两种模式。

（1）READ ONLY 只读型：事务对数据库的操作只能是读操作。定义这个模式后，随后的事务均是只读型。

SQL 语句定义格式为：

```
SET TRANSACTION READ ONLY
```

（2）READ WRITE 读写型：事务对数据库的操作可以是读操作，也可以是写操作。定义这个模式后，随后的事务均是读写型。程序开始默认为这种模式。

SQL 语句定义格式为：

```
SET TRANSACTION READ WRITE
```

2. 事务隔离级别

SQL 2 提供事务的 4 种隔离级别让用户选择。这 4 种级别由高到低依次为：

（1）SERIALIZABLE 可串行化：允许事务与其他事务并发执行，但系统必须保证并发调度是可串行化的，不会发生错误。程序开始默认为这个级别。12.2.4 节将会讨论可串行化。

SQL 语句定义格式为：

```
SET TRANSACTION ISOLATION LEVEL SERIALIZABLE
```

（2）REPEATABLE READ 可重复读：只允许事务读已经提交的数据，并且在两次读同一数据时，不允许其他事务修改此数据。

SQL 语句定义格式为：

```
SET TRANSACTION ISOLATION LEVEL REPEATABLE READ
```

（3）READ COMMITTED 读提交数据：允许事务读已经提交的数据，但不要求可重复读。例如，事务在同一记录的两次读取之间，记录可能被已经提交的事务更新。

SQL 语句定义格式为：

```
SET TRANSACTION ISOLATION LEVEL READ COMMITTED
```

（4）READ UNCOMMITTED 读未提交数据：允许事务读已经提交或未提交的数据。这是 SQL 2 所允许的最低一致性级别。

SQL 语句定义格式为：

```
SET TRANSACTION ISOLATION LEVEL READ UNCOMMITTED
```

6.6 小　结

数据库系统中的数据是由 DBMS 统一管理和控制的，数据库管理系统必须提供并发控制，以保证数据库中数据的安全可靠和正确有效。

并发控制与数据库恢复的基本单位都是事务（Transaction）。事务是用户定义的构成单一逻辑工作单元的数据库操作集合。集合里的操作要么全部执行，要么都不执行，是一个不可分割的工作单位。事务具有 4 个特性：原子性（Atomicity）、一致性（Consistency）、隔离性（Isolation）和持续性（Durability），合称为 ACID 特性。事务必须处于活动的、部分提交的、失败的、中止的和提交的五种状态之一。

SQL 允许事务有两种模式：READ ONLY 只读型和 READ WRITE 读写型，程序开始默认为读写模式。

SQL 2 提供事务的 4 种隔离级别让用户选择。这 4 个级别由高到低依次为：SERIALIZABLE 可串行化、REPEATABLE READ 可重复读、READ COMMITTED 读提交数据和 READ UNCOMMITTED 读未提交数据。

为提高吞吐量、资源利用率以及减少等待时间，DBMS 事务处理系统通常允许多个事务并发执行。

思　考　题

1. 试述事务的概念。
2. 试述事务的 4 个特性。
3. 试述事务的状态变迁。
4. 试述事务的隔离级别。

第 **7** 章 并 发 控 制

隔离性是事务的基本特性之一,当数据库系统中有多个事务并发执行时,事务的隔离性不一定能保持。为此,系统必须对并发事务之间的相互作用加以控制,完成这一控制的机制称为并发控制。并发控制有许多技术,每种技术都有优势。实践中最常用的是封锁技术。

7.1 事务的并发执行

事务在执行过程中需要使用不同的资源(CPU、磁盘、I/O 或者通信)。如果事务串行执行,许多资源会处于空闲状态。为了发挥数据库系统共享资源的特点,应该允许多个事务并发执行。

7.1.1 事务并发执行的必要性

从第 6 章的阐述可知,允许多个事务并发执行更新数据会引发数据一致性等问题,系统为了保证数据一致性需要进行额外工作。如果强制事务串行地执行,即一个接一个地执行事务,每个事务当且仅当前一事务执行完后才开始,那么系统处理就简单得多。然而,DBMS 事务处理系统通常允许多个事务并发执行,其原因如下。

1. 提高吞吐量和资源利用率

事务是一个逻辑工作单元,包含一个数据库操作序列。序列包含的这些步骤中,一些涉及 I/O 操作,一些涉及 CPU 操作。计算机系统中 CPU 与磁盘可以并行工作。因此,事务中的 I/O 操作可以与 CPU 处理并行进行,从而提高系统吞吐量(Throughput)——即给定时间内执行的事务数目增加。例如,单位时间片内,事务 A 在进行磁盘读写,事务 B 在进行 CPU 运行,事务 C 在另一张磁盘上进行读写。相应地,处理器与磁盘利用率也得到提高。

2. 减少等待时间

系统中运行着各种各样的事务,事务长短不一。如果事务串行地执行,短事务需要等待它前面的长事务完成,这可能导致难以预测的延迟。如果各个事务针对数据库的不同部分进行操作,让它们并发地执行会更好,事务之间可以共享 CPU 周期与磁盘存取。并发执行可以减少执行事务时不可预测的延迟。此外,也可以减少平均响应时间,即一个事务从提交到完成所需要的平均时间。

在数据库中进行并发事务与操作系统中使用多道程序的思想其实是一样的。多个事务并发执行时,可能违背隔离性,这会导致即便每个事务都正确执行,数据库的一致性也可能被破坏。7.1.3 节将讨论并发操作带来的问题。7.1.4 节将讨论保证事务并发一致性的判定。

7.1.2　事务并发执行趋势

早期的计算机只有一个处理器,计算机中并没有真正意义的并发性,唯一表现出来的并发性是不同任务或进程共享处理器。现代的计算机可能有多个处理器,或者一个处理器具有多个核,这使得一个计算机中有真正不同的进程并发执行。

数据库系统有两种方法利用多处理器和多核处理器实现并发。一是开发单个事务或查询内的并行性;二是支持大量并发的事务。

许多服务提供商采用一批计算机而不是大型主机来提高服务效率。这样的方案成本更低,也带来了更大限度的数据库并发性支持,须知,事务处理大部分数据的操作很简单。

在单一处理器系统中,事务的并发执行实际上是这些并行事务的并行操作轮流交叉运行。这种并行执行方式称为交叉并发执行,并没有真正地并行运行,但是减少了处理器的空闲时间,提高了系统的效率。

在多处理器系统中,每个处理器可以运行一个事务,多个处理器可以同时运行多个事务,实现多个事务真正地并行运行,这种并行执行方式称为同时并发方式。本章讨论的数据库系统并发控制技术是以单处理器系统为基础的,但其原理在多处理器系统上同样适用。

无论单处理器系统还是多处理器系统,当多个用户并发地存取数据库时,就有可能产生多个事务同时存取同一数据的情况。若对并发操作不加控制就可能破坏数据库一致性,破坏事务的隔离性与一致性要求。所以,数据库管理系统必须提供并发控制机制,并发控制子系统是衡量一个数据库管理系统性能的重要指标。

7.1.3　并发操作带来的问题

1. 丢失更新

丢失更新(Lost Update)是指事务 1 与事务 2 从数据库中读入同一数据并修改,事务 2 的提交结果破坏了事务 1 提交的结果,导致事务 1 的修改被丢失。例如在图 7-1 中,A 的初值为 100,事务 T_1 将数据库中 A 的值减少 50,事务 T_2 将数据库中 A 的值减少 40。

无论执行次序是先 T_1 后 T_2，还是先 T_2 后 T_1，A 的值都是 10。但是按照图 7-1 中的并发操作序列执行，A 的结果是 60，这是错误的，因为丢失了事务 T_1 对数据库的更新。因而这个并发操作不是正确的。

时间序列	事务 T_1	事务 T_2
t0	read (A)，A 的值为 100	
t1		read (A)，A 的值为 100
t2	A:=A−50	
t3	write (A)，A 的值为 50	
t4		A:=A−40
t5		write (A)，A 的值为 60

图 7-1　丢失更新示例

2．读脏数据

事务 1 修改某一数据，并将其写回磁盘。事务 2 读取同一数据后，事务 1 由于某种原因被撤销，这时事务 1 已修改过的数据恢复原值，事务 2 读到的数据就与数据库中的数据不一致，是不正确的数据，称为"脏数据"（Dirty Data）。例如在图 7-2 中，B 的初值为 100，事务 T_1 将 B 值修改为 200，事务 T_2 读到 B 为 200，随后事务 T_1 由于某种原因被撤销，其修改回滚撤销，B 的值恢复为 100，这时 T_2 读到的 B 为 200，与数据库内容不一致，读到了"脏数据"。

时间序列	事务 T_1	事务 T_2
t0	read (B)，B 的值为 100	
t1	B:=B*2	
t2	write (B)，B 的值为 200	
t3		read (B)，B 的值为 200
t4	rollback，B 的值为 100	

图 7-2　读脏数据示例

3．不可重复读

不可重复读（Non-Repeatable Read）是指事务 1 读取数据后，事务 2 执行更新操作，使事务 1 无法再现前一次读取结果。具体地讲，有以下 3 类不可重复读。

（1）当事务 1 读取某一数据后，事务 2 对其做了修改，当事务 1 再次读取该数据时，得到与前一次不同的值。例如在图 7-3 中，C 的初值为 100，事务 T_1 读到 C 的值为 100，事务 T_2 读到 C 的值为 100，并修改为 200，写回数据库。T_1 为了校验再次读取 C，发现 C 的值为 200，与第一次读取值不一样，不可重复读。

时间序列	事务 T₁	事务 T₂
t0	read (C)，C 的值为 100	
t1		read (C)
t2		C:=C*2
t3		write (C)，C 的值为 200
t4		COMMIT
t5	read (C)，C 的值为 200	

图 7-3　不可重复读示例

（2）当事务 1 按一定条件从数据库中读取了某些数据记录后，事务 2 删除了其中部分记录，当事务 1 再次按相同条件读取数据时，发现某些记录神秘地消失了。

（3）当事务 1 按一定条件从数据库中读取了某些数据记录后，事务 2 插入了一些记录，当事务 1 再次按相同条件读取数据时，发现多了一些记录。

后两种不可重复读有时也称为幻影现象（Phantom Row）。

产生 3 类数据不一致的主要原因是并发操作破坏了事务的隔离性。并发控制机制就是要用正确的方式调度并发操作，使一个用户事务的执行不受其他事务的干扰，从而避免造成数据的不一致。7.1.4 节将讨论事务并发调度的正确性，7.1.5 节将简要介绍并发控制的主要技术。

从另一方面来看，数据库应用有时为了保证并发度，是允许某些数据不一致的。例如，有些统计工作涉及海量数据，读到一些"脏数据"对统计精度没有什么影响，这时可以适当降低一致性要求以减小系统开销。又例如，电子商务中某商品销售网站列出某个库存商品，当某用户选择该商品并购买结账过程中，该商品应该是不可用的，然而实际商用系统中，其他用户是可以查看这个商品并了解库存的，从数据库角度看，这就是一个不可重复读示例。

7.1.4　并发事务调度可串行化与可恢复性

并发事务调度要保证数据一致性，并行调度必须是可串行化的。进一步地，如果考虑实际并发操作中事务故障的影响，要保证并发事务调度的数据一致性，并行调度必须是可串行化并且可恢复的。下面分别讨论并发事务的可串行化与可恢复性。

1. 并发事务可串行化

事务的执行次序称为调度（Schedule）。如果多个事务依次执行，则称为事务的串行调度（Serial Schedule）。如果利用分时方法，同时处理多个事务，则称为事务的并发调度（Concurrent Schedule）。

如果 n 个事务串行调度，则有 $n!$ 种不同的有效调度。事务串行调度的结果都是正确的,至于按何种次序执行,则是随机的,系统无法预料。

如果 n 个事务并发调度,可能的并发调度数目远远大于 $n!$。但其中有的并发调度是正确的,有的是不正确的。判断一个并发调度是否正确,就是看这个调度是否可串行化。

如果一个并发调度的执行结果与某一串行调度的执行结果相同,那么这个并发调度称为"可串行化"的调度。

例 7-1 A 的初值为 100,事务 T_1 将数据库中 A 的值减少 50,事务 T_2 将数据库中 A 的值减少 40。

考虑串行调度,先执行 T_1 后执行 T_2,A 结果的值为 10;先执行 T_2 后执行 T_1,A 结果的值也为 10。

考虑图 7-1 的并发调度,A 的执行结果为 60,与任何一个串行调度结果都不一样,因而图 7-1 的并发调度是不正确的,这个并发调度是不可串行化的调度。只有并发调度执行结果为 10 时,才是正确的调度,即可串行化的调度。

下面讨论判断并发调度与串行调度等价的两种不同形式,冲突可串行化和视图可串行化。

(1) 冲突可串行化(Conflict Serializability)。设有两个事务 T_i 和 T_j,其调度为 S,S 中有两个相邻的语句 I_i 和 I_j(指 read 操作或 write 操作)分别来自事务 T_i 和 T_j。如果 I_i 和 I_j 对不同的数据操作,那么交换 I_i 和 I_j 的次序丝毫不影响调度执行的结果。当 I_i 和 I_j 对同一个数据 D 操作时,就不一定了。下面就 I_i 和 I_j,讨论其次序是否可以交换。

① $I_i = read(D)$,$I_j = read(D)$。此时,事务 T_i 和 T_j 读到同样的 D 值,可以忽视 I_i 和 I_j 的先后次序。

② $I_i = read(D)$,$I_j = write(D)$。在调度 S 中,如果 I_i 在 I_j 之前,那么 T_i 不会读到 T_j 写回的 D 值;如果 I_j 在 I_i 之前,那么 T_i 读到 T_j 写回的 D 值,因此 I_i 和 I_j 的次序是很重要的。

③ $I_i = write(D)$,$I_j = read(D)$。与情况②类似。

④ $I_i = write(D)$,$I_j = write(D)$。由于 I_i 和 I_j 都是写操作,因此对事务 T_i 和 T_j 都没有影响。但数据库中保存的是 I_i 和 I_j 中后一个写操作的结果,因而 I_i 和 I_j 的次序对调度 S 中随后的 read 语句就有影响。如果调度 S 中随后没有其他写语句,那么 I_i 和 I_j 的次序将直接影响到事务执行结束后数据库中的值。

数据 D 的结果,除了①的情况与 I_i 和 I_j 的先后次序无关,在其他情况中都与 I_i 和 I_j 的先后次序有关系。

设 I_i 和 I_j 分别是并发事务 T_i 和 T_j 中的 read 操作或 write 操作,并且在并发调度中相邻。当 I_i 和 I_j 是对同一个数据操作时,并且至少有一个是 write 操作,称 I_i 和 I_j 是一对"冲突"的语句,否则称为"非冲突"的语句。

在调度 S 中,有一对相邻的语句是"非冲突"的语句,那么它们的先后次序可以交换。交换以后产生的新调度 S′ 和 S 等价,即产生相同的执行结果。

例 7-2 设有两个事务 T_1 和 T_2,账户 A 和 B 初始值均为 1000 元,事务 T_1 从账户 A 转 100 元至账户 B。事务 T_2 从账户 A 转 10% 到账户 B。具体流程如下:

```
T1: read(A);              T2: read(A);
    A:=A-100;                 t=A * 0.1;
```

```
write(A);              A:=A-t;
read(B);               write(A);
B:=B+100;              read(B);
write(B);              B:=B+t;
                       write(B);
```

图 7-4 是两个事务的串行调度,图 7-5 是这两个事务的另一种串行调度,事务串行调度的结果都是正确的。图 7-6 是这两个事务的一个并发调度,将其抽象表示为图 7-7 的形式。

时间序列	事务 T_1	事务 T_2
t0	read (A)	
t1	A:=A−100	
t2	write (A)	
t3	read (B)	
t4	B:=B+100	
t5	write (B)	
t6		read (A)
t7		t=A*0.1
t8		A:=A−t
t9		write (A)
t10		read (B)
t11		B:=B+t
t12		write (B)

图 7-4　串行调度 1(先 T_1 后 T_2)

时间序列	事务 T_1	事务 T_2
t0		read (A)
t1		t=A*0.1
t2		A:=A−t
t3		write (A)
t4		read (B)
t5		B:=B+t
t6		write (B)
t7	read (A)	
t8	A:=A−100	
t9	write (A)	
t10	read (B)	
t11	B:=B+100	
t12	write (B)	

图 7-5　串行调度 2(先 T_2 后 T_1)

在图 7-7 的并发调度中,事务 T_1 中的 write(A)和 T_2 中的 read(A)是一对冲突的语句,次序不能交换;事务 T_2 中的 write(A)和 T_1 中的 read(B)是一对非冲突的语句,次序可以交换,得到等价的并发调度,如图 7-8 所示。

再继续交换非冲突的语句:

T_1 中的 read(B)和 T_2 中的 read(A)交换。

T_1 中的 write(B)和 T_2 中的 write(A)交换。

T_1 中的 write(B)和 T_2 中的 read(A)交换。

最后得到等价于先执行 T_1 后执行 T_2 的串行调度 1 如图 7-9 所示。

时间序列	事务 T_1	事务 T_2
t0	read (A)	
t1	A:=A−100	
t2	write (A)	
t3		read (A)
t4		t=A*0.1
t5		A:=A−t
t6		write (A)
t7	read (B)	
t8	B:=B+100	
t9	write (B)	
t10		read (B)
t11		B:=B+t
t12		write (B)

图 7-6　并行调度 3(等价于串行调度 1)

事务 T_1	事务 T_2
read (A)	
write (A)	
	read (A)
	write (A)
read (B)	
write (B)	
	read (B)
	write (B)

图 7-7　抽象调度 3(只显示 read 和 write 操作)

事务 T_1	事务 T_2
read (A)	
write (A)	
	read (A)
read (B)	
	write (A)
write (B)	
	read (B)
	write (B)

图 7-8　并发调度 4(调换一对语句次序后的抽象调度 3)

事务 T_1	事务 T_2
read (A)	
write (A)	
read (B)	
write (B)	
	read (A)
	write (A)
	read (B)
	write (B)

图 7-9　调度 5(等价于串行调度 1)

如果调度 S′ 是从调度 S 通过交换一系列的非冲突语句得到,那么称 S′ 和 S 是一对"冲突等价"的调度。如果调度 S 与某个串行调度是"冲突等价"的调度,那么称调度 S 是"冲突可串行化"的调度。

例 7-3　图 7-4 的调度 1 与图 7-5 的调度 2 不是"冲突等价"的调度。但是图 7-4 的调度 1 与图 7-6 的调度 3 是"冲突等价"的调度。

因为调度 1 中 T_1 的 read(B) 和 write(B) 一起可以与 T_2 中的 read(A) 和 write(A) 交换,得到调度 3。

例7-4 图 7-10 有一个并发调度,只写出了事务 T_3 和 T_4 的 read 和 write 语句。由于这个调度不等价于串行调度先执行 T_3 后执行 T_4 或者先执行 T_4 后执行 T_3,因此这个调度不是"冲突可串行化"的调度。

有时两个调度产生同样的结果,但不是"冲突可串行化"的调度。

例7-5 图 7-11 中有一个并发调度,事务 T_5 从账户 C 转出 100 元到账户 D,事务 T_6 从账户 D 转出 10 元到账户 C。

事务 T_5	事务 T_6
read (C)	
C:=C−100	
write (C)	
	read (D)
	D:=D−10
	write（D）
read (D)	
D:=D+100	
write (D)	
	read (C)
	C:=C+10
	write (C)

图 7-11　非"冲突可串行化",但可串行化的调度

事务 T_3	事务 T_4
read (B)	
	write (B)
write (B)	

图 7-10　非"冲突可串行化"的调度

在图 7-11 的调度中,事务 T_6 的 write(D)与 T_5 中的 read(D)是一对冲突的语句,因此通过交换相邻的非冲突语句,既不能把 T_5 中的语句全部移到 T_6 的前面,也不能全部移到 T_6 的后面。即这个并发调度既不与先执行 T_5 后执行 T_6 的串行调度等价,也不与先执行 T_6 后执行 T_5 的串行调度等价,这个并发调度不是"冲突可串行化"的调度。但是,这个并发调度的结果与串行调度结果相等。如果 C、D 的初值均为 1000,那么执行后的结果都是 910 和 1090,即这个并行调度是正确的可串行化的。

因此,"冲突等价"的定义要比"调度等价"严格。"冲突可串行化"的调度是可串行化调度的充分条件,而不是必要条件。

(2) 视图可串行化(View Serializability)。相同事务集上的两个调度 S 和 S′,如果满足下列 3 个条件,则称 S 和 S′ 是"视图等价"的调度。

① 对于每个数据项 D,如果事务 T_i 在调度 S 中读了 D 的初始值,那么事务 T_i 在调度 S′ 中也必须读 D 的初始值。

② 对于每个数据项 D,如果在调度 S 中,事务 T_i 执行 read(D)操作读了由事务 T_j 产生的 D 值,那么在调度 S′ 中,事务 T_i 也必须执行 read(D)操作读由事务 T_j 产生的 D 值。

③ 对于每个数据项 D,如果在调度 S 中,最后执行 write(D)的事务是 T_i,那么在调度

S' 中,最后执行 write(D) 的事务也应该是 T_i。

条件①和条件②保证在调度中每个事务读到同样的数据值,在引用数据时保持一致;条件③与①、②一起保证调度生成的数据库状态是一样的。

例 7-6　比较图 7-4 的调度 1 与图 7-5 的调度 2。在调度 1 中,事务 T_2 读账户 A 的值是由事务 T_1 产生的;在调度 2 中,事务 T_2 读账户 A 的值是初始值。因此,调度 1 和调度 2 不是"视图等价"的调度。

例 7-7　比较图 7-4 的串行调度 1 与图 7-6 的并行调度 3。在这两个调度中,事务 T_2 读的账户 A 与账户 B 的值都是由事务 T_1 产生的。因此,调度 1 和调度 3 是"视图等价"的调度。

如果调度 S 与某个串行调度是"视图等价"的调度,那么称调度 S 是"视图可串行化"的调度。

例 7-8　在图 7-10 中,增加一个并发事务 T_7,得到图 7-12 所示的调度。将其与 3 个事务的串行调度进行比较,如图 7-13 所示。在这两个调度中,read(B) 是读数据 B 的初始值,而事务 T_7 执行最后一个 write(B) 操作,因而这两个调度是一对"视图等价"的调度,图 7-12 的调度是一个视图可串行化的调度。并且在图 7-12 的调度中,每一对相邻语句都是冲突的,不可能交换次序,因此图 7-12 的调度不是一个"冲突可串行化"的调度。

事务 T_3	事务 T_4	事务 T_7
read (B)		
	write (B)	
write (B)		
		write (B)

图 7-12　视图可串行化调度

事务 T_3	事务 T_4	事务 T_7
read (B)		
write (B)		
		write (B)
		write (B)

图 7-13　$<T_3,T_4,T_7>$ 串行调度

冲突可串行化调度与视图可串行化的调度之间有这样的关系:每个冲突可串行化的调度都是视图可串行化的调度;但是反过来,视图可串行化的调度不一定是冲突可串行化的调度。

进一步地,图 7-12 的视图可串行化调度中,事务 T_4 和 T_7 执行 write(B) 之前没有执行过 read(B) 操作。这种写操作称为"盲写"(Blind Writes)。盲写在视图可串行化的调度中是允许的,但是在冲突可串行化的调度中是不允许的。

2. 并发事务的可恢复性

事务的原子性要求,当事务由于各种原因中止执行时,需要撤销事务已对数据库所做的修改。考虑并发调度中的事务 T_i,当事务 T_i 中止执行时,依赖于事务 T_i 的事务 T_j(指 T_j 读了 T_i 写的数据)也必须中止,才能保证并发调度的一致性与并发事务的原子性。因此,并发控制子系统在并发事务可恢复性方面也应该做出限制。并发调度除了是可串行化的,还应该是可恢复和无级联的。

(1)可恢复调度(Recoverable Schedules)。

例 7-9 有一个并行调度如图 7-14 所示。假定系统允许事务 T_8 在 read(A)后立即执行 COMMIT 操作。也就是在事务 T_1 未结束前，T_8 成功结束。如果事务 T_1 在 T_8 的 COMMIT 之后，由于某种原因引起中止执行。为保证事务的原子性，事务 T_1 将执行 ROLLBACK 操作。但是事务 T_8 在引用 T_1 写的数据 A 之后执行了 COMMIT 操作，不能再中止了。这种情况，系统称之为事务 T_8 引用了未提交的数据。事务 T_1 的回滚引起恢复工作不能彻底进行。

事务 T_1	事务 T_8
read (A)	
write (A)	
	read (A)
	commit
read (B)	

图 7-14　不可恢复的调度

在调度中，如果存在某个事务 T_i 读了其他事务未提交的数据，随后事务 T_i 立即执行 COMMIT 操作，这种调度称为"不可恢复"的调度。否则，称为"可恢复"的调度。

在并发操作中，如果要做到可恢复调度，则可恢复调度中的每一对事务 T_i 和 T_j 都必须满足：如果事务 T_j 读了事务 T_i 写的数据值，那么 T_j 的 COMMIT 操作必须在 T_i 的 COMMIT 操作之后。

例 7-9 的调度是不可恢复的调度。不可恢复的调度将会破坏数据库中数据的一致性或读到脏数据。数据库系统不能允许这些情况发生。

（2）无级联回滚调度（Cascadeless Schedules）。即使调度是可恢复的，数据库能从一个事务的故障中正确恢复成一致的状态，还是会引起另外一个问题：必须回滚依赖于这个事务的其他事务，即读了这个事务写的数据的事务。这会增加并发系统的复杂性。

例 7-10 有一个并发调度如图 7-15 所示。

事务 T_9	事务 T_{10}	事务 T_{11}
read (A)		
read (X)		
write (A)		
	read (A)	
	write (A)	
		read (A)

图 7-15　级联回滚并发调度

事务 T_{10} 读了事务 T_9 写的数据 A。接下来，事务 T_{11} 读了事务 T_{10} 写的数据 A。如果

T_9 失败,那么事务 T_9 必须回滚。在图 7-15 的并发调度里,T_{10} 依赖于 T_9,必须回滚;T_{11} 依赖于 T_{10},也必须回滚。这称之为级联回滚。

在一个事务中止时,要引起一系列事务执行回滚操作,这种回滚称为"级联回滚"。不会发生级联回滚的调度称为"无级联回滚调度"。

无级联回滚调度的定义:对于并发调度的每一对事务 T_i 和 T_j 都满足,如果事务 T_j 读了事务 T_i 写的数据值,那么事务 T_i 的 COMMIT 操作必须在 T_j 的读操作之前。

每个无级联回滚调度都是可恢复的调度。级联回滚给系统实现带来一系列的问题,而无级联回滚调度是系统良好性能的表现。

7.1.5 并发控制技术

数据库管理系统采用的并发控制技术有以下 3 种。

1. 封锁技术

封锁技术是并发控制的重要技术。锁(Lock)是一个与数据对象相关的变量,对于可能应用于该数据对象上的数据操作,锁描述了该数据对象的状态。

一个事务可以封锁它访问的数据对象,即对数据对象加锁。事务既要有足够长的时间持有锁来保证可串行化,又要尽可能地使持有锁时间缩短来保持性能。在本章的7.2~7.4节将详细阐述封锁并发机制的锁类型、封锁协议、锁粒度、锁兼容矩阵等。

2. 时间戳

通常是当事务开始的时候,为每个事务分配一个时间戳(Timestamp),对于每个数据项,系统维护两个时间戳。数据项的读时间戳记录读该数据项的事务的最大时间戳,即最近的时间戳。数据项的写时间戳记录写该数据项当前值的事务的时间戳。时间戳用来确保在访问冲突时,事务按照事务时间戳的顺序来访问数据项。当事务不可能访问数据项时,违例事务将会中止,并且分配一个新的时间戳重新开始。

3. 多版本和快照隔离

通过维护数据项的多个版本,一个事务允许读取一个旧版本的数据项,而不是被另一个未提交或者在串行化序列中应该排在后面的事务写入新版本的数据项。有许多多版本并发控制技术,其中一种是实际应用广泛的快照隔离(Snapshot Isolation)技术。

在快照隔离中,每个事务开始时有其自身数据的数据库版本或者快照。事务从这个私有版本中读取数据,因此和其他事务所做的更新隔离开来。如果事务更新数据库,更新只出现在其私有版本中,而不是实际的数据库中。当事务提交时,和更新有关的信息将保存,使得更新被写入真正的数据库。

当事务 T 进入部分提交状态后,只有在没有其他并发事务已经修改该事务想要更新的数据项的情况下,事务才进入提交状态。而不能提交的事务则中止。

快照隔离可以保证读数据的尝试永远无须等待,这跟封锁机制很不相同。只读事务不会中止,只有修改数据的事务有小概率的中止风险。由于每个事务读取其数据库版本或者快照,因此读数据不会导致其他事务被迫等待。因为大部分事务是只读的,并且大多数的更新事务其内部读数据情况大大多于更新,因此快照隔离与封锁机制相比,性能得到更多改善。

然而,性能提高带来的弊端是,快照隔离提供了太多的隔离。考虑事务 T_i 与 T_j,在串行化调度中,要么是 T_i 看到 T_j 所做的所有更新,要么是 T_j 看到 T_i 所做的所有更新,因为在串行化顺序中事务是一个接一个执行的。在快照隔离下,任何事务都不能看到对方的更新。虽然实际系统运行的大多数情况下,两个事务的数据访问不会冲突,但是如果 T_i 读取 T_j 更新的某些数据并且 T_j 读取 T_i 更新的某些数据,则两个事务可能都无法读取到对方的更新,结果出现数据不一致的现象,而这在可串行化执行中是不会出现的。Oracle、PostgreSQL 和 SQL Server 提供快照隔离选项。

上述这些技术,最为数据库管理系统广泛采用的是封锁技术。

7.2 封锁技术

封锁就是事务 T 在对某个数据对象操作之前(例如表、记录等),先向系统发出请求,对其加锁;加锁后事务 T 就对该数据对象有了一定的控制,确切的控制由封锁的类型决定;在事务 T 释放它的锁之前,其他的事务不能更新此数据对象。

例如,在图 7-1 中,事务 T_1 修改数据 A 之前,先对它加锁。其他事务就不能再读取或修改数据 A 了,直到事务 T_1 完成对数据 A 的修改,解除对数据 A 的封锁为止。从而事务 T_1 的修改就不会丢失。

基本的封锁类型有排他锁(Exclusive Locks,简称 X 锁)和共享锁(Share Locks,简称 S 锁)两种。

7.2.1 封锁类型

1. 排他锁

排他锁又称为写锁,排他锁是封锁技术中最常用的一种锁。

若事务 T 对数据对象 R(R 可以是数据项、记录、关系甚至整个数据库)加上 X 锁,则在 T 对数据 R 释放 X 锁之前,只允许 T 读取和修改 R,其他任何事务都不能再对 R 加任何类型的锁,直到 T 释放 A 上的锁。

X 锁的操作有如下两种。

(1) 封锁操作 LockX(R)。表示事务对数据 R 加 X 锁,并读数据 R。随之该事务可以对数据 R 实现写操作。如果加 X 锁操作失败,那么这个事务进入等待队列。

(2) 解锁操作 Unlock(R)。表示事务解除对数据 R 的 X 锁,采用 X 锁的并发控制并发度低,只允许一个事务独占数据 R,而其他申请封锁 R 的事务只能排队等待。为此降低要求,允许并发读,引入共享锁。

2. 共享锁

共享锁又称为读锁。

若事务 T 对数据对象 R 加上 S 锁,则其他事务仍然可以对 R 加 S 锁,但不能加 X 锁,直到事务 T 以及其他事务释放 R 上的所有 S 锁。

S 锁的操作有如下 3 种。

(1)封锁操作 LockS(R)。表示事务对数据 R 加 S 锁,并读数据 R。随之该事务只能读数据 R,不能对数据 R 实现写操作。如果加 S 锁操作失败,那么这个事务进入等待队列。

(2)升级和写操作 UpdX(R)。表示事务要把对数据 R 的 S 锁升级为 X 锁。若升级成功,则更新数据 R,否则这个事务进入等待队列。

(3)解锁操作 Unlock(R)。表示事务解除对数据 R 的 S 锁。

获准 S 锁的事务只能读数据,不能更新数据,若要更新,则先要把 S 锁升级为 X 锁。

3. 锁的相容矩阵

根据 X 锁、S 锁的定义,可以得出封锁类型的相容矩阵,如图 7-16 所示。表中事务 T_1 先对数据做出某种封锁或者不加封锁,然后事务 T_2 再对同一个数据请求某种封锁或不加封锁。表中的 Y 和 N 分别表示它们之间是相容操作还是不相容的。如果两个封锁是不相容的,后提出来封锁的事务需要等待。

T_1	T_2		
	X	S	—
X	N	N	Y
S	N	Y	Y
—	Y	Y	Y

图 7-16 封锁类型的相容矩阵
Y=Yes,相容的请求;N=No,不相容的请求。

7.2.2 封锁协议

在运用两种基本封锁 X 锁和 S 锁对数据对象加锁时,需要制定一些规则,何时申请 X 锁或 S 锁、持锁时间、何时释放等,称之为封锁协议(Locking Protocol)。

不同规则的封锁协议,在不同程度上为并发操作的正确调度提供保证。本节介绍常用的三级封锁协议。7.1.3 节中提到并发操作带来 3 个数据不一致问题:丢失更新、读脏数据和不可重复读。三级封锁协议分别在不同程度上解决了这些问题,为并发操作的正确执行提供不同程度保证。

1. 一级封锁协议

一级封锁协议是指,事务 T 在修改数据 R 之前必须先对其加 X 锁,直到事务结束才释放。事务结束包括正常结束(COMMIT)和非正常结束(ROLLBACK)。一级封锁协议可防止丢失更新,并保证事务是可以恢复的。例如图 7-17 使用一级封锁协议解决了图 7-1

中的丢失更新问题。

时间序列	事务 T_1	事务 T_2
t0	LockX (A)	
t1	read (A)，A 的值为 100	
t2		LockX (A)
t3	A:=A−50	Wait
t4	write (A)，A 的值为 50	Wait
t5	COMMIT	Wait
t6	Unlock (A)	Wait
t7		LockX (A)
t8		read (A)，A 的值为 50
t9		A:=A−40
t10		write (A)，A 的值为 10
t11		COMMIT
t12		Unlock (A)

图 7-17　一级封锁协议避免丢失更新

图 7-17 中，事务 T_1 在读 A 进行修改之前先对 A 加 X 锁，当 T_2 请求对 A 加 X 锁时由于不相容被拒绝，T_2 进入等待状态，直到 T_1 释放 A 上的 X 锁后才能对 A 加 X 锁。这时，T_2 读到的 A 值已经是 T_1 更新过的值 50，继续运行，将 A 的值减去 40 写回磁盘，从而避免丢失事务 T_1 的修改。

在一级封锁协议中，如果是读数据，不需要加锁，所以它不能保证可重复读和不读脏数据。

2. 二级封锁协议

二级封锁协议是指，在一级封锁协议基础上增加事务 T 在读取数据 R 前必须先对其加 S 锁，读完后即可释放 S 锁的规则。二级封锁协议可以防止丢失更新和读脏数据。图 7-18 使用二级封锁协议避免了图 7-2 中的读脏数据的问题。

在二级封锁协议中，由于读完数据后即可释放 S 锁，所以它不能保证可重复读。

在图 7-18 中，事务 T_1 在对数据 B 进行修改之前，先对 B 加 X 锁，修改其值后写回磁盘。在这个过程中，事务 T_2 请求在数据 B 上加 S 锁，因为 T_1 已在 B 上加了 X 锁，所以这种请求与 T_1 不相容，T_2 只能等待。随后，T_1 由于某种原因被撤销，B 恢复为原值 100，随后 T_1 释放了 B 上的 X 锁，等待状态的 T_2 接下来获得 B 上的 S 锁，读到 B 的值为恢复后的原值 100。这样，T_2 就避免了读脏数据。

二级封锁协议中，读数据加 S 锁，读完即可释放 S 锁，所以不能保证可重复读。

时间序列	事务 T₁	事务 T₂
t0	LockX (B)	
t1	read (B)，B 的值为 100	
t2	B:=B*2	
t3	write (B)，B 的值为 200	
t4		LockS (B)
t5		Wait
t6	rollback，B 的值为 100	Wait
t7	Unlock (B)	Wait
t8		LockS (B)
t9		read (B), B 的值为 100
t10		Unlock (B)
t11		COMMIT

图 7-18　二级封锁协议避免读脏数据

3. 三级封锁协议

三级封锁协议是指，在一级封锁协议基础上增加事务 T 在读取数据 R 之前必须先对其加 S 锁，直到事务结束才释放的规则。三级封锁协议除了可防止丢失更新和读脏数据以外，还进一步防止不可重复读现象。图 7-19 使用三级封锁协议解决了图 7-3 的不可重复读问题。

在图 7-19 中，事务 T₁ 在读 C 之前，先对 C 加 S 锁，这样其他事务只能再对 C 加 S 锁，而不能加 X 锁，即其他事务只能读 C，而不能修改 C。所以当事务 T₂ 申请对 C 的 X 锁时被拒绝，只能等待 T₁ 释放 C 上的锁。T₁ 为验算再次读 C 的数据，这时读到的 C 值仍是 100，即可重复读。T₁ 结束释放掉 C 上的 S 锁，T₂ 才能对 C 加 X 锁，完成对 C 的修改。

三级封锁协议的主要区别在于什么操作需要申请封锁以及何时释放封锁，即持锁时间。三级封锁协议总结如表 7-1 所示，表中指出了不同封锁协议使事务达到的一致性级别是不同的。封锁协议级别越高，一致性程度越高。

表 7-1　三级封锁协议与一致性级别

封锁协议 级别	X 锁		S 锁		一致性保证		
	操作结束 释放	事务结束 释放	操作结束 释放	事务结束 释放	不丢失 更新	不读脏 数据	可重 复读
一级封锁协议		√			√		
二级封锁协议		√	√		√	√	
三级封锁协议		√		√	√	√	√

时间序列	事务 T_1	事务 T_2
t0	LockS(C)	
t1	read (C)，C 的值为 100	
t2		LockX
t3		Wait
t4	read (C)，C 的值为 200	Wait
t5		Wait
t6		Wait
t7	COMMIT	Wait
t8	UnlockC	Wait
t9		LockX (C)
t10		read (C)
t11		C:=C*2
t12		write (C)，C 的值为 200
t13		COMMIT
t14		Unlock (C)

图 7-19　三级封锁协议避免不可重复读

7.2.3　两段锁协议

如 7.1.4 节所述，为了保证并发调度的正确性，数据库管理系统的并发控制机制必须提供一定的手段来保证调度是可串行化的。目前，数据库管理系统普遍采用两段锁（Two-Phase Locking，2PL）协议来实现并发调度的可串行性，从而保证调度的正确性。

1. 两段锁协议

两段锁协议（Two-Phase Locking，2PL）是指所有事务必须分两个阶段对数据项加锁和解锁。在对任何数据进行读、写操作之前，事务首先要获得对该数据的封锁；在释放一个封锁之后，事务不再获得任何其他封锁。

两段锁协议中两段的含义是指：事务分为两个阶段，第一阶段是获得封锁，也称为扩展阶段，在这个阶段，事务可以申请获得任何数据项上的任何类型的锁，但是不能释放任何锁；第二阶段是释放封锁，也称为收缩阶段，在这个阶段，事务可以释放任何数据项上的任何类型的锁，但是不能再申请任何锁。

例如，事务 1 遵守两段锁协议，其封锁序列是 Slock A … Slock B … Xlock C … Unlock B … Unlock A … Unlock C。

又如，事务 2 不遵守两段锁协议，其封锁序列是 Slock A … Unlock A … Slock B …

Xlock C ··· Unlock C ··· Unlock B。

可以证明,若并发执行的所有事务均遵循两段锁协议,则对这些事务的任何并发调度策略都是可串行化的。事务遵守两段锁协议是可串行化调度的充分条件,而不是必要条件。对于并发事务集,可能存在某些不能通过两段封锁协议得到的冲突可串行化调度。

对于任何事务,在调度中该事务获得其最后加锁的位置,即增长阶段结束点,称为事务的封锁点(Lock Point)。这样,多个事务可以根据它们的封锁点进行排序。实际上,这个顺序就是事务的一个可串行化顺序。

在 7.1.4 节中,除了调度可串行化外,调度还应该是无级联的。在两段锁协议下,级联回滚可能发生。图 7-20 中,T_{12}、T_{13}、T_{14} 每个事务都遵循两段锁协议,但在事务 T_{14} 的 read(e)步骤之后事务 T_{12} 发生故障,从而导致 T_{13} 与 T_{14} 级联回滚。级联回滚可以通过将两段锁协议修改为严格两段锁协议(Strict Two-Phase Locking Protocol)加以避免。

T_{12}	T_{13}	T_{14}
LockX (e)		
read (e)		
LockS (f)		
read (f)		
write (e)		
Unlock (e)		
Unlock (f)	LockX (e)	
	read (e)	
	write (e)	
	Unlock (e)	
		LockS (e)
		read (e)
		Unlock (e)

图 7-20　两段锁协议下的部分并发调度

2. 严格两段锁协议

严格两段锁协议(Strict Two-Phase Locking Protocol)可以避免级联回滚。严格两段锁协议要求事务持有的所有排他锁必须在事务提交后方可释放。这个要求保证未提交事务所写的任何数据在该事务提交之前均以排他方式加锁,防止其他事务读这些数据。

3. 强两段锁协议

强两段锁协议(Rigorous Two-Phase Locking Protocol)是两段锁协议的一个变体,

要求事务提交之前不得释放任何锁。强两段锁协议保证事务可以按其提交的顺序串行化。

4. 具有锁转换的两段锁协议

进一步地,两段锁协议下考察下列两个事务。

例 7-11   简单起见,只列出事务中较为重要的 read 和 write 指令:

```
T15: read(a1);
     read(a2);
     ...
     read(an);
     write(a1);
T16: read(a1);
     read(a2);
     display(a1+a2);
```

如果采用两段锁协议,则 T_{15} 必须对 a1 加排他锁。因此,两个事务的任何并发执行方式都相当于串行执行。但实际上,T_{15} 只需要在执行结束写 a1 时需要对 a1 加排他锁。因此,如果 T_{15} 开始时对 a1 加共享锁,然后在需要写 a1 时将其变更为排他锁,并发控制可以获得更高的并发度,因为在修改 a1 之前,T_{15} 和 T_{16} 可以同时读 a1、a2。

因此对基本的两段锁协议加以修改,使之允许锁转换(Lock Conversion),即一种将共享锁升级为排他锁以及将排他锁降级为共享锁的机制。升级(Upgrade)表示从共享到排他的转换,降级(Downgrade)表示从排他到共享的转换。锁转换不能随意进行,锁升级只能发生在增长阶段,而锁降级只能发生在缩减阶段。

对于例 7-11,事务 T_{15} 和 T_{16} 可以在修改后允许锁转换的两段锁协议下并发执行,如图 7-21 所示,这个调度是不完整的,只给出了封锁指令。事务试图升级数据项 R 上的锁时,可能不得不等待。这种情况发生在另一个事务当前对 R 持有共享锁时。

时间序列	事务 T_{15}	事务 T_{16}
t0	LockS (a1)	
t1		LockS (a1)
t2	LockS (a2)	
t3		LockS (a2)
t4	LockS (a3)	
t5	LockS (a4)	
t6	...	Unlock (a1)
t7	...	Unlock (a2)
t8	LockS (an)	
t9	Upgrade (a1)	

图 7-21   带有锁转换的两段锁协议调度(不完整)

具有锁转换的两段锁协议只产生冲突可串行化的调度,并且事务可以根据其封锁点做串行化。此外,如果排他锁直到事务结束时才释放,则调度是无级联的。

严格两段锁协议与强两段锁协议(含锁转换)在商用数据库系统中被广泛使用。

7.2.4　封锁的实现

锁管理器(Lock Manager)可以实现为一个过程,该过程从事务接受消息并反馈消息。锁管理器过程针对锁请求消息返回锁授予消息,或者要求事务回滚的消息(发生死锁时,在 7.3 节描述)。解锁消息只需要得到一个确认回答,但可能引发其他等待事务的锁授予消息。

锁管理器使用以下数据结构:锁管理器为目前已加锁的每个数据项维护一个链表,每一个请求为链表中的一条记录,按请求到达的顺序排序。锁管理器使用一个以数据项名称为索引的散列表来查找链表中的数据项。这个表叫作锁表(Lock Table)。一个数据项的链表中每一条记录表示由哪个事务提出的请求,以及它请求什么类型的锁,该记录还表示该请求是否已授予锁。

图 7-22 是一个锁表的示例,该表包含 5 个不同数据项 D_4、D_7、D_{23}、D_{44} 和 D_{912} 的锁。锁表采用溢出链,因此对于锁表的每一个表项都有一个数据项的链表。每一个数据项都有一个已授予锁或等待授予锁的事务列表,已授予锁的事务用深色阴影矩形表示。图 7-22 简化了锁的类型,有兴趣的读者可以查阅数据库管理系统技术相关书籍。从图 7-22 中可以看到,T_{23} 在数据项 D_{912} 和 D_7 上已经被授予锁,并且正在等待 D_4 上的锁解除以获得锁。锁表还应该维护一个基于事务标识符的索引,这样锁管理器可以有效地确定给定事务持

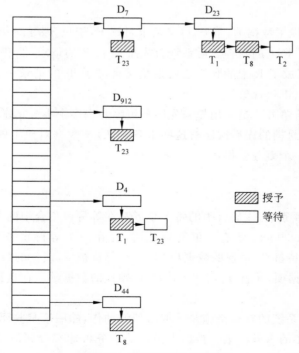

图 7-22　锁管理器中的锁表

有的锁集。

锁管理器处理锁请求流程如下。

(1) 当一条锁请求信息到达时,如果相应数据项的链表存在,在该链表末尾增加一个记录;否则新建一个仅包含该请求记录的链表。在当前没有加锁的数据项上总是授予第一次加锁请求,但当事务向已被加锁的数据项申请加锁时,只有在当该请求与当前持有锁相容,并且所有先前的锁请求都已授予锁的条件下,锁管理器才为该请求授予锁;否则,该请求只好等待。

(2) 当锁管理器收到一个事务的解锁信息时,锁管理器将与该事务相对应的数据项链表中的记录删除;然后检查随后的记录,如果有加锁请求,则看该请求能否被授权;进一步地如果能授权,锁管理器授权该请求并处理其后记录。

(3) 如果一个事务中止,锁管理器删除该事务产生的正在等待加锁的所有请求。一旦数据库系统撤销事务,该中止事务持有的所有锁将被释放。

这样的锁处理器将保证锁请求"无饿死"情况,因为在先前接收到的请求正在等待加锁时,后来请求事务不可能获得授权。稍后将在 7.3 节阐述死锁。

7.3 封锁带来的问题

封锁技术有效地解决了并行操作的丢失更新、读脏数据和不可重复读等一致性问题,但是对数据对象进行加锁控制也会带来新的问题——活锁和死锁。

7.3.1 活锁

如果事务 T_1 封锁了数据 R,事务 T_2 又请求封锁 R,于是 T_2 等待;接着事务 T_3 也请求封锁 R,当 T_1 释放了 R 上的封锁之后系统首先批准了 T_3 的请求,T_2 仍然等待;然后 T_4 又请求封锁 R,当 T_3 释放了 R 上的封锁之后系统又批准了 T_4 的请求……T_2 有可能永远等待下去,这就是活锁(饿死现象)。

避免活锁的最简单方法是采用先来先服务策略。当多个事务请求封锁同一数据对象时,锁管理器按请求封锁的先后次序对这些事务排队,该数据对象上的锁一旦释放,首先批准申请队列中第一个事务获得锁。

7.3.2 死锁

如果存在一个事务集,该集合中的每个事务都在等待该集合中的另一个事务,那么就说系统处于死锁(Deadlock)状态。更确切地讲,存在一个等待事务集 $\{T_0, T_1, T_2, \cdots, T_n\}$,事务 T_0 正在等待被 T_1 锁住的数据项,T_1 正在等待被 T_2 锁住的数据项……T_{n-1} 正在等待被 T_n 锁住的数据项,并且 T_n 正在等待被 T_0 锁住的数据项。在这种情况下,没有一个事务能取得进展。

出现死锁状态,系统的补救措施是采取激烈的动作,如回滚某些死锁的事务。一般系统选择撤销代价最小的事务回滚。被选中撤销的事务可能部分回滚,即事务回滚到某个点,这个点持有某个锁,释放这个锁就可以解决死锁问题。

数据库系统中处理死锁的方法主要有两种。死锁预防(Deadlock Prevention)和死锁检测与恢复(Deadlock Detection and Recovery)。

1. 死锁预防

死锁预防协议保证系统不进入死锁状态。如果系统进入死锁状态的概率相对较大,则通常使用死锁预防机制。在数据库中,产生死锁的原因是两个或多个事务都封锁了一些数据对象,然后又都请求对其他事务封锁的数据对象加锁,从而出现死锁等待。死锁预防的发生其实就是要破坏产生死锁的条件。预防死锁通常有下列几种方法。

(1) 一次封锁法。要求每个事务必须一次将所有要使用的数据全部加锁,否则就不能继续执行。

一次封锁法存在的问题:一次性将以后要用到的全部数据加锁,势必扩大封锁的范围,从而降低了系统的并发度;数据库中数据是不断变化的,原来不要求封锁的数据,在执行过程中可能会变成封锁对象,所以很难事先精确地确定每个事务所要封锁的数据对象,为此只能扩大封锁范围,将事务在执行过程中可能要封锁的数据对象全部加锁,这就进一步降低了并发度。

(2) 顺序封锁法。顺序封锁法是预先对数据对象规定一个封锁顺序,所有事务都按这个顺序实行封锁。例如,在 B 树结构的索引中,可以规定封锁的顺序必须是从根结点开始,然后是下一级的子结点,逐级封锁。

顺序封锁法可以有效地防止死锁,但是也同样存在问题:首先,数据库系统中可封锁的数据对象极其众多,并且随数据的插入、删除等操作而不断地变化,要维护这样数量极多且不断变化的资源的封锁顺序非常困难,成本很高;然后,事务的封锁请求可以随着事务的执行而动态地决定,很难事先确定每一个事务要封锁哪些对象,因此也就很难按规定的顺序施加封锁。例如,规定数据对象的封锁顺序为 A、B、C、D、E。事务 T_3 起初要求封锁数据对象 B、C、E,但当它封锁了 B、C 后,才发现还需要封锁 A,这样就破坏了封锁顺序。

(3) 抢占与事务回滚。在抢占机制中,若事务 T_i 所申请的锁已被事务 T_j 持有,则授予 T_j 的锁可能通过回滚事务 T_j 被事务 T_i 抢占(Preempted)。为控制抢占,给每个事务赋一个唯一的时间戳,系统仅用时间戳来决定事务应当等待还是回滚。并发控制仍然使用封锁机制。若一个事务回滚,则该事务重启时保持原有的时间戳。

利用时间戳的死锁预防技术有两种:wait-die 机制基于非抢占技术和 wound-wait 机制基于抢占技术。

在 wait-die 机制基于非抢占技术下,当事务 T_i 申请的数据项当前被 T_j 持有,仅当 T_i 的时间戳小于 T_j 的时间戳(即 T_i 比 T_j 老)时,允许 T_i 等待。否则 T_i 回滚,即死亡。

例 7-12　假设事务 T_4、T_5、T_6 的时间戳分别为 5、10、15。在 wait-die 机制基于非抢占技术下,如果 T_4 申请的数据项当前被 T_5 持有,则 T_4 等待。如果 T_6 申请的数据项当前被 T_5 持有,则 T_6 回滚。

wound-wait 机制基于抢占技术是与 wait-die 相反的技术。当事务 T_i 申请的数据项当前被 T_j 持有,仅当 T_i 的时间戳大于 T_j 的时间戳(即 T_i 比 T_j 年轻)时,允许 T_i 等待。否则，T_j 回滚，即 T_j 被 T_i 伤害。

例 7-13 对于例 7-12，假设事务 T_4、T_5、T_6 的时间戳分别为 5、10、15。在 wound-wait 机制基于抢占技术下，如果 T_4 申请的数据项当前被 T_5 持有，则 T_4 将从 T_5 抢占该数据项，T_5 将回滚。如果 T_6 申请的数据项当前被 T_5 持有，T_6 将等待。

这两种技术都可能发生不必要的事务回滚。

2. 死锁检测与恢复

如果数据库管理系统不采用死锁预防协议，那么系统必须采用死锁检测与恢复机制。在死锁检测与恢复机制下，检查系统死锁状态的算法周期性激活，判断有无死锁发生，如果发生死锁，则将系统从死锁中恢复。系统为了判断死锁的发生，必须实时收集维护当前将数据项分配给事务的有关信息，以及任何尚未解决的数据项请求信息。

(1) 死锁检测(Deadlock Detection)。诊断死锁的方法与操作系统类似，一般使用超时法或事务等待图法。

① 超时法。如果一个事务的等待时间超过了规定的时限，就认为发生了死锁。超时法实现简单，如果事务是短事务并且在长时间等待情况下，则该机制运作良好。然而，一般而言很难确定一个事务超时之前应等待多长时间。当一个事务已经发生死锁，如果等待时间太长，则导致死锁发生后不能及时被发现。如果等待时间太短，即便没有死锁，也可能导致误判引起事务回滚。

② 等待图(Wait-For Graph)法。用事务等待图动态反映所有事务的等待情况。事务等待图是一个有向图 $G=(T,U)$，T 为结点的集合，每个结点表示正在运行的事务；U 为边的集合，每条边表示事务等待的情况。若 T_1 等待 T_2，则 T_1、T_2 之间画一条有向边，从 T_1 指向 T_2，图 7-23 所示。

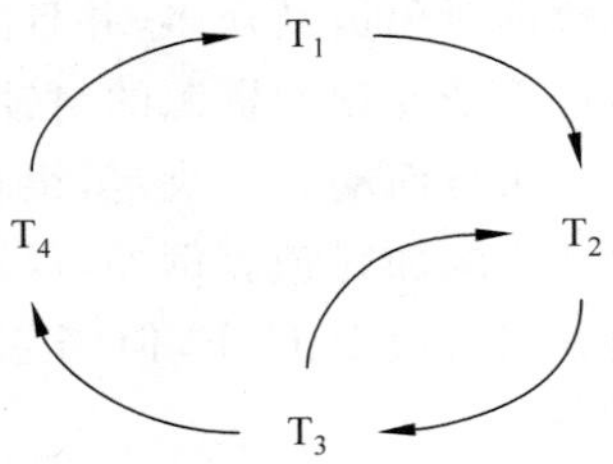

图 7-23 事务等待图

事务等待图动态反映了所有事务的等待情况。并发控制子系统周期性地(例如每隔 60 秒)检测事务等待图，如果发现图中存在回路，则表示系统中出现了死锁。

图 7-23 中，T_1 等待 T_2，T_2 等待 T_3，T_3 等待 T_4，T_4 又等待 T_1，存在回路，产生了死锁。并且事务 T_3 还在等待 T_2，大回路中还有小回路。

(2) 死锁恢复(Deadlock Recovery)。数据库管理系统的并发控制子系统一旦检测到系统中存在死锁，就要设法将系统从死锁状态中恢复过来。通常的做法是选择一个处理死锁代价最小的事务，即牺牲事务，将其撤销，释放此事务持有所有锁，使其他事务能继续运行下去。当然，对选中撤销的事务所执行的数据修改操作必须加以恢复。

① 选择牺牲事务。很多因素影响事务回滚代价，其中包括：事务已经计算了多久，并在完成其指定任务之前该事务还将计算多长时间；该事务已经使用了多少数据项；为完成事务还需要使用多少数据项；回滚时将牵涉多少事务。

② 回滚。一旦选择了牺牲事务，就必须决定该事务回滚多远。最简单的方法是彻底回滚(Total Rollback)，中止该事务，然后重新开始。也可以让事务回滚到可以解除死锁处，即部分回滚(Partial Rollback)。部分回滚要求系统记录所有正在运行事务的锁的申

请/授予序列和事务执行的更新;确定牺牲事务为打破死锁需要释放哪些锁;牺牲事务必须回滚到获得这些锁的第一个锁之前,并且取消事务之后所有的动作。

③ 饿死。如果选择牺牲事务主要基于代价因素,有可能同一事务总是被选为牺牲事务。这样,该事务总是被撤销,不能完成指定任务,即饿死(Starvation)。为避免饿死,系统保证一个事务被选为牺牲者的次数有限。最常见方案是在代价因素中包含回滚次数。

7.4　多粒度封锁

X 锁和 S 锁都是加在某一个数据对象上的。封锁的对象可以是逻辑单元,也可以是物理单元。例如,在关系数据库中,封锁对象可以是属性、属性值集合、元组、关系、索引项、整个索引、数据库等逻辑单元;也可以是数据页、索引页、块等物理单元。封锁对象可以很大,例如对整个数据库加锁;也可以很小,例如对某个属性项加锁。

封锁对象的大小称为封锁的粒度(Granularity)。

封锁粒度与系统的并发度和并发控制的开销密切相关。封锁粒度越大,系统中能被封锁的对象就越少,并发度也就越小,但同时系统的开销也就越小;反之,封锁的粒度越小,并发度越高,但系统开销也就越大。

因此,在数据库系统中,DBMS 应该根据事务读写需要选择不同粒度的封锁对象,使得系统开销与并发度权衡之间得到最优的效果。

一般地,需要处理大量元组的用户事务可以以关系为封锁粒度;而对于一个处理少量元组的用户事务,则应以元组为封锁粒度来提高并发度。

仔细考虑不同粒度的数据对象,例如数据库、关系、元组。在一个数据库下,总是包含若干个关系,元组属于某一个关系。类似地,还有属性项构成一个元组,索引包含索引项等。数据对象具有不同粒度的同时,彼此之间还是包含或者属于关系。不同粒度的数据对象之间的包含或属于关系用图形化的方式表达就是多粒度树。实际的并发控制是一种多粒度并发控制。

7.4.1　多粒度树

多粒度树的根结点是整个数据库,表示最大的数据粒度,叶结点表示最小的数据粒度。

图 7-24 给出了一个三级多粒度树。根结点为数据库,中间结点为关系,关系的子结点为元组。图 7-25 给出了一个四级多粒度树。根结点为数据库,根结点的子结点为数据分区,然后是数据文件,叶结点是数据记录。

对一个结点加锁意味着这个结点的所有后裔结点也被加以同样类型的锁。因此,多粒度封锁中一个数据对象可能以两种方式封锁,显式封锁和隐式封锁。

显式封锁是事务直接加到数据对象上的锁;隐式加锁是该数据对象没有被事务独立加锁,但由于其上级结点加锁而使得该数据对象加上了锁。多粒度封锁中,显式封锁和隐式封锁效果是一样的,因此系统检查封锁冲突时不仅要检查显式封锁还要检查隐式封锁。例如,事务 T 要对关系 R 加 X 锁,系统必须搜索其上级结点数据库、关系 R 以及关系 R

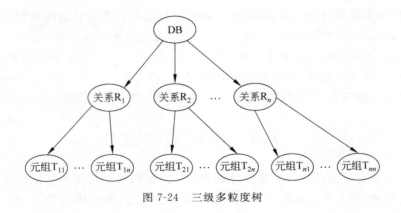

图 7-24　三级多粒度树

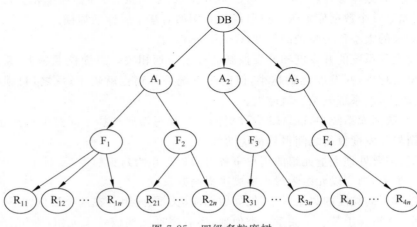

图 7-25　四级多粒度树

的下级结点即 R 中的每一个元组,如果其中某一个数据对象已经加了不相容锁,则事务
T 必须等待。

　　一般地,对某个数据对象加锁,系统要检查该数据对象上有无显式封锁与之冲突;再
检查其所有上级结点,看本事务的显式封锁是否与该数据对象上的隐式封锁冲突;还要检
查其所有下级结点,看下级结点的显式封锁是否与本事务的隐式封锁(将加到下级结点的
封锁)冲突。这样的检查方法效率很低。

　　为了提高多粒度封锁机制下加锁的检查效率,引入一种新型锁——意向锁(Intention
Lock)。有了意向锁,系统无须逐个检查下一级结点的显式封锁。

7.4.2　意向锁

　　意向锁的含义是:对任一结点加基本锁,必须先对它的上层结点加意向锁;如果对一
个结点加意向锁,则说明该结点的下层结点正在被加锁。

　　例如,对任一元组 t 加锁,先对关系 R 加意向锁。又例如,事务 T 要对关系 R 加 X
锁,系统只要检查根结点数据库和关系 R 是否已加了不相容的锁。不再需要搜索和检查
R 中的每一个元组是否加了 X 锁。

意向锁分为意向共享锁(Intent Share Lock,IS 锁)、意向排他锁(Intent Exclusive Lock,IX 锁)和共享意向排他锁(Share Intent Exclusive Lock,SIX 锁)3 种。

1. IS 锁

如果对一个数据对象加 IS 锁,表示它的后裔结点拟(意向)加 S 锁。

例如,要对某个元组加 S 锁,则要首先对关系和数据库加 IS 锁。

2. IX 锁

如果对一个数据对象加 IX 锁,表示它的后裔结点拟(意向)加 X 锁。

例如,要对某个元组加 X 锁,则要首先对关系和数据库加 IX 锁。

3. SIX 锁

如果对一个数据对象加 SIX 锁,表示对它加 S 锁,再加 IX 锁,即 SIX = S + IX。

例如,对某个表加 SIX 锁,则表示该事务要读整个表,所以要对该表加 S 锁,同时会更新个别元组,所以要对该表加 IX 锁。

加入意向锁之后,锁的相容矩阵由图 7-16 变为如图 7-26 所示。

T_1	T_2					
	S	X	IS	IX	SIX	—
S	Y	N	Y	N	N	Y
X	N	N	N	N	N	Y
IS	Y	N	Y	Y	Y	Y
IX	N	N	Y	Y	N	Y
SIX	N	N	Y	N	N	Y
—	Y	Y	Y	Y	Y	Y

图 7-26　锁的相容矩阵

这 5 种锁的强度偏序关系如图 7-27 所示。

锁强度指某种锁对其他锁的排斥程度。一个事务在申请封锁时以强锁代替弱锁是安全的,反之则不然。

在具有意向锁的多粒度封锁方法中,任意事务 T 要对一个数据对象加锁,必须先对其上级结点加意向锁。申请封锁时应该按照自下而上的次序进行,释放封锁时则应该按自下而上的次序进行。例如,事务 T 要对关系 R 加 S 锁,则首先要对数据库加 IS 锁。检查数据库和 R 是否已经加了不相容的锁,即 X 或 IX 锁。不再需要检查 R 中的每一个元组是否加了不相容的锁,即 X 锁。

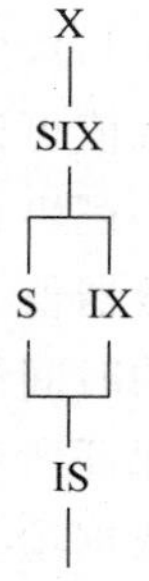

图 7-27　锁强度偏序关系

具有意向锁的多粒度封锁方法提高了系统的并发度,减少了加锁和解锁的开销,在实际的数据库管理系统产品中得到了广泛的应用。

7.4.3 多粒度封锁协议

在多粒度封锁协议(Multiple-Granularity Locking Protocol)下,每个事务 T 要求按照下列规则对数据项加锁。

(1) 事务 T 必须遵循图 7-26 所示的锁相容矩阵。

(2) 事务 T 必须首先封锁树的根结点,并且可以加任何类型的锁。

(3) 仅当事务 T 当前对数据项 R 的父结点具有 IX 或者 IS 锁时,T 对结点 R 可以加 S 或 IS 锁。

(4) 仅当事务 T 当前对数据项 R 的父结点具有 IX 或者 SIX 锁时,T 对结点 R 可以加 X、SIX 或 IX 锁。

(5) 仅当 T 未曾对任何结点解锁时,T 可以对结点加锁,也就是说 T 是两阶段的。

(6) 仅当 T 当前不持有 R 的子结点的锁时,T 可对结点 R 解锁。

多粒度封锁协议要求加锁自顶向下,即从根到叶的顺序,而锁的释放则按自底向上的顺序,即从叶到根的顺序。

例 7-14 多粒度封锁协议例子。考虑图 7-25 及下面的事务读取要求。

(1) 假设事务 T_1 要读取文件 F_1 的记录 R_{12}。

那么 T_1 需要依次对数据库、区域 A_1、数据文件 F_1 加 IS 锁,最后给记录 R_{12} 加 S 锁。

(2) 假设事务 T_2 要修改文件 F_1 的记录 R_{17}。

那么 T_2 需要依次对数据库、区域 A_1、数据文件 F_1 加 IX 锁,最后给记录 R_{17} 加 X 锁。

与两段锁协议一样,多粒度封锁协议也可能存在死锁现象。

7.5 时间戳技术

时间戳技术事先确定事务的执行次序来保证事务的可串行化。

7.5.1 时间戳

时间戳(Timestamp)技术对数据库管理系统中的每一个事务 T 开始执行前,赋予一个唯一的时间戳值,记为 timestamp(T)。假设某事务 T_i 被 DBMS 赋予时间戳值 timestamp(T_i),接下来新事务 T_j 进入系统,则 timestamp(T_i)<timestamp(T_j)。

时间戳值可以使用系统时钟值,即事务的时间戳值等于该事务进入系统时的时钟值;也可以使用逻辑计数,每增加一个时间戳,计数器增加 1,事务的时间戳值即事务进入系统时的计数器值。

事务的时间戳值决定了事务的串行化顺序。如果 timestamp(T_i)<timestamp(T_j)。系统必须保证所产生的调度等价于事务 T_i 出现在事务 T_j 之前的某个串行调度。

每个数据项 D 与下列两个时间戳值相关联。

(1) W-timestamp(D)表示成功执行 write(D)所有事务的最大时间戳值。

（2）R-timestamp(D)表示成功执行 read(D)所有事务的最大时间戳值。

每当有新的 read(D)或者 write(D)执行时，R-timestamp(D)或 W-timestamp(D)值相应更新。

7.5.2　时间戳排序协议

时间戳排序协议(Timestamp Ordering Protocol)描述如下。

1. 事务申请 read(D)操作

（1）若 $timestamp(T_i)<$ W-timestamp(D)，T_i 需要读的数据项 D 已被其他事务修改并覆盖，read 操作被拒绝，T_i 回滚。

（2）若 $timestamp(T_i)\geqslant$ W-timestamp(D)，其他事务对数据项 D 的修改在 T_i 开始执行之前，执行 read 操作，R-timestamp(D)设置为 R-timestamp(D)与 $timestamp(T_i)$ 的最大值。

2. 事务申请 write(D)操作

（1）若 $timestamp(T_i)<$ R-timestamp(D)，事务 T_i 申请修改的数据项 D 已经被其他事务读取，这时 T_i 执行 write(D)操作已经没必要了。因此，拒绝 write 操作，T_i 回滚。

（2）若 $timestamp(T_i)<$ W-timestamp(D)，事务 T_i 申请修改的数据项 D 已经被其他事务修改过了，这时 T_i 申请的 write(D)操作已经过时。write 操作被拒绝，T_i 回滚。

（3）其他情况下，执行 write 操作，W-timestamp(D)设置为 $timestamp(T_i)$。

时间戳排序协议下，任何有冲突的 read 或者 write 操作均按时间戳值顺序执行。如果事务 T_i 由于 read 或者 write 操作被回滚，DBMS 赋予它新的时间戳并重新运行。

例 7-15　时间戳协议下，事务 T_{17} 和事务 T_{18} 对账户 A 和 B 的并发操作如下：

```
T₁₇: read(A);          T₁₈: read(A);
     read(B);               A: =A-100;
     display(A,B)           write(A);
                            read(B);
                            B: =B+100;
                            write(B);
                            display(A,B)
```

事务 T_{17} 显示账户 A 与账户 B 的值；事务 T_{18} 从账户 A 转 100 元到账户 B，然后显示两个账户的值。

事务 T_{17} 与事务 T_{18} 在时间戳排序协议下的调度如图 7-28 所示。由时间戳协议可知，事务在执行第一条语句之前将被赋予时间戳值，$timestamp(T_{17})<timestamp(T_{18})$。

时间戳协议保证冲突可串行化，因为冲突操作按时间戳顺序进行处理。时间戳协议不会产生死锁，因为不存在等待的事务。但是，有可能出现饿死现象。例如，一连串冲突的短事务导致长事务反复回滚，长事务饿死。为避免饿死现象，在时间戳机制下，系统发现一个事务反复重启，就暂时阻塞与之冲突的事务，使本事务可以完成。

时间序列	事务 T_{17}	事务 T_{18}
t0	read (A)	
t1		read (A)
t2		A：=A−100
t3		write (A)
t4	read (B)	
t5		read (B)
t6	display (A，B)	
t7		B：=B+100
t8		write (B)
t9		display (A，B)

图 7-28　时间戳协议下的调度

7.5.3　改进的时间戳协议——Thomas 写规则

Thomas 写规则(Thomas Write Rule)是对时间戳协议的修改,这种修改可以提高并发度。

考虑如图 7-29 所示的时间戳排序协议下的盲目写操作调度。

由于事务 T_{19} 比 T_{20} 先开始,因此 timestamp(T_{19})＜timestamp(T_{20})。根据时间戳协议,T_{19} 的 read(B)与 T_{20} 的 write(B)都成功执行。当 T_{19} 申请 write(B)时,timestamp(T_{19})＜W-timestamp(B),这时的 W-timestamp(B)=timestamp(T_{20})。T_{19} 的 write(B)被拒绝,T_{19} 回滚。虽然时间戳协议下事务 T_{19} 应该回滚,但其实这种回滚是不必要的。

事务 T_{19}	事务 T_{20}
read (B)	
	write (B)
write (B)	

图 7-29　时间戳排序协议下的盲目写操作调度

因为 T_{20} 已经做完了 write(B)操作,T_{19} 申请执行的 write(B)操作结果值不会再被读到。满足 timestamp(T_x)＜timestamp(T_{20})的事务 T_x 申请进行 read(B)操作时将被回滚,因为 timestamp(T_{19})＜W-timestamp(B)。满足 timestamp(T_y)＞timestamp(T_{20})的事务 T_y 申请 read(B)操作时读到的是 T_{20} 写入的值,而不是 T_{19} 想要写入的值。

由此,修改时间戳协议中关于 write 操作的规则,得到 Thomas 写规则时间戳协议,在某些情况下忽略过时的 write 操作而非要求申请该操作的事务回滚。

Thomas 写规则时间戳协议描述如下。

1. 事务申请 read(D)操作

(1) 若 timestamp(T_i)＜W-timestamp(D),T_i 需要读的数据项 D 已被其他事务修改

并覆盖,read 操作被拒绝,T_i 回滚。

（2）若 timestamp(T_i)≥W-timestamp(D),其他事务对数据项 D 的修改在 T_i 开始执行之前,执行 read 操作,R-timestamp(D)设置为 R-timestamp(D)与 timestamp(T_i)的最大值。

2. 事务申请 write(D)操作

（1）若 timestamp(T_i)<R-timestamp(D),事务 T_i 申请修改的数据项 D 已经被其他事务读取,这时 T_i 执行 write(D)操作已经没必要了。因此,拒绝 write 操作,T_i 回滚。

（2）若 timestamp(T_i)<W-timestamp(D),事务 T_i 申请修改的数据项 D 已经被其他事务修改过了,这时 T_i 申请的 write(D)操作已经过时,忽略这个 write 操作。

（3）其他情况下,执行 write 操作,W-timestamp(D)设置为 timestamp(T_i)。

改进的 Thomas 写规则与之前的时间戳协议区别只是在于 write 操作的第二条:在事务 T_i 申请 write(D)操作,并且 timestamp(T_i)<W-timestamp(D)时的处理规则不再让 T_i 回滚,而是忽略过时的 write(D)操作。由此减少事务的回滚,得到更高并发控制并行度。

通过忽略写操作,Thomas 写规则允许非冲突可串行化但是正确的调度。如图 7-29 所示的调度,T_{19} 的 write(B)操作将被忽略,产生视图等价于串行调度<T_{19},T_{20}>的一个调度。

7.6 多版本机制与快照隔离

前面讲述的封锁技术与时间戳技术是保证可串行性或者延迟事务内的一项操作执行（或者回滚事务）。例如,事务 T 申请 read(D),D 的相应值正被其他事务修改还未写入,这时,事务 T 的 read 操作延迟;另一种情况是事务 T 要读取的 D 值已经被覆盖,系统选择回滚事务 T。

考虑将每一个数据项的旧值复制保存在数据库系统中,上述问题迎刃而解。这就是多版本并发控制(Multiversion Concurrency Control),实际中广泛应用的多版本控制技术是快照隔离(Snapshot Isolation),下面分别讨论之。

7.6.1 多版本并发控制

多版本并发控制为每一个 write(D)操作创建 D 的一个新版本(Version),当事务发出 read(D)操作时,并发控制子系统快速判定,选择读取 D 的某一个版本,并且使这样的版本读取可以保证可串行性。

多版本并发控制是按照多版本控制协议实现的。多版本控制协议由时间戳排序协议扩展而来,描述如下。

（1）创建版本。对于每个事务 T_i,DBMS 在事务开始前赋予该事务唯一的静态时间戳与之关联,记为 timestamp(T_i)。

对于每个数据项 D,有一个版本序列<D_1,D_2,…,D_n>与之关联,每个版本 D_k 包含三个数据分量：

Content——代表 D_k 版本的值；

W-timestamp(D)——创建 D_k 版本的事务时间戳值；

R-timestamp(D)——所有成功读取 D_k 版本的事务的最大时间戳值。

事务 T_i 执行 write(D) 操作时，系统创建数据项 D 的一个新版本 D_k，版本的 content 分量保存事务 T_i 写入的 D 值，W-timestamp(D) 与 R-timestamp(D) 初始化为 timestamp (T_i)，每当事务 T_j 读取 D_k 版本值，且 R-timestamp(D)＜timestamp(T_j) 时，系统更新 D_k 版本的 R-timestamp(D) 值。

（2）多版本机制下并行控制可串行化。事务 T_i 读或者写数据项 D 时，使用的版本 D_k 的 W-timestamp(D) 是小于或等于 timestamp(T_i) 的最大写时间戳。

规则 1，如果事务 T_i 申请 read(D)，系统返回值是 D_k 的 content 值。

规则 2，如果事务 T_i 申请 write(D)，并且 timestamp(T_i)＜R-timestamp(D)，事务 T_i 回滚。另一方面，如果 timestamp(T_i)＝W-timestamp(D)，系统使用事务 T_i 对 D 的修改值覆盖 D_k 版本的 content 值；否则 timestamp(T_i)＞R-timestamp(D)，创建 D 的一个新版本。

规则 1 表示，事务读取位于其前面的数据最近版本。规则 2 表示，事务申请写操作太迟时将被强制回滚。操作太迟指申请修改时，其他事务已经读取了这个版本内容，不应允许这样的写操作再发生。

（3）版本删除。对于数据项 D 的两个版本 D_k 与 D_j，如果这两个版本的 W-timestamp(D) 值都小于系统中最老的事务时间戳值，那么二者之间较旧的版本将不会再被用到，删除之。

多版本机制的优点是事务读请求从来不会失败并且不必等待。数据库系统中总是读操作比写操作频繁，因此多版本机制很有实践价值。

其主要的缺点是事务冲突总是回滚来解决，导致系统开销大。并且多版本机制不能保证可恢复性和无级联性。7.6.2 节将对其进行扩展，使之保证可恢复性以及无级联性。

7.6.2 多版本两段锁协议

多版本两段锁协议（Multiversion Two-Phrase Locking Protocol）将事务分为只读事务（Read-Only Transaction）与更新事务（Update Transaction）两类。

1. 只读事务

只读事务不必等待加锁。只读事务开始前，数据库管理系统读取计数器（Timestamp-Counter）时间戳当前值作为事务的时间戳。只读事务执行读操作时遵循多版本时间戳协议，对于只读事务 T_i 的 read(D) 操作，返回值小于 timestamp(T_i) 的最大时间戳版本的内容。

2. 更新事务

更新事务执行强两段锁协议，即拥有全部封锁直到事务结束。由此，更新事务可以按提交的顺序串行化。数据项的每一个版本都有一个时间戳,但这种时间戳不是基于时钟的,而是基于一个计数器时间戳,这个计数器在提交处理时加1。

当更新事务执行 read(D)操作时,事务先获得该数据项上的共享锁,然后读取该数据项最新版本的内容。

当更新事务执行 write(D)时,事务先获得该数据项上的排他锁,然后创建数据项新版本,写操作在新版本上进行,新版本的时间戳初始值设为无穷大,即大于任何时间戳值。

当更新事务 T_i 提交时,T_i 将它创建的每一版本的时间戳设置为 timestamp-counter＋1,然后将 timestamp-counter 值增加 1。同一时间系统只允许一个更新事务进行提交。如此,在 T_i 增加了 timestamp-counter 值之后启动的只读事务显示的是 T_i 更新的值,而在 T_i 增加 timestamp-counter 值之前就开始的只读事务显示的是 T_i 更新之前的值。

3. 版本删除

多版本两阶段封锁的版本删除与多版本时间戳采取类似方法,假设某数据项 D 两个版本的时间戳都小于或者等于系统中最老的只读事务时间戳,两个版本中较旧的版本将被删除。

多版本两段锁协议保证调度是可恢复的和无级联的。

7.6.3 快照隔离

快照隔离是一种特殊的多版本并发控制机制,并广泛应用在商用系统与开源系统中,例如 Oracle、SQL Server。

在快照隔离中,事务开始执行时系统给它一份数据库快照(Snapshot),事务操作在快照上完成,与其他并发事务完全隔离开来,快照只包含本事务提交的值。对于只读事务,快照模式太理想,因为不用等待,所以不会被并发子系统中止。对于更新事务,快照必然带来潜在的不一致风险,因为更新事务的更新写入数据库时,与其他事务之间可能存在潜在冲突。快照作为事务的私有工作空间,当事务提交时,更新应该写入数据库,并且保证原子性。

1. 快照更新的有效性检查

在快照模式下,事务操作均在各自的私有快照下进行,事务看不到其他事务的更新,因此事务提交操作需要慎重进行。如果两个事务都允许写入数据库,并且两个事务对同一数据项更新,这时第一个更新将被第二个更新覆盖,导致丢失更新。为此,引入快照的提交操作控制。常见的提交控制方法有两种,先提交者获胜(First Committer Wins)和先更新者获胜(First Updater Wins)。

(1) 先提交者获胜。

当事务 T_i 进入部分提交状态:

① 系统检查是否有与 T_i 并发执行的事务 T_j,对于 T_i 即将更新的数据项,T_j 已经对这些数据项的更新写入数据库了。

② 如果存在①中所述的事务 T_j,T_i 回滚。

③ 如果不存在①所述事务 T_j，T_i 提交。

事务提交发生冲突时，第一个使用上述规则的事务成功地写入更新，即先提交者获胜。

（2）先更新者获胜。

事务对于更新操作需要申请锁，对于读操作不需要申请锁。当事务 T_i 要更新某数据项时，先请求该数据项的排他锁：

① 如果没有其他事务 T_j 持有该锁，则事务 T_i 获得锁。如果这个数据项已经被其他事务更新过，T_i 回滚；如果数据没有被其他事务修改，则 T_i 可以执行更新操作，甚至可能提交。

② 如果其他事务 T_j 已经持有该锁，则 T_i 不能立即执行，而是等待 T_j 提交或者回滚。如果 T_j 回滚，数据项上的排他锁被释放，T_i 获得锁，尝试更新数据项，如果另外的事务（非 T_j）已经更新过该数据项，T_i 只能回滚，否则 T_i 可以更新数据项；如果事务 T_j 提交，T_i 只能回滚。

事务更新发生冲突时，第一个获得锁的事务允许更新与提交，其后尝试更新的事务回滚，除非第一个更新事务由于某种原因回滚。

2. 快照隔离串行化

快照隔离中，事务在各自的私有快照中更新数据，当并发事务更新同一个数据项时，快照隔离不一定能保证可串行化。

对于快照隔离带来的不可串行化，称之为快照异常。例 7-16 与例 7-17 展示了不同情况的快照异常。

例 7-16　事务 T_i 与事务 T_j 都读取对方写的数据，但是不写同一个数据。这种情况称为写偏斜。某金融系统中，完整性约束要求同一客户的支付宝账户与储蓄账户余额之和不能小于零，某一个客户的支付宝账户余额与储蓄账户余额分别为 1000 元与 2000 元。事务 T_{21} 查询了两个账户余额之和不小于零，从支付宝账户中取出 2000 元；另一个事务 T_{22} 也查询了两个账户余额之和，从储蓄账户中取 2000 元。由于 T_{21} 与 T_{22} 都在其快照上进行完整性检查，因此取款不违反完整性约束，两个事务都读取了客户的支付宝与储蓄两个账户的数据，分别修改了支付宝账户数据与储蓄账户数据，这是一个写偏斜例子。当 T_{21} 与 T_{22} 都提交后，客户的两个账户之和为 -1000，违反了完整性约束。

例 7-17　假设有事务 T_{23} 与 T_{24}，数据库中有数据项 A 和 B。事务 T_{23} 读取 B，然后更新 B；事务 T_{24} 读取 A 和 B，然后更新 A。这两个事务没有更新冲突，T_{23} 先提交，T_{24} 仍处于活动状态，这时新的只读事务 T_{25} 进入系统，T_{25} 读取 A 和 B，其私有快照包括 T_{23} 的更新，不包含未提交事务 T_{24} 的更新。这是一个非串行化的调度，T_{25} 在 T_{24} 写数据项 A 之前读取 A 的值。串行化的目的是为了保证数据库一致性，因此基于一致性的目标，系统可以接受潜在的非可串行化执行（假设这个非可串行化执行不会带来不一致影响）。

对于本例展示的并发调度，如果事务 T_{25} 关心 A 和 B 的更新顺序（例如金融类处理事务），那么 T_{25} 读取非可串行化更新才会有严重问题。

快照隔离机制可以通过在 SELECT 查询语句之后附加 for update 子句来防止异常。

系统会将读取的数据项作为刚被更新的数据项来对待。在例 7-16 中,如果将 for update 子句附加在查询账户余额的 SELECT 语句之后,那么 T_{21} 与 T_{22} 只有一个允许提交。例 7-17 中,在事务 T_{25} 查询语句中附加 for update 子句,系统在它读取 A 和 B 时,作为对 A 和 B 的更新。结果是 T_{24} 或者 T_{25} 回滚,并且稍后作为新事务重启。从而避免了异常,保证了可串行化。

在支持快照的商用系统中,SQL Server 提供了一个可串行化隔离级别(保证真正可串行化)和一个快照隔离级别选项(提供快照性能优势,包括潜在异常)。Oracle 的可串行化隔离级别仅提供快照隔离。

7.7　幻行现象

本节讨论并发操作中的幻行现象。幻行现象实际上属于不可重复读问题。

例 7-18　对于教学数据库中学生关系 S(SNO,SNAME,SDEPT,SSEX)。事务 T_{26} 查找信息系(information)的学生人数,执行查询语句:

```
SELECT COUNT(*)
FROM S
WHERE SDEPT='information';
```

这个语句将访问关系 S 中与信息系相关的所有元组。

事务 T_{27} 对学生关系 S 插入元组,执行语句:

```
INSERT INTO S
VALUES('12122','谢明昊','information','男');
```

对这两个事务并发调度时,存在以下两种可能情况。

如果事务 T_{26} 统计信息系学生人数时,将 T_{27} 插入的新元组计算在内,T_{26} 读取 T_{27} 更新后的数据。并发调度应该是 T_{27} 提交先于 T_{26} 提交。

如果事务 T_{26} 统计信息系学生人数时,不将 T_{27} 插入的新元组计算在内,T_{26} 不读取 T_{27} 的更新数据。并发调度应该是 T_{26} 提交先于 T_{27} 提交。

对于后一种情况,事务 T_{26} 与 T_{27} 并没有访问共同的元组,但是它们存在冲突,T_{26} 必须先于 T_{27}。因为二者在一个幻象元组('12122','谢明昊','information','男')上发生冲突。这种冲突现象系统定义为幻行现象(Phantom Phenomenon)。

如果并发控制在元组级粒度上进行,这种冲突难以被发现。数据库管理系统中严格的串行化调度应该防止幻行现象的发生。

针对例 7-18,类似的幻行现象还有下面两种情况。

(1) 事务 T_i 查询信息系学生的人数,另一个事务 T_j 将其他系的某个(某一些)学生元组的 SDEPT 值修改为"information"或将 SDEPT 值为"information"的学生元组修改为其他 SDEPT 值。

(2) 事务 T_i 查询信息系学生的人数,另一个事务 T_j 将某个(某一些)学生元组从关系中删除(插入,例 7-18 为插入情况的幻行现象),这些元组的 SDEPT 值为"information"。

为了防止幻行现象的发生,例 7-18 中,事务 T_{26} 必须阻止其他事务在关系 S 上创建或删除 SDEPT 值为"information"的元组,也不能允许其他事务将关系中已有元组的 SDEPT 值修改为"information"或 SDEPT 值为"information"的元组修改为其他 SDEPT 值。为此,事务 T_{26} 仅仅封锁它需要访问的元组是不够的,还要封锁用来找出事务需要访问的元组的信息。

封锁事务通常通过将一个数据项与关系关联在一起实现找出需要访问的元组的信息,这个数据项表示一种信息,事务利用它来查找关系中的元组。读取关系中具有这一信息的元组事务(如例 7-18 中的 T_{26}),必须对数据项加共享锁;更新关系中具有这一信息的元组的事务(如例 7-18 中的 T_{27}),必须对数据项加排他锁。这样,T_{26} 与 T_{27} 在真实的数据项上发生冲突,不再产生幻象冲突。

通过封锁数据项,一个事务只是阻止其他事务对关系中有哪些符合数据项信息的元组的这一信息进行修改,对符合数据项信息的元组本身的封锁仍然是需要的。因此,事务可以直接授予符合数据项信息的某个元组排他锁,即便数据项本身被授予排他锁。

封锁与关系关联的数据项较好的解决方法是利用索引,读取或者更新元组的事务封锁索引本身。为了提高并发度,实际应用的消除幻行现象的技术是索引封锁(Index-Locking)技术。简单起见,只考虑 B^+ 树索引。

B^+ 树索引中,每一个查找键值与索引的一个叶结点相关联。查询利用索引来访问到数据文件上的元组;在插入新元组前,插入操作必须在索引叶结点中插入新索引记录或者封锁索引叶结点;更新/删除操作也是类似的封锁索引叶结点操作。由此,系统利用关系上索引的可用性,将幻象冲突转换为对索引叶结点封锁的冲突。

索引封锁协议(Index-Locking Protocol)的内容如下。

(1) 每个关系中至少有一个索引。

(2) 事务只有首先在关系的索引上找到元组索引项之后,才能访问关系上的元组。全表扫描视为索引所有叶结点的扫描。

(3) 查找事务必须在需要访问的索引叶结点上获得共享锁。

(4) 没有更新所有索引之前,更新事务不能更新(插入、删除和更新三种 DML 操作)关系。更新事务必须获得 DML 操作涉及的所有索引叶结点上的排他锁,才能更新关系元组。对于插入操作,涉及的叶结点是插入后包含元组搜索码值的叶结点;对于删除操作,涉及的叶结点是删除前包含元组搜索码值的叶结点;对于更新操作,涉及的叶结点是包含修改前元组搜索码旧值和修改后包含元组搜索码旧值的叶结点。

(5) 元组照常获得锁。

(6) 必须遵循两段封锁协议。

索引封锁协议关注的是避免幻象冲突以及调度的可串行性,它并不关注索引叶结点的并发度。封锁一个索引叶结点会阻止关联到该叶结点索引项上的所有更新,有时这些更新可能并没有真正地与当前封锁冲突。而索引在事务操作中总是被频繁访问,严格的索引封锁容易降低并发度。为提高并发度,有一些对索引封锁协议稍做修改的协议,如蟹行协议等,这些协议维护索引的准确性,存在一定程度的非串行性。有兴趣的读者可以查阅数据库管理系统相关手册,本书不再赘述。

7.8　小　　结

为提高吞吐量、资源利用率以及减少等待时间，DBMS 事务处理系统通常允许多个事务并发执行。

并发操作会带来丢失更新、读脏数据和不可重复读三类问题。

并发事务调度要保证数据一致性，并行调度必须是可串行化的。进一步地，如果考虑实际并发操作中事务故障的影响，要保证并发事务调度的数据一致性，并行调度必须是可串行化和可恢复的。

并发控制技术主要有封锁技术、时间戳、多版本和快照隔离。

封锁就是事务在对某个数据对象操作之前，先向系统发出请求，对其加锁。加锁后事务就对该数据对象有了一定的控制，确切的控制由封锁的类型决定。在事务释放它的锁之前，其他的事务不能更新此数据对象。基本的封锁类型有排他锁和共享锁两种。

对数据对象加锁时，需要约定一些规则，如何时申请 X 锁或 S 锁、持锁时间、何时释放等，称之为封锁协议。不同规则的封锁协议，在不同程度上为并发操作的正确调度提供保证。7.2.2 节讨论了常用的三级封锁协议；7.2.3 节讨论了保证并发控制可串行化的两段锁协议。

DBMS 使用锁管理器实现封锁。锁管理器可以实现一个过程，该过程从事务接受消息并反馈消息。

对数据对象进行加锁控制带来了新的问题，即死锁。

X 锁和 S 锁都是加在某一个数据对象上的。封锁的对象可以是逻辑单元，也可以是物理单元。封锁对象可以很大，也可以很小。封锁对象的大小称为封锁的粒度。数据对象具有不同粒度的同时，彼此之间还是包含或者属于关系。不同粒度的数据对象之间的包含或属于关系用图形化的方式表达就是多粒度树。实际的并发控制是一种多粒度并发控制。

封锁粒度与系统的并发度和并发控制的开销密切相关。封锁粒度越大，并发度越小，系统开销也越小；反之，封锁粒度越小，并发度越高，但系统开销也就越大。DBMS 应该根据事务读写需要选择不同粒度，使系统开销与并发度之间达到最优配置。

为了提高多粒度封锁机制下加锁的检查效率，引入意向锁。有了意向锁，系统无须逐个检查当前加锁结点下级结点的显式封锁冲突。意向锁分为意向共享锁（IS 锁）、意向排他锁（IX 锁）和共享意向排他锁（SIX 锁）3 种。在多粒度封锁下，事务按照多粒度封锁协议对数据项加锁。

时间戳机制事先对系统中的每个事务分配一个唯一固定的时间戳，事务的时间戳决定了事务的可串行化顺序。

多版本并发机制为每个事务写数据项时创建一个数据项新版本。在申请读操作时，系统利用时间戳按照确保串行性的方式选择其中一个版本进行读取。读操作总是能成功，写操作可能引起事务回滚或者死锁。

快照隔离是一种特殊的多版本并发控制，不保证可串行性，但许多数据库产品支持它。

当事务的更新操作与其他事务的查询操作产生逻辑冲突时,可能导致幻行现象。可以对关系中用于查找元组的数据项进行加锁来避免幻行冲突。目前流行的技术是索引封锁技术,通过对索引叶结点和元组加锁来保证所有的冲突发生在实际的数据项上。

思 考 题

1. 并发操作会导致哪几类数据不一致?
2. 试述并发事务的可串行化。
3. 试述并发事务的可恢复性。
4. 分别简述并发控制的封锁技术、时间戳技术、多版本与快照隔离。
5. 什么样的并发调度是正确的调度?
6. 什么是封锁?基本的封锁类型有几种?试述它们的含义。
7. 试述两段锁协议、严格两段锁协议、强两段锁协议。
8. 设 T_1、T_2、T_3 是如下的 3 个事务,设 A 的初值为 0。

T_1: A := A+2;

T_2: A := A*2;

T_3: A := A**2;

(1) 若这 3 个事务并发执行,有多少种可能的正确结果?请一一列举出来。

(2) 试给出一个可串行化的调度,并给出执行结果。

(3) 试给出一个非串行化的调度,并给出执行结果。

9. 为什么要引进意向锁?意向锁的含义是什么?
10. 试述常用的意向锁: IS 锁、IX 锁、SIX 锁,给出这些锁的相容矩阵。

第8章 数据库安全

数据库的安全性(Security)是指保护数据库,防止不合法的使用造成数据的泄密、更改或者破坏。安全性问题并不只是数据库系统所独有,所有的计算机系统都需要考虑安全性问题,尽量屏蔽不安全因素。只是数据库系统中集中存放了大量数据,其中不乏敏感、隐私的数据,从而使得安全性问题更为重要。因此,安全性成为数据库管理系统的基本功能之一,而安全性措施是否行之有效,成为数据库行业衡量数据库产品的一项重要技术指标。

此外,数据库安全性常与数据库的完整性问题混淆,二者虽有一定联系但不尽相同。安全性是指保护数据库,防止非法操作或者非法用户造成数据的泄露、更改等破坏。而完整性是指防止数据库中出现不合语义、不正确的数据。

数据库系统提供的安全措施主要有用户身份鉴别、存取控制、视图、审计、数据加密等。

8.1 数据库安全概述

本节讨论数据库安全的威胁因素以及衡量数据库安全的标准。

8.1.1 威胁数据库的安全因素

威胁数据库安全的因素大致有以下几点。

(1) 非法操作及非法用户对数据的恶意存取、破坏以及重要敏感数据被泄露。总是存在恶意用户、犯罪分子等盗取合法用户名与口令,或者想方设法绕过数据库系统安全防范措施,查看、修改、盗取数据库的数据,尤其是敏感的机密数据,这对于数据拥有者是极大的威胁。

(2) 系统环境的脆弱性。数据库的安全性与计算机系统环境的安全性(包括系统的机房和物理设备安全、数据库系统工作人员职业操守、操作系统、网络环境)紧密相连。机房不安全、职工的行为不规范、操作系统存在安全隐患、网络协议安全保障的不足等,都可能造成数据库安全性的破坏。

8.1.2 数据库安全标准简介

随着网络技术的发展,计算机系统(数据库系统)的安全性越来越重要。为此,行业在安全技术方面逐步发展建立了一套可信的计算机系统(数据库系统)的概念和标准。符合某一级别的数据库产品才能被认为是安全、可信的数据库。

安全标准里,最具代表性的是 TCSEC 和 CC 两个标准。

1. TCSEC 标准

TCSEC 是指 1985 年美国国防部(United States Department of Defense,简称 DoD)正式颁布的《DoD 可行计算机系统评估准则》(*Trusted Computer System Evaluation Criteria*,TCSEC 或 DoD85)。

TCSEC 又称"桔皮书"。1991 年,美国国家计算机安全中心(National Computer Security Center,NCSC)颁布了《可信计算机系统评估准则关于可信数据库系统的解释》(*TCSEC/Trusted Database Interpretation*,TCSEC/TDI,即"紫皮书"),将 TCSEC 扩展到数据库管理系统。TCSEC/TDI 中定义了数据库管理系统的设计与实现中需要满足和进行安全性级别评估的标准,从 4 个方面来描述安全性级别的划分指标,即安全策略、责任、保证和文档。每个方面细分为若干项。

根据计算机系统对各项指标的支持情况,TCSEC/TDI 将系统划分为 4 组 7 个等级,依次是 D、C(C1,C2)、B(B1、B2、B3)、A(A1),按系统可靠性或者可信程度逐渐增高,如表 8-1 所示。

表 8-1　TCSEC/TDI 安全级别划分

安全级别	定　　义
A1	验证设计(Verified Design)
B3	安全域(Security Domains)
B2	结构化保护(Structural Protection)
B1	标记安全保护(Labeled Security Protection)
C2	受控的存取保护(Controlled Access Protection)
C1	自主安全保护(Discretionary Security Protection)
D	最小保护(Minimal Protection)

D 级:D 级是最低级别。保留 D 级的目的是为了将一切不符合更高标准的系统归于 D 组。DOS 就是操作系统中安全标准为 D 的典型例子,它具有操作系统的基本功能,如文件系统和进程调度等,但在安全性方面几乎没有任何专门的机制来保障。

C1 级:该级只提供非常初级的自主安全保护,能够实现对用户和数据的分离,进行自主存取控制(DAC),保护或限制用户权限的传播。现有的商业系统稍做改进即可满足 C1 级要求。

C2 级：实际是安全产品的最低档次，提供受控的自主存取保护，即将 C1 级的 DAC 进一步细化，以个人身份注册负责，并实施审计和资源隔离。很多商业产品已得到该级别的认证。达到 C2 级的产品在其名称中往往不突出安全这一特色，如操作系统中 Microsoft 的 Windows 2000，数据库产品中的 Oracle 7 等。

B1 级：标记安全保护。对系统的数据加以标记，并对标记的主体和客体实施强制存取控制（MAC）以及审计等安全机制。B1 级能够较好地满足大型企业或一般政府部门对于数据的安全需求，这一级别的产品才被认为是真正意义上的安全产品。满足此级别的产品一般多冠以"安全"（Security）或"可信的"（Trusted）字样，作为区别于普通产品的安全产品出售。例如，操作系统产品中惠普公司的 HP-UX BLS release 9.0.9＋，数据库产品中 Oracle 公司的 Trusted Oracle 7 等。

B2 级：结构化保护。建立形式化的安全策略模型，并对系统内的所有主体和客体实施 DAC 和 MAC。从互联网上的最新资料看，经过认证的、B2 级以上的安全系统非常稀少。例如，符合 B2 标准的操作系统有 Trusted Information Systems 公司的 Trusted XENIX 产品，符合 B2 标准的网络产品有 Cryptek Secure Communications 公司的 LLC VSLAN 产品。

B3 级：安全域。该级的 TCB 必须满足访问监控器的要求，审计跟踪能力更强，并提供系统恢复过程。

A1 级：验证设计。即提供 B3 级保护的同时给出系统的形式化设计说明和验证，以确信各安全保护真正实现。

B2 及以上级别的系统标准更多还处于理论研究阶段，产品化以至商业化的程度都不高，其应用也多限于一些特殊的部门，如军队等。但美国正在大力发展安全产品，试图将目前仅限于少数领域应用的 B2 级安全级别或更高安全级别下放到商业应用中，并逐步成为新的商业标准。有关各安全等级对安全策略、责任、保证和文档 4 个方面安全指标的支持情况这里不详细展开，有兴趣的读者可以查阅相关信息安全手册。

在 TCSEC/TDI 安全级别下，支持自主存取控制的数据库管理系统大致属于 C 级，而支持强制存取控制的数据库管理系统则可以达到 B1 级。当然，存取控制仅是安全性标准的一个重要方面（安全策略方面）但不是全部。为了使 DBMS 达到一定的安全级别，还需要在其他 3 个方面提供相应的支持。例如，审计功能就是 DBMS 达到 C2 以上安全级别必不可少的一项指标。

2. CC 标准

在 TCSEC 推出后的十余年，不同国家、组织相继启动开发建立在 TCSEC 概念之上的计算机系统安全的评估准则，如欧洲的信息技术安全评估准则（Information Technology Security Evaluation，ITSEC）、加拿大的可信计算机产品评估准则（Canadian Trusted Computer Product Evaluation Criteria，CTCPEC）、美国的信息技术安全联邦标准（Federal Criteria，FC）草案等。这些准则比 TCSEC 更加灵活，适应 IT 技术的发展。

为满足 IT 互认标准化安全评估结果的需要，解决以上各种标准、准则中概念和技术上的差异，CTCPEC、FC、TCSEC 和 ITSEC 的发起组织于 1993 年组建通用准则项目

(Common Criteria,CC),将各自独立的准则集合成一组单一的、能被行业广泛采用的 IT 安全准则。项目发起组织的代表成立专门的委员会来开发通用准则。历经多次讨论与修订,CC V2.1 版于 1999 年被 ISO 采用为国际标准,2001 年我国采用其为国家标准。

目前,CC 已经基本取代 TCSEC,成为评估信息产品安全性的主要标准。

CC 是在各国与各组织评估准则以及具体实践的基础上通过总结和互补发展而来。与早期的评估准则相比,CC 具有结构开放、表达方式通用等特点。CC 提出了目前国际上公认的表述信息技术安全性的结构,即把对信息产品的安全要求分为安全功能和安全保证要求。安全功能要求定义、规范产品和系统的安全行为,安全保证为正确有效地实施安全功能提供保障。安全功能要求和安全保证要求都以"类—子类—组件"的结构表达,组件是安全要求的最小构件块。

CC 的文本由三部分组成,这三部分相互依存,缺一不可。

第一部分是简介和一般模型,介绍 CC 中的术语、基本概念、一般模型以及评估框架。

第二部分是安全功能要求,列出了一系列类(11 个)、子类(66 个)和组件(135 个)。

第三部分是安全保证要求,列出了一系列保证类(7 个)、子类(26 个)和组件(74 个)。

CC 根据系统对安全保证要求的支持情况提出了评估保证等级(Evaluation Assurance Level,EAL),如表 8-2 所示,从 EAL1 到 EAL7 共分为 7 级,保证程度逐渐提高。

表 8-2　CC 评估保证等级(EAL)的划分

评估保证 等级	定　义	近似 TCSEC 安全等级
EAL1	功能测试(Functionally Tested)	—
EAL2	结构测试(Structurally Tested)	C1
EAL3	系统地测试和检查(Methodically Tested and Checked)	C2
EAL4	系统地设计、测试和复查(Methodically Designed,Tested and Reviewed)	B1
EAL5	半形式化设计和测试(Semiformally Designed and Tested)	B2
EAL6	半形式化验证的设计和测试(Semiformally Verified Design and Tested)	B3
EAL7	形式化验证的设计和测试(Formally Verified Design and Tested)	A1

CC 的附录部分主要介绍保护轮廓(Protection Profile,PP)和安全目标(Security Target,ST)的基本内容。

这三部分的有机结合具体体现在保护轮廓和安全目标中,CC 提出的安全功能要求和安全保证要求都可以在具体的保护轮廓和安全目标中进一步细化和扩展,这种开放式的结构更适应信息安全技术的发展。CC 的具体应用也是通过保护轮廓和安全目标这两种结构来实现的。

有关 CC 的具体要求,有兴趣的读者可以查阅相关标准介绍。

8.2 数据库系统安全控制

随着数据共享的日益加强,数据库系统安全性越来越重要。数据库管理系统作为管理数据的核心软件,其自身必须具有完整而有效的安全性机制。

8.2.1 数据库系统安全模型

在数据库系统中,为了更好地保护数据,安全措施是分级设置的。数据库系统在从低到高的 5 个级别上设置安全措施。

(1)环境级:数据库系统的机房和设备应加以妥善保护,防止人为物理破坏。

(2)职工级:工作人员应具备职业操守,正确授予合法用户访问数据库的权限。

(3)操作系统级:应防止未经授权的用户从操作系统处绕开 DBMS 访问数据库。

(4)网络级:在互联网发达的时代,大多数数据库系统都允许用户通过网络进行远程访问,因此网络内部的安全性是很重要的。

(5)数据库系统级:数据库系统级的安全措施会验证用户的身份是否合法,使用数据库的权限是否符合授权约定。

5 个安全措施级别中,环境级和职工级的安全性问题属于法律法规、社会道德问题;操作系统的安全性从登录密码到并发处理底层的控制,以及文件系统的安全都属于操作系统内容。网络级的安全措施属于网络方向,并已在全球电子商务中安全而广泛地得到应用。因此,这几方面的安全措施本章节均不予讨论。

数据库系统安全模型如图 8-1 所示。

图 8-1　数据库系统安全模型

在安全模型中,用户要求进入数据库系统时,数据库管理系统首先根据用户输入的用户标识进行身份鉴定,只有合法用户才可以进入系统;对于进入了系统的合法用户,数据库管理系统在用户提出数据请求时,会进行多层存取控制,通过了权限检查(即拥有相应数据操作权限),用户的数据请求才会被执行;内模式存储层读取物理数据时,操作系统会有自己的保护措施;最后,数据的存储或者网络传送还可以用加密的形式存储至数据库或者传送。

本章讨论的数据库系统安全机制包括用户身份鉴别、多层存取控制、审计、视图和数据加密等,构建数据库管理系统安全性控制模型如图 8-2 所示。

8.2.2 数据库管理系统安全性控制模型

从数据库管理系统角度进行数据安全性控制,其流程如下:首先,数据库管理系统对提出 SQL 访问请求的数据库用户进行身份鉴别,阻止不可信的用户进入系统;然后,在

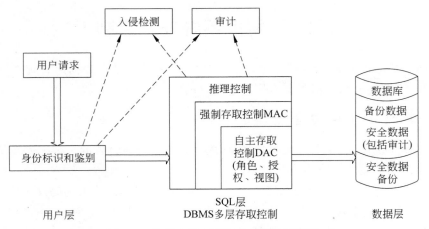

图 8-2　数据库管理系统安全性控制模型

SQL 处理层进行自主存取控制和强制存取控制,有些数据库管理系统还进行推理控制。对于安全级别要求高的系统,在这一层数据库管理系统还会配置审计规则,对用户访问行为和系统关键操作进行审计,监控恶意访问并配合数据库管理员处理。DBMS 在这一层还可以通过设置入侵检测规则,对异常用户行为进行检测供系统分析所用。在数据存储层,数据库管理系统不仅存放用户数据,还存储与安全有关的标记和信息,即安全数据,根据系统安全需要提供数据加密功能等。

8.2.3　用户身份标识与鉴别

用户身份标识与鉴别是数据库管理系统提供的数据库系统最外层安全保护措施。

每一个合法用户在系统内部都有一个用户标识,每个用户标识由用户名(User Name)和用户标识号(UID)组成。UID 在系统的整个生命周期内是唯一的。系统内部记录着所有合法用户的标识号。

系统鉴别是指由系统提供一定的方式让用户标识自身的名字或身份。每次用户要求登录系统时,由数据库管理系统安全子系统进行验证,通过验证的用户才提供相应使用数据库系统的权限。

例如,Oracle 允许同一用户三次登录,如果连续三次登录密码都错误,则锁死该用户标识。SQL Server 在混合认证模式下,认为 Windows 用户登录成功就是数据库的合法用户,可以与数据库建立连接;若在 SQL Server 独立认证模式下,用户需要获得 SQL Server 专门分配的用户标识与密码才能连接到 SQL Server 数据库服务器引擎。

用户身份鉴别的方法有很多种,一个实际的系统中往往是多种方法结合,以获得更强的安全性。常用的用户身份鉴别有以下几种。

1. 静态口令

静态口令鉴别是常用的鉴别方法。静态口令由用户自己设定,鉴别时只要输入的口令正确,系统就鉴别通过,允许用户使用数据库系统。口令是静态不变的,在实际应用中,为了方便记忆,用户习惯使用生日、电话等简单易记的数字作为口令,这样的静态口令容易被破解。

因此,在静态口令身份鉴别下,口令的复杂度与安全性对数据库系统的登录安全十分关键。数据库管理系统从口令的复杂度、管理、存储及传输等多方面来保障口令的安全可靠。例如,要求口令长度不低于 6 位;口令不能全为数字;口令要求是字母、数字和特殊字符的混合,特殊字符是除了空格符、英文字母、数字和引号之外的所有可见字符。

在此基础上,数据库管理员还可以根据应用需求设置口令强度。例如,设定口令不可以与用户名相同;设置重复输入口令的最小时间间隔等。此外,在存储和传输过程中口令信息不可见,以密文形式存在。用户身份鉴别可以重复多次。

2. 动态口令

动态口令鉴别是目前较为安全的鉴别方式。其口令是动态变化的,每次鉴别时均需使用动态产生的新口令登录数据库系统,也就是一次一密。常用的方式如短信密码和动态令牌方式,每次鉴别时要求用户使用通过短信或令牌等途径获取的新口令登录数据库系统。

与静态口令鉴别相比,动态口令增加了口令被窃取或者破解的难度,安全性相对较高。近年来,移动互联网模式多采用动态口令登录。

3. 生物特征鉴别

生物特征鉴别是一种通过生物特征进行身份鉴别的技术,生物特征是指生物体唯一具有的,可测量、识别和验证的稳定生物特征,如指纹、虹膜等。生物特征鉴别采用图像处理和模式识别等技术实现基于生物特征的认证,与传统口令鉴别方式相比,安全性高很多。

4. 智能卡

智能卡是一种不可复制的硬件,内置集成电路芯片,具有硬件加密功能。智能卡由用户携带,登录数据库系统时,用户将智能卡插入专门的读卡器进行身份验证。由于每次从智能卡中读取的信息是静态的,通过内存扫描或者网络监听等技术是可能截获用户的智能卡身份验证信息的。因此,实际应用中一般采用个人身份识别码(PIN)和智能卡相结合的方式。这样,即使 PIN 和智能卡中有一种被窃取,用户身份仍不会被冒充。

8.3　存取控制概述

存取控制机制主要包括以下两部分。

(1) 定义用户权限,并将用户权限登记到数据字典中。用户或应用程序使用数据库的方式称为权限(Authorization),权限的分类将在 8.3.1 节介绍。在数据库系统中对用户或应用程序权限的定义称为授权。这些授权定义经过编译后存放在数据字典中,被称作"安全规则"或"授权规则"。要说明的是,某个用户应该具有何种权限是管理和政策的问题,而不是技术问题,数据库管理系统要提供保证这些决定执行的功能,也就是权限定义功能。

（2）合法权限检查。每当用户发出使用数据库的操作请求后,请求一般包括操作类型、操作对象和操作用户等信息,数据库管理系统查找数据字典的安全元数据,根据安全规则进行合法权限检查,若用户的操作请求超出了定义的权限,系统将拒绝执行此操作。

用户权限定义和合法权限检查机制一起组成了 DBMS 的安全子系统。

C2 级或 EAL3 级的数据库管理系统必须支持自主存取控制（Discretionary Access Control,DAC）,B1 级或 EAL4 级的数据库管理系统必须支持强制存取控制（Mandatory Access Control,MAC）。DAC 与 MAC 是 SQL 层存取控制的不同级别。

1. 自主存取控制

在自主存取控制机制中,用户对于不同的数据库对象有不同的存取权限,不同的用户对同一对象也有不同的权限,用户可以将其拥有的存取权限转授给其他用户。因此,自主存取控制非常灵活。

2. 强制存取控制

在强制存取控制机制中,每一个数据库对象被标以一定的密级,每一个用户也被授予某一个级别的许可证。对于任意一个对象,只有具有合法许可证的用户才可以存取。相对于 DAC,强制存取安全控制严格一些。

3. 多级存取控制

较高安全性级别提供的安全保护要包含较低级别的所有保护,因此在实现强制存取控制时首先要实现自主存取控制,自主存取控制与强制存取控制共同构成数据库管理系统 SQL 层的安全机制,如图 8-2 所示。系统首先进行自主存取控制检查,对通过自主存取控制的允许存取的数据对象再进行强制存取控制检查,只有通过强制存取控制检查的数据对象才可被用户存取。

8.3.1 自主存取控制

大型数据库管理系统都支持自主存取控制,SQL 标准也支持自主存取控制,自主存取控制 DAC 主要通过 SQL 的 GRANT 语句和 REVOKE 语句来实现。

用户权限由两个要素组成:数据库对象和操作类型。定义一个用户的存取权限就是要定义这个用户在哪些数据库对象上可以进行哪些类型的操作。在数据库系统中,定义存取权限称为授权。

非关系数据库系统中,用户只能对数据进行操作,存取控制的数据库对象仅限于数据本身。关系数据库系统中,存取控制的对象不仅有数据本身（基本表、属性、视图等）,还有数据库模式。

具体来说,关系数据库权限（SQL 2 标准）有下列 9 种。

（1）读（Read）:允许用户读数据,但不能修改数据。

（2）插入（Insert）：允许用户插入新的数据。

（3）修改（Update）：允许用户修改数据。

（4）删除（Delete）：允许用户删除数据。

（5）参照（References）：允许用户引用其他关系的主键作为外键。

（6）域（Usage）：允许用户使用已定义的域。

除了以上访问数据本身的权限，关系数据库系统还提供给用户以下修改数据库模式的权限。

（7）创建资源（Create）：允许用户创建新的数据库模式（Schema）、关系（Table）、索引（Index）、视图（View）等。数据库模式在实际的数据库产品中称为数据库（Database）。

（8）修改资源（Alter）：允许用户修改已有的数据库模式或数据库、关系、索引、视图等结构。

（9）撤销资源（Drop）：允许用户撤销已有的数据库模式或数据库、关系、索引、视图等结构。

1. 授权

授权有两层意思，即权限授予与收回。SQL 中使用 GRANT 和 REVOKE 语句向用户授予或收回对数据对象的操作权限。GRANT 语句向用户授予权限，REVOKE 语句收回已经授予用户的权限。

（1）GRANT 语句。GRANT 语句的一般格式：

```
GRANT <权限>[,<权限>]…
ON <对象类型>[,<对象名>]
TO <用户>[,<用户>]…
[WITH GRANT OPTION];
```

该语句语义如下：将指定数据对象的指定操作权限授予指定的用户。其中，指定的权限类型在 GRANT 子句后列出，一个 GRANT 语句可以授予多种权限甚至全部权限（ALL PRIVILEGES）给用户；指定的对象在 ON 子句后，一个 GRANT 语句可以指定多个数据对象；ON 子句对象类型指定授权的对象类型关键字，关系为 TABLE，视图为 VIEW 等，在很多实际的系统中，由于同一数据库模式下数据对象不允许重名，对象类型关键字可以为省略；TO 子句指定上述对象的指定权限授予哪些用户，一个 GRANT 语句可以同时对多个用户甚至全部用户（PUBLIC）授权。

如果指定了 WITH GRANT OPTION 子句，则获得权限的用户可以把这种权限再授予其他用户。如果没有指定 WITH GRANT OPTION 子句，则获得权限的用户只能使用该权限，不能传播该权限。SQL 允许具有 WITH GRANT OPTION 的用户把相应权限或子集传递授予其他用户，但不允许循环授权，即被授权者不能把权限授回给授权者或授权者祖先，如图 8-3 所示。

最后需要特别说明的是，不是所有用户都可以随意执

图 8-3　不允许循环授权

行 GRANT 语句。发出某 GRANT 语句的执行者可以是数据库管理员,也可以是该数据库对象拥有者(Owner),或者拥有该权限并被指定了 WITH GRANT OPTION 子句的用户。

例 8-1 将查询 employee 表的权限授给用户 user1。

```
GRANT SELECT
ON TABLE employee
TO user1;
```

例 8-2 将对 employee 表和 department 表的全部权限授予用户 user2 和 user3。

```
GRANT ALL PRIVILEGES
ON TABLE employee,department
TO user2,user3;
```

例 8-3 将对表 project 的查询权限授予所有用户。

```
GRANT SELECT
ON TABLE project
TO PUBLIC;
```

例 8-4 将查询 employee 表和修改职工号的权限授给用户 user4。

```
GRANT UPDATE(ENO),SELECT
ON TABLE employee
TO user4;
```

这里实际是授予 user4 用户对基本表 employee 的 SELECT 权限和对属性列 ENO 的 UPDATE 权限。对属性列授权必须明确指出相应的属性列名。

例 8-5 将对表 project 的 INSERT 权限授予 user5 用户,并允许他再将此权限授予其他用户。

```
GRANT INSERT
ON TABLE project
TO user5
WITH GRANT OPTION;
```

执行例 8-5 后,user5 不仅拥有了对表 SC 的 INSERT 权限,还可以传播此权限。

例 8-6 GRANT INSERT ON TABLE project TO user6 WITH GRANT OPTION。

同样,user6 还可以将此权限授予 user7。

例 8-7 GRANT INSERT ON TABLE project TO user7。

但 user7 不能再传播此权限,user6 没有给 user7 可以传播此权限的权限。

SQL 标准里的授权机制是粗粒度的,例如对关系、视图授权。但在具体的数据库管理系统中,扩展的 GRANT 语义十分丰富,实现了细粒度、元组级别的授权。例如,通过默认子句 WHEN 子句,GRANT 的授权粒度可以精确到一个元组的属性项,但 GRANT 扩展语法总是跟具体的数据库产品相关,本章没有给出具体实例,有兴趣的读者可以查阅

DBMS 使用手册。

（2）REVOKE 语句。授予用户的权限可以由数据库管理员或者其他授权者用 REVOKE 语句收回。

REVOKE 语句的一般格式：

```
REVOKE<权限>[,<权限>]…
    ON <对象类型>[,<对象名>]
    FROM <用户>[,<用户>]…[CASCADE|RESTRICT];
```

例 8-8　把用户 user4 修改 employee 表职工职工号的权限收回。

```
REVOKE UPDATE(ENO)
ON TABLE employee
FROM user4;
```

例 8-9　回收所有用户对表 project 的查询权限。

```
REVOKE SELECT
ON TABLE project
FROM PUBLIC;
```

例 8-10　把用户 user5 对 project 表的 INSERT 权限收回。

```
REVOKE INSERT
ON TABLE project
FROM user5;
```

将用户 user5 的 INSERT 权限收回的同时，系统会级联（CASCADE）收回 user6 和 user7 的 INSERT 权限，否则系统拒绝（RESTRICT）执行 REVOKE 命令。因为在例 8-6 中，user5 将对 project 表的 INSERT 权限授予了 user6，而 user6 又将其授予了 user7。对于具体的 DBMS 的 REVOKE 操作，有的数据库管理系统默认值为 CASCADE，有的默认为 RESTRICT。

还需要指出的是，如果 user6 或 user7 还从其他用户处获得了对 project 表的 INSERT 权限，则他们仍具有此权限，系统只回收（CASCADE）直接或间接从 user5 处获得的权限。

SQL 提供了非常灵活的授权机制。数据库管理员拥有对数据库中所有对象的所有权限，根据应用的需要将不同的权限授予不同的用户。用户对自己建立的数据库对象（如基本表和视图）拥有全部的操作权限，并且可以用 GRANT 语句将其中某些权限授予其他用户。被授权的用户如果有"继续授权"的许可（WITH GRANT OPTION），还可以把获得的权限再授予其他用户。所有授予出去的权限在必要时又都可以用 REVOKE 语句收回。

2. 角色

角色（Role）是被命名的一组数据库权限的集合。为了方便权限管理，可以为具有相同权限的用户创建一个管理单位,即角色。角色被授予某个用户,用户就继承角色上的所有权限。例如,同一部门的职工,很多数据库使用权限是相同的,不妨将这些权限定义一个部门权限角色,再将角色授予部门所有职工,每一个职工自动获得部门角色的所有权限。使用角色来管理数据库权限可以简化授权过程。

一个角色拥有的权限包括,直接授予这个角色的全部权限加上其他角色授予它的全部权限。一个用户所拥有的权限包括直接授予该用户的权限加上它从所在角色处继承来的角色。

(1)创建角色。在 SQL 中创建角色的语法格式是:

```
CREATE ROLE <角色名>
```

刚创建的角色权限为空,使用 GRANT 语句像对用户授权一样为角色授权。

(2)给角色授权。

```
GRANT <权限>[,<权限>]…
    ON <对象类型>[,<对象名>]
    TO <角色>[,<角色>]…
```

(3)将角色授予其他用户或者角色。

```
GRANT <角色1>[,<角色2>]…
        TO <用户>[,<角色3>]…
        [WITH ADMIN OPTION];
```

GRANT 语句把角色授予用户或者另外的角色。授予者可能是角色的创建者,也可能是拥有在这个角色上的 ADMIN OPTION。在 GRANT 语句中,如果指定了 WITH ADMIN OPTION 子句,则获得角色权限的角色或用户可以再将角色权限授予其他角色。

(4)角色权限的收回。

```
REVOKE<权限>[,<权限>]…
    ON <对象类型>[,<对象名>]
    FROM <角色>[,<角色>]…;
```

使用 REVOKE 语句可以收回角色的权限,从而修改角色拥有的权限。REVOKE 动作的执行者可能是角色的创建者,也可能是拥有在这个角色上的 ADMIN OPTION。

例 8-11 创建角色 role1,对其授予 employee、department 表的查询与删除权限,将 role1 授予用户 user3、user4 和 user5。

第一步,创建角色 role1。

```
CREATE ROLE role1;
```

第二步,对 role1 授予 employee、department 表的查询与删除权限。

```
GRANT SELECT,DELETE
ON TABLE employee,department
TO role1;
```

第三步,将 role1 授予用户 user3、user4 和 user5。

```
GRANT role1
TO user3,user4,user5;
```

用户 user3、user4 和 user5 自动集成 role1 的所有权限,即获得 employee、department 表的查询与删除权限。

例 8-12　修改 role1 的权限。

```
GRANT UPDATE
ON TABLE employee
TO role1;
```

角色 role1 在原来的基础上增加了 employee 表的 UPDATE 权限。

例 8-13　继续修改 role1 的权限。

```
REVOKE SELECT
ON TABLE department
FROM role1;
```

角色 role1 在例 8-11、例 8-12 的基础上减少了 department 表的 SELECT 权限。

例 8-14　数据库管理员将 role1 在 user3 上的授权一次收回。

```
REVOKE role1
FROM user3;
```

在一些具体的数据库管理系统产品中,例如 MS SQL Server,将服务器级别以及数据库级别的一些权限定义到系统角色上,用户无法直接通过 GRANT 语句获得这些系统权限,除非数据库管理员将他设置为系统角色成员继承这些权限。从而提高系统的安全性能,也简化了权限分配操作。

总之,数据库角色是一组权限的集合。使用角色来管理数据库权限可以简化授权操作,使自主存取控制更加灵活、方便。

3. 视图机制

SQL 中有两个机制提供安全性:一是授权子系统,它允许拥有权限的用户动态选择性地把这些权限授予其他用户;二是视图,它用来对无权限用户屏蔽相应的那一部分数据,从而自动对数据提供一定程度的安全保护。

视图机制间接地实现支持存取谓词的用户权限定义。例如,某部门 A 的 people1 职工,只能检索本部门职工的信息,而部门经理 M 具有检索和增删改部门 A 职工信息的所有权限。这就要求系统能支持"存取谓词"的用户权限定义。在不直接支持存取谓词的系统中,可以先建立部门 A 的视图 A_employee,然后在视图上进一步定义存取权限。

例 8-15　建立部门 A 的视图 A_employee,把对该视图的 SELECT 权限授予职工 people1,把该视图的所有操作权限授予经理 M。

第一步,建立视图 A_employee:

```
CREATE VIEW A_employee
AS
SELECT *
FROM employee
WHERE DNO='A';
```

第二步,对职工 people1 授予该视图的查询权:

```
GRANT SELECT
ON A_employee
TO people1;
```

第三步,把该视图的所有操作权限授予经理 M:

```
GRANT ALL PRIVILEGES
ON A_employee
TO M;
```

8.3.2   强制存取控制

自主存取控制(DAC)机制由用户自主决定将数据的存取权限授予何人,以及是否将该授权的权限授予该人。在这种授权机制下,仅通过对数据的存取权限来进行安全控制,而对数据本身不实施安全性标记,很容易造成数据的无意泄露。因为被授权的用户一旦获得了数据的权限,就可以将数据备份,获得自身权限内的副本并自由传播。这在保密性要求高的数据库系统中是很大的安全隐患。强制存取控制(MAC)就能解决上述问题。

强制存取控制是一种独立于值的简单控制方法。优点是系统能执行"信息流控制"。在 DAC 机制中,凡有权查看保密数据的用户就可以把这种数据复制到非保密文件中,造成无权用户也可以接触保密数据。MAC 机制可以避免这种非法的信息流动。按照 TDI/TCSEC 标准中安全策略所要求的强制存取控制,用户不能直接感知或者进行控制。MAC 适用于那些对数据有严格而固定密级分类的部门,例如军事部门、政府部门。

在强制存取控制中,数据库系统中的全部实体被分为主体和客体两大类。

主体是系统中的活动实体,既包括数据库管理系统所管理的实际用户,也包括代表用户的进程。客体是系统中的被动实体,受主体操纵,包括数据文件、基本表、索引、视图等。对于主体和客体,数据库管理系统为它们指派一个敏感度标记(Label)。

敏感度标记被分为若干级别,级别从高到低依次为:绝密(Top Secret,TS)、机密(Secret,S)、可信(Confidential,C)、公开(Public,P)。主体的敏感度标记称为许可证级别(Clearance Level),客体的敏感度标记称为密级(Classification Level)。

强制存取控制就是通过比较主体的敏感度标记和客体的敏感度标记,最终确定主体是否能够存取客体。

当某一用户或主体以标记登录系统,该用户或主体对客体的存取遵循如下规则。

(1) 仅当主体的许可证级别大于或等于客体的密级时,该主体才能读取相应的客体。

(2) 仅当主体的许可证级别小于或等于客体的密级时,该主体才能写入相应的客体。

也就是 ORACLE 中主体只能修改跟其同级的数据。

对于规则(2),主体可以将它写入的数据对象赋予高于自身许可证级别的密级,这样一旦数据被写入,该主体自己也不能再读取该数据对象了。违反规则(2),就有可能把数据的密级从高流向低,造成数据的泄露。例如,某个 S 密级的主体把一个 S 密级的数据恶意地降为 P,然后把数据写回。这样原来是 S 密级的数据可以被所有用户读到,造成 S 密级数据的泄露。

强制存取控制对数据本身进行密级标记,无论数据如何复制,标记与数据是一个密不可分的整体,只有符合密级标记要求的用户才可以操纵数据,从而提供更高级别的安全性。

8.4　审　　计

为了使数据库管理系统达到一定的安全级别,还需要在其他方面提供相应的支持。其中,审计(Audit)功能是数据库管理系统达到 C2(或 EAL3)以上安全级别必不可少的一项指标。

前面提到的用户身份标识与鉴别、存取控制、视图等安全策略都不是无懈可击的,蓄意破坏、恶意盗窃的用户总是想方设法打破安全壁垒。

审计把用户对数据库的所有操作自动记录下来放入审计日志(Audit Log)中。数据库系统管理员或者审计员可以利用审计跟踪的信息,重现导致数据库现有状况的一系列事件,找出非法存取数据库数据的人、时间和内容等。

跟踪审计(Audit Trail)是一种监视措施。数据库在运行中,数据库管理系统跟踪用户对一些敏感性数据的存取活动,跟踪的结果记录在跟踪审计记录文件中,有许多数据库管理系统的跟踪审计记录文件与系统的运行日志结合在一起。一旦发现有窃取数据的企图,有的数据库管理系统会发出警报信息,多数数据库管理系统虽无警报功能,但也可在事后根据记录进行分析,从中发现危及安全的行为,追究责任,采取防范措施。

跟踪审计由数据库系统管理员或者审计员控制,也可由数据的属主控制。审计通常很耗费时间和空间,所以 DBMS 往往都将其作为可选特征,数据库管理员根据应用对安全性的要求,灵活地打开或关闭审计功能。审计一般主要用于安全性要求较高的部门。

跟踪审计的记录一般包括下列内容:请求(源文本),操作类型(例如修改、查询等),操作终端标识与操作者标识,操作日期和时间,操作所涉及的对象(表、视图、记录、属性等),数据的前映象和后映象。

8.4.1　审计事件

审计事件分为多个类别,一般有如下 4 种。

(1)服务器事件:审计数据库服务器发生的事件,包含数据库服务器的启动、停止、数据库服务器配置文件的重载。

(2)系统权限:对系统拥有的结构和模式对象进行操作的审计,要求该操作的权限是通过系统权限获得的。

（3）语句事件：对 SQL 语句，如 DDL、DML、DQL(Data Query Language)及 DCL 语句的审计。

（4）模式对象事件：对特定模式对象上进行的 SELECT 或 DML 操作的审计。模式对象包括表、视图、存储过程、函数等。模式对象不包括依附于表的索引、约束、触发器、分区表等。

8.4.2 审计的作用

审计有如下两方面的作用。

（1）可以用来记录所有数据库用户登录及退出数据库的时间，作为记账收费或统计管理。

（2）可以用来监视对数据库的一些特定访问及任何对敏感数据的存取情况。

需要说明的是，审计只记录对数据库的访问活动，并不记录具体的更新、插入或删除的信息内容，这与日志文件是有区别的。

8.4.3 AUDIT 语句和 NOAUDIT 语句

AUDIT 语句用来设置审计功能，NOAUDIT 语句则用来取消审计功能。

审计一般可以分为用户级审计和系统级审计。用户级审计是任何用户可设置的审计，主要是用户针对自己创建的数据库表或者视图进行审计，记录所有用户对这些表或视图的一切成功或不成功的访问要求以及各种类型的 SQL 操作。

系统级审计只能由数据库管理员设置，用以监测成功或失败的登录要求、检测授权和收回操作，以及其他数据库级权限下的操作。

例 8-16   对修改 department 表结构的操作进行审计以及取消对 department 表的审计。

审计：AUDIT ALTER ON department；

取消审计：NOAUDIT ALTER ON department；

审计设置以及审计日志一般都存储在数据字典中。必须把审计开关打开，即把系统参数 audit_trail 设置为 true，才可以在系统表 SYS_AUDITTRAIL 中查看到审计信息。

数据库审计提供了一种事后检查的安全机制。审计机制将特定用户或者特定对象相关的操作记录到系统审计日志中，作为对操作后继分析和追踪的依据。通过审计机制，可以约束用户可能的边缘性恶意操作，起到保护数据库安全性的目的。

8.4.4 ORACLE 的审计技术

在 ORACLE 数据库中，对审计的控制也是分级别来实现的。

1. ORACLE 系统级审计

这是对系统设置的审计，对整个系统有效，并影响整个系统的所有用户。系统级审计可以检测所有成功或失败的数据库登录、退出及授权活动，设置对表的默认审计项目，使整个系统的审计活动开始或停止。系统级审计工作只能由数据库管理员来完成。

2. ORACLE 用户级审计

用户可设置的审计。主要是用户针对自己所拥有的表或视图的各种成功或不成功的访问要求,也可以指定对某些 SQL 操作进行审计,同时用户也可以控制对数据库访问一次还是按每个登录期为单位进行审计。

ORACLE 的审计功能很灵活,是否使用审计、对哪些表进行审计、对哪些操作进行审计都可以选择,ORACLE 提供 AUDIT 及 NOAUDIT 语句来指定这些审计。这里需要注意的是,AUDIT 语句只改变审计状态,并没有真正激活审计。在初始化 ORACLE 系统时,审计功能是关闭的,即默认值是审计不工作。在 ORACLE 中,审计设置以及审计的内容均存放在数据字典中。其中,审计设置记录在数据字典表 SYS. TABLES 中,审计内容记录在数据字典表 SYS. AUDIT_TRAIL 中。

8.5　数　据　加　密

为了更好地保证数据库的安全性,可以使用数据加密技术密码存储口令和数据,数据传输采用加密传输。数据加密是防止数据库数据——尤其对于高度敏感数据,例如财务数据、军事数据——在存储和传输中泄密的有效手段。数据加密技术中,原始数据称为明文(Plain Text),加密的基本思想是根据一定的算法将明文变换为不可直接识别的格式——密文(Cipher Text),从而使得不知道解密算法的人无法获知数据的内容。

8.5.1　加密技术

加密数据的技术有很多种,好的加密技术具有如下性质。对于授权用户而言,加密数据和解密数据相对简单。加密模式不应依赖于算法的保密,而应依赖于被称作加密密钥的算法参数,该密钥用于加密数据。对入侵者而言,即使已经获得了加密数据的访问权限,确定解密密钥仍是极其困难的。对称密钥加密和公钥加密是两种相对独立,但应用广泛的加密方法。

1. 对称密钥加密

在对称密钥(Symmetric-Key)加密中,加密密钥也用于解密数据。扩展加密标准(Advanced Encryption Standard,AES)是一种对称密钥加密算法,它作为一种加密标准于 2000 年被美国政府所采用,并且目前广泛使用。该标准基于 Rijndael 算法(Rijndael Algorithm),该算法每次对一个 128 位的数据块操作,密钥的长度可以是 128、192 或 256 位。该算法运行一系列步骤,以一种解码时可逆的方式将数据块中的位打乱,并将其与一个来自加密密钥的 128 位的"回合金钥"做异或操作。对于每一个加密的数据块都由加密密钥生成一个新的回合金钥。在解密过程中,再次根据加密密钥生成回合金钥,并且逆转加密过程,从而恢复原始数据。对称密钥加密的缺点是,授权用户通过一个安全机制得到加密密钥,因为模式的安全性不高于加密密钥传输机制的安全性。

2. 公钥加密

公钥加密(Public-Key)也称为非对称密钥加密(Asymmetric-Key),即存在两个不同的密钥,公钥和私钥,分别用于加密和解密数据。在公钥加密情况下,即使已有公钥,推断出私钥也是极其困难的。公钥加密避免了对称密钥加密面临的上述问题。

公钥加密基于两个密钥:一个公钥和一个私钥。每一个用户 U_i 都有一个公钥 E_i 和一个私钥 D_i。所有公钥都是公开的,任何人都可以看到。每个私钥都只由拥有它的用户知道。如果用户 U_i 想要存储加密数据,U_i 就要使用公钥 E_i 加密数据,解密需要私钥 D_i。

因为加密密钥对每个用户公开,系统就可以利用这一模式安全地交换信息。如果用户 U_1 希望与 U_2 共享数据,那么 U_1 就要用 U_2 的公钥 E_2 来加密数据。由于只有用户 U_2 知道如何对数据解密,因此信息可以安全地传输。

要使公钥加密发挥作用,则在给定公钥后,必须有一个很难推断出私钥的加密模式。这样的加密模式确实存在并且符合条件:①有一个高效算法,测试某个数字是否为素数;②对于求解一个数的素数因子,没有高效算法。

在这个模式下,数据被看作一组整数。算法使用计算两个大素数 P1 和 P2 的积来创建公钥。私钥由(P1,P2)对构成。如果只知道乘积 P1×P2,解密算法无法使用成功;它需要 P1 和 P2 各自独立的值。由于公开的只是乘积 P1×P2,因此未授权用户为了窃取数据就需要对 P1×P2 做因数分解。通过将 P1 和 P2 的值选得足够大,如超过一百位,则可以使对 P1×P2 做因数分解的代价极高,即使在最快的计算机上,计算时间也需要以年为单位。尽管使用上述模式的公钥加密是安全的,但是它的计算代价很高。

一种广泛用于安全通信的混合模式是,随机产生一个对称加密密钥,例如基于 AES,使用公钥加密模式以一种安全的方式交换,并使用该密钥对随后传输的数据进行对称密钥加密。

8.5.2 数据库中的加密支持

数据库加密主要包括存储加密和传输加密两种。

1. 存储加密

对于存储加密,一般提供透明和非透明两种存储加密方式。透明存储加密是内核级加密保护方式,对用户完全透明;非透明存储加密则是通过多个加密函数实现的。

透明存储加密是数据在写到磁盘时对数据进行加密,授权用户读取数据时再对其进行解密。由于数据加密对用户透明,数据库的应用程序不需要做任何修改,只需要在创建表语句中说明需加密的字段即可。当对加密数据进行增、删、改、查询操作时,数据库管理系统将自动对数据进行加密、解密工作。基于数据库内核的数据存储加密、解密方法性能较好,具有需要相对小的时空开销,安全完备性较高。

2. 传输加密

在网络传输中,数据库用户与服务器之间若采用明文方式传输数据,容易被网络恶意用户截获或篡改,存在安全隐患。因此,数据库管理系统提供了传输加密功能,系统将数据发送到数据库之前对其加密,应用程序必须在将数据发送给数据库之前对其加密,并当获取到数据时对其解密。这种数据加密方法需要对应用程序进行大量修改。

常用的传输加密方式,如链路加密和端到端加密。其中,链路加密对传输数据在链路层进行加密,它的传输信息由报头和报文两部分组成,前者是路由选择信息,而后者是传送的数据信息。这种方式对报文和报头均加密。相对地,端到端加密对传输数据在发送端加密,接收端解密。它只加密报文,不加密报头。与链路加密相比,它只在发送端和接收端需要密码设备,而中间节点不需要密码设备,因此端到端加密所需密码设备数量相对较少。但这种方式不加密报头,从而容易被非法监听者发现并从中获取敏感信息。

数据库加密使用已有的加密技术和算法对数据库中存储的数据和传输的数据进行保护。加密后数据的安全性进一步提高。即使攻击者获取数据源文件(即密文),也很难解密得到原始数据(即明文)。

但是,数据库加密会增加查询处理的复杂度,查询效率会受到影响。加密数据的密钥管理和数据加密对应用程序的影响也是数据加密过程中需要考虑的问题。

8.6　更高安全性保护

除了自主存取控制和强制存取控制之外,为了满足更高安全等级的数据库系统安全性要求,还有推理控制以及数据库应用中隐蔽信道和数据隐私保护技术。简要介绍如下,有兴趣的读者可以查阅相关书籍。

8.6.1　推理控制

多级安全控制数据库中,如果多个用户能通过共谋从低安全级别的数据通过推理得到高安全级别数据时,则称该系统存在合作推理问题。由此提出推理控制(Inference Control)方法,实施更高级的访问控制。推理控制处理的是强制存取控制未解决的问题,即用来避免用户利用其能够访问的数据推知更高密级的数据。例如,利用列的函数依赖关系,用户能从低安全等级信息推导出其无权访问的高安全等级信息,进而导致信息泄露。又例如,用户利用其权限,多次查询得到数据结果,结合相关的领域背景知识以及数据之间的约束,推导出其不能访问的数据。

推理控制方面,常用的方法有基于函数依赖的推理控制和基于敏感关联的推理控制等。国内外许多学者进行了推理控制的研究,并取得了丰富的成果。FRANCIS CHIN提出了关于统计数据库的推理控制方法。Su 和 Ozsyolu 及吴恒山等提出了关于函数依赖和多值依赖的推理控制方法。Xiaolei Qian 等提出了基于语义网络的推理通道的检测方法。R. Yip 和 K. Levitt 提出了基于推理规则的推理控制方法。M. Stickel 提出了基于最大信息共享的推理控制方法。以上这些都是设计期推理控制方法和推理通道检测方面的研究。在查询期的推理控制方面,一直以来都是集中在研究基于用户的查询历史的控制方法。2003 年 Staddon 提出了动态推理控制的方法。

以统计数据库为例来了解推理控制。统计数据库(Statistical Database)是一种以统计应用为主的数据库,例如国家的人口统计数据库、经济统计数据库等。它包含大量的记录,但其目的却只是向用户提供统计或汇总信息,如求记录数目、和、平均值等,而不是提供单个记录的内容。在统计数据库中,虽然不允许用户查询单个记录的信息,但用户可以通过处理足够多的汇总信息来分析出单个记录的信息,这就给数据库安全性带来严重的威胁。

例 8-17 某数据库有一职工关系,包含工资信息。一般的用户只能查询统计数据,而不能查看个别的记录。有一个用户 A 欲窃取 B 的工资数目。A 可以通过以下两步实现。

(1) 用 SELECT 语句查找 A 和其他 $N-1$ 个人的工资总额 x。

(2) 用 SELECT 语句查找 B 和上述 $N-1$ 个人的工资总额 y。

然后,A 可以通过计算: $y-x+A$ 得到 B 的工资数。这样,A 就窃取到了 B 的工资数目。

统计数据库应防止上述问题发生。产生上述问题的原因是两个查询包含了许多相同的信息,即两个查询的交。系统应对用户查询得到的记录数目加以控制。

统计数据库中,对查询应做以下限制。

(1) 一个查询查到的记录个数至少是 n。

(2) 两个查询查到的记录的交数目至多是 m。系统可以调整 n 和 m 的值,使得用户很难在统计数据库中获取其他个别记录的信息。

(3) 限制用户计算和、个数、平均值的能力。如果一个信息窃取者只知道自己的数据,他至少需要花 $1+(n-2)/m$ 次查询才有可能获取其他个别记录的信息(证明过程从略)。则系统限制用户的查询次数在 $1+(n-2)/m$ 次以内。这种限制不能防止两个破坏者联手查询导致数据泄露的现象。

(4) 实施数据污染,即在回答查询时,提供一些偏离正确值的数据,以免数据泄露。当然,这个偏离要在不破坏统计数据的前提下进行。系统需要在准确性和安全性之间做出权衡,当安全性遭到威胁时,只能降低准确性的标准。

8.6.2 隐蔽信道

隐蔽信道(Covert Channel)处理的内容也是强制存取控制未解决的问题。下面的例子就是利用被强制存取控制的 SQL 执行后反馈的信息进行间接信息传递。

通常,如果 INSERT 语句对 UNIQUE 属性列写入重复值,则系统会报错并且操作也会失败。那么,针对 UNIQUE 约束列,高安全等级用户,即发送者可以先向该列插入或者不插入数据,而低安全等级用户,即接收者向该列插入相同数据。如果插入失败,则表明发送者已经向该列插入数据,此时二者约定发送者传输信息位为 0;如果插入成功,则表明发送者未向该列插入数据,此时二者约定发送者传输信息位为 1。通过这种方式,高安全等级用户按事先约定方式主动向低安全等级用户传输信息,使得信息流从高安全等级向低安全等级流动,从而导致高安全等级敏感信息泄露。

8.6.3 数据隐私

随着现代社会对隐私的重视,数据隐私(Data Privacy)成为数据库应用中新的数据保护模式。

所谓数据隐私是控制不愿被他人知道或他人不便知道的个人数据的能力。数据隐私设计范围很广,涉及数据管理中的数据收集、数据存储、数据处理和数据发布等各个阶段。

例如,在数据存储阶段应该避免非授权的用户访问个人的隐私数据。通常可以使用数据库安全技术实现这一阶段的隐私保护。如使用自主访问控制、强制访问控制和基于角色的访问控制以及数据加密等。在数据处理阶段,需要考虑数据推理带来的隐私数据泄露。非授权用户可能通过分析多次查询的结果,或者基于完整性约束信息,推导出其他用户的隐私数据。在数据发布阶段,应该使包含隐私的数据发布结果满足特定的安全性标准。如发布的关系数据表首先不能包含原有关系的候选码,同时还要考虑准标识符的影响。

准标识符是能够唯一确定大部分记录的属性集合。在现有安全性标准中,K-匿名化(K-Anonymization)标准要求每个具有准标识符的记录组中至少包括 k 条记录,从而控制攻击者判别隐私数据所属个体的概率。还有 L-多样化标准(L-Diversity)、T-临近标准(T-Closeness)等,从而使攻击者不能从发布数据中推导出额外的隐私数据。数据隐私保护是当前研究的热点。

万无一失地保证数据库安全,使之免于遭到任何蓄意的破坏几乎是不可能的。但高度的安全措施可以使攻击者付出高昂的代价,从而迫使攻击者不得不放弃破坏企图。

8.7 小 结

数据库安全性是数据库管理系统的基本功能之一。随着数据库应用的深入、计算机网络的发展、数据量的几何级数增长导致大数据时代来临,数据的共享安全、隐私保护显得日益重要。

数据库的安全性是指保护数据库,防止不合法地使用,造成数据的泄密、更改或者破坏。数据库管理系统自身有一套完整、有效的安全性机制。

数据库管理系统提供的安全措施主要包括用户身份标识与鉴别、多级存取控制、视图技术、审计技术以及数据加密等。

用户身份标识与鉴别是数据库管理系统提供的数据库系统最外层安全保护措施。每一个合法用户在系统内部都有一个用户标识 UID,UID 在系统的整个生命周期内是唯一的。系统内部记录着所有合法 UID。系统鉴别是指由系统提供一定的方式让用户标识自身的名字或身份。常见的用户身份鉴别方法有静态口令、动态口令、生物特征鉴别、智能卡等。

多级存取控制从低到高分为自主存取控制、强制存取控制和推理控制。高安全性级别提供的安全保护要包含较低级别的所有保护。自主存取控制(DAC)指用户对于不同的数据库对象有不同的存取权限,不同的用户对同一对象也有不同的权限,用户可以将其拥有的存取权限转授给其他用户。强制存取控制(MAC)指每一个数据库对象被标以一定的密级,每一个用户也被授予某一个级别的许可证。对于任意一个对象,只有具有合法许可证的用户才可以存取。推理控制处理的是 MAC 未解决的问题,即用来避免用户利用其能够访问的数据推知更高密级的数据,即合作推理。

视图对无权限用户屏蔽相应数据,从而自动对数据提供一定程度的安全保护。

审计将用户对数据库的所有操作自动记录下来放入审计日志中。数据库系统管理员或者审计员可以利用审计跟踪的信息,重现导致数据库现有状况的一系列事件,从中发现危及安全的行为,采取防范措施。

数据加密是根据一定的算法将明文变换为密文,不知道解密算法的人无法获知数据的内容。数据加密是防止数据库数据泄密的有效手段。为了更好地保证数据的安全性,可以使用数据加密技术密码存储口令和数据,数据传输采用加密传输。

思 考 题

1. 什么是数据库安全性?

2. 试述 TCSEC/TDI 和 CC 安全级别划分。

3. 什么是数据库的自主存取控制?

4. 对于成绩管理数据库的 3 个表:

学生表 student(SNO,SNAME,SSEX,SAGE,SDEPT)

课程表 course(CNO,CNAME,CPNO,CCREDIT)

成绩表 grade(SNO,CNO,SCORE)

试用 GRANT 语句完成下列授权功能。

(1) 授予用户 user1 对 student 表的所有权限。

(2) 授予用户 user2 对 grade 表的查询权限,对成绩字段 SCORE 具有更新权限。

(3) 将对 course 表的查询、更新权限授予角色 role1。

(4) 将角色 role1 授予用户 user3。

(5) 针对(1)~(4)的每一种情况,撤销各用户所授予的权限。

5. 什么是数据库的强制存取控制?

6. 解释强制存取控制中主体、客体、敏感度标记的含义。

7. 什么是数据库的审计功能,为什么要提供审计功能?

第9章 数据库恢复

数据库系统运行时,可能会出现各种各样的故障,例如磁盘损坏、电源故障、软件错误、机房失火甚至恶意破坏。一旦有故障发生,就可能会丢失信息。数据库管理系统的恢复子系统必须采取一系列措施,保证在任何情况下都能保持事务的原子性和持久性。

数据库管理系统具有把数据库从被破坏、不正确的状态恢复到最近一个正确状态的能力,称为数据库的可恢复性(Recovery)。

恢复机制还必须提供高可用性(High Availability),即数据库管理系统将数据库崩溃后不能使用的时间缩减到最短。

恢复子系统是数据库管理系统的一个重要组成部分,而且相当庞大,常常占整个系统代码的十分之一以上。数据库管理系统所采用的数据恢复技术是否行之有效,不仅对系统的可靠程度起着决定性作用,而且对系统的运行效率也有很大影响,恢复能力是衡量数据库管理系统性能的重要指标。

9.1 故障类型

系统可能发生各种各样的故障,大致分为以下 3 类。

9.1.1 事务故障

事务故障(Transaction Failure)意味着事务没有达到预期的重点 COMMIT 或者显式地 ROLLBACK,因此事务可能处于不正确的状态。

造成事务执行失败的错误有逻辑错误和系统错误两种。

逻辑错误指事务由于某些内部条件无法继续正常执行,例如非法输入、找不到数据、溢出或者超出资源限制。

系统错误指系统进入一种不良状态,如死锁,结果导致事务无法继续正常执行。但是该事务可以在以后的某个时间重新执行。

9.1.2　系 统 故 障

系统故障(System Failure)也称为系统崩溃(System Crash),指软件、硬件故障或者操作系统的漏洞,导致易失性存储器(如内存)内容丢失,所有运行事务非正常停止而非易失性存储器(如硬盘)完好无损。系统故障常称为软故障(Soft Crash)。

9.1.3　介 质 故 障

介质故障(Media Failure)也称为硬故障(Hard Failure)或者磁盘故障(Disk Failure)。指非易失性存储器故障,即外存故障,如磁盘损坏、磁头碰撞、瞬时强磁场干扰等。这类故障将破坏数据库或部分数据库,并影响正在存取这部分数据的所有事务。这类故障比前两类故障发生的可能性小得多,但是破坏性很大。

要将数据库系统从故障中恢复,首先需要确定用于存储数据的设备的故障方式;然后确定这些故障对数据库的数据有什么影响,最后确定故障发生后仍然保证数据库一致性以及事务原子性的算法。这些算法称为恢复算法,由两部分组成:在正常事务处理时采取措施,保证有足够的信息可用于故障恢复;在故障发生后采取措施,将数据库内容恢复到某个保证数据库一致性、事务原子性以及持久性的状态。

9.2　恢复机制下的存储器与数据访问

恢复机制下,事务运行在易失性存储器,事务要访问的数据由非易失性存储器调入易失性存储器,处理完毕再将数据输出回非易失性存储器。

9.2.1　存 储 器 种 类

数据库系统中的各种数据可在多种不同存储介质上存储并访问。按照存储介质的恢复能力和相对速度、容量来划分,恢复机制将存储器分为以下 3 类。

1. 易失性存储器

易失性存储器指内存和 Cache。系统发生故障时,存储的信息会立即丢失,但是易失性存储器(Volatile Storage)的访问速度非常快。

2. 非易失性存储器

非易失性存储器指磁盘、闪盘、光盘及磁带等。在系统发生故障时,存储的信息不会丢失。磁盘、闪盘用于联机存储,光盘、磁带用于档案存储,并日趋消亡。这一类存储器受制于本身的故障,会导致信息的丢失。在当前的技术中,非易失性存储器(Nonvolatile Storage)的访问速度比易失性存储器慢几个数量级。

3. 稳定存储器

稳定存储器(Stable Storage)是一个理论上的概念。存储在稳定存储器中的信息是绝不会丢失的。技术上可以通过对非易失性存储器进行处理,达到稳定存储器的目标。

9.2.2　稳定存储器的实现

要实现稳定存储器,需要在多个非易失性存储介质(通常是磁盘)上以独立的故障模式复制所需信息,并且以受控的方式更新信息,以保证数据传送过程中发生的故障不会破坏所需信息。

1. RAID 系统

RAID 系统防止单个磁盘发生故障,即使故障发生在数据传输过程中,也不会导致数据丢失。最简单且最快的 RAID 形式是磁盘镜像,即在不同的磁盘上为每个磁盘块保存两个副本。RAID 的其他形式代价低一些,但是性能也差一些。

RAID 系统无法防止由于灾难(如火灾或洪水)而导致的数据丢失。许多系统通过将归档备份存储在磁带上并转移到其他地方来防止这种灾难。但是磁带不能被连续不断地转移至其他地方,磁带在最后一次被移至其他地方以后的更新可能会在这样的灾难中丢失。

2. 远程备份

更安全的系统可以远程为稳定存储器的每一个块保存一个副本,除了在本地磁盘系统进行块存储外,还通过计算机网络写到远程中去,例如云备份。由于在往本地存储器输出块的同时也要输出到远程系统,一旦输出操作完成,即使发生火灾或者洪水这样的灾难,输出结果也不会丢失。

9.2.3　事务数据访问机制

数据库常驻于非易失性存储器(通常为磁盘),在任何时候都只有数据库的部分内容在主存中。数据库分成块(Block)的定长存储单位。块是磁盘数据传送的单位,也就是说,块是内外存数据交换的基本单位。

事务的数据访问是指,事务运行在内存中,事务要访问的数据由磁盘调入主存,读取完毕再将信息输出回磁盘。输入和输出都是以块为单位完成。磁盘中的块称为物理块,内存中临时存放物理块内容的块称为缓冲块,所有的缓冲块组成磁盘缓冲区。

数据从物理块到主存缓冲块,称为输入操作 input;数据从缓冲块到物理块,称为输出操作 output。执行这两个操作的过程如图 9-1 所示。

input(A):把物理块 A 的内容传送到内存的缓冲块中。

output(B):把缓冲块 B 的内容传送到磁盘,并替换磁盘上相应的物理块。

每个事务 T 有一个私有工作区,用于保存 T 所访问及更新的所有数据项的拷贝。该工作区在事务初始化时由系统创建,在事务提交或者中止时由系统删除。事务 T 的工作区中保存的每一个数据项 X 记为 x。事务 T 通过在其工作区和系统缓冲区之间传送数据,与数据库系统进行交互。工作区与缓冲区之间的数据传送用 read 和 write 命令实现,如图 9-2 所示。

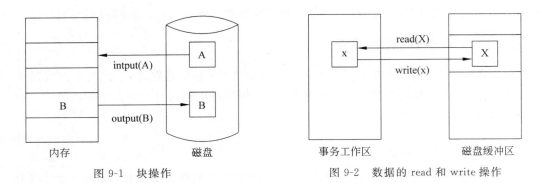

图 9-1　块操作　　　　　图 9-2　数据的 read 和 write 操作

(1) read(X)：将缓冲区块中的数据项 X 的值赋予局部变量 x。

该操作执行如下：

如果 X 所在的块 B 不在主存中，则发出指令 input(B)；将缓冲块中的 X 值送到 x 中。

(2) write(X)：将局部变量 x 的值赋予缓冲区块中的数据项 X。

该操作执行如下：

如果 X 所在块 B 不在主存中，则发出指令 input(B)；将 x 的值赋予缓冲块 B 中的 X。

上述两个操作都只提到数据库从磁盘到内存的传递，而未提及从内存到磁盘的传送。缓冲块最终写到磁盘，要么是因为缓冲区管理器需要内存空间，要么是因为数据库管理系统希望将 B 的变化反映到磁盘上。如果数据库管理系统发出 output 指令，则称数据库管理系统对缓冲区块进行强制输出。

事务第一次访问数据项 X 时，必须执行 read(X)。随后对 X 的修改都是在工作区变量 x 上进行的。在事务最后一次访问 X 后，必须执行 write(X)，改变磁盘上的 X 值。设 X 是块 B 中的一个数据项，在执行 write(X)后，系统不一定会立即把 X 所在的块通过 output(B)写回磁盘。因为块 B 中可能还有其他数据项需要访问，所以不能急于写回磁盘。这样，实际的输出操作就推迟了。如果系统在 write(X)之后、output(B)之前发生故障，那么新的 X 值实际上未写进磁盘。所以，write 语句的执行不一定能保证把值写到磁盘。

为了保证 X 的新值不丢失，数据库管理系统会执行额外的动作，即使发生系统崩溃，已提交事务所做的更新也不会丢失。

9.3　恢复的基本原理与实现方法

恢复的基本原理就是建立冗余，以及利用冗余数据实现数据库恢复。恢复子系统是数据库管理系统的重要组成部分，并且十分庞大。行之有效的恢复技术对数据库管理系统的可靠性起着决定性作用，也是衡量数据库系统性能优劣的重要指标。

9.3.1　恢复与事务原子性

考虑简化的银行系统事务 T，它将账户 A 中的 100 元转到账户 B，设 A、B 的初值分别为 2000 和 1000，A、B 所在的块为 B_a 和 B_b。假定事务 T 在执行 output(B_a)之后、output(B_b)之前，系统发生故障，内存内容丢失。由于内存内容丢失，没有办法通过检查数据库状态来找出在系统崩溃发生前，哪些块已经输出到磁盘，哪些块还没有输出到磁盘；也无法知道事务的结果。系统重新启动时，可以采取下列两种操作之一。

（1）重新执行事务 T，此时将导致数据库中 A 的值为 1800，而不是 1900。

（2）不重新执行事务 T，此时将导致数据库中 A 的值为 1900，B 的值为 1000。

显然，这两种操作方式都会使系统进入不一致状态，破坏事务的原子性，因此都是错误的操作。事务的原子性要求每个事务对数据库的修改要么全部执行，要么全部不执行。

要达到这个目标，必须在修改数据库本身之前，先将事务对数据的修改输出到稳定存储器中。这样就能确保已提交事务所做的所有修改都反映到数据库中，或者在故障后的恢复过程中反映到数据库中。稳定存储器中的这些修改信息还能确保中止事务所做的任何修改都不会持久存在于数据库中。

常用的记录数据库修改的方式有日志和影子复制两种。而使用最广泛的数据恢复技术是日志恢复技术，也是本章重点讨论的数据恢复技术。

9.3.2 日志恢复的基本原则与实现方法

日志（Log）恢复技术的基本原理很简单，就是建立"冗余"，即数据的重复存储。基本的实现方法如下。

1 平时做好两件事情：转储和建立日志

周期性地（比如一天一次）对整个数据库进行复制，转储到另一个磁盘或者磁带一类存储介质中，建立日志数据库。记录事务的开始、结束标志，记录事务对数据库的每一次插入、删除和修改前后的值，并写到日志中，以便有案可查。

2. 一旦发生数据库故障，分两种情况进行处理

（1）如果数据库已经被破坏，例如磁头脱落、磁盘损坏等，那么数据库不能正常运行。这时装入最近一次复制的数据库备份到新的磁盘中，然后利用日志将这两个数据库状态之间的所有成功更新重做（REDO）一遍。这样既恢复了原有的数据库，又没有丢失对数据库的更新操作。

（2）如果数据库没有被破坏，但是有些数据已经不可靠，受到质疑，例如程序在批处理修改数据库时异常中断。这时不必去复制存档的数据库，只要通过日志执行撤销处理（UNDO），撤销所有不可靠的修改，把数据库恢复到正确的状态。

日志恢复的原理很简单，实现的方法也很清晰，但是实现技术相当复杂。

9.3.3 影子复制恢复的基本原理

影子复制（Shadow Copy）模式下想要更新数据库的事务，首先创建数据库的一个完整副本。所有的更新在数据库的这个新副本上进行，而不去更新原来的副本，即影子复制。如果在任何一个时间点上事务需要中止，则系统仅删除这个新副本即可。数据库的旧副本不会受到影响。数据库的当前副本由一个指针来标识,称作数据库指针,存放在磁盘上。

如果事务部分提交,即事务执行它的最后一条语句,那么事务将按如下过程提交。首先,要求操作系统确保数据库的新副本的所有页面都写到磁盘上。在操作系统将所有页面都写到磁盘上之后,数据库系统更新数据库指针,让它指向数据库的新副本,然后新副本变成数据库的当前副本,旧副本被删除。在更新后的数据库指针写到磁盘上这一个时间点,事务才被认为已经提交了。

影子复制的实现实际上依赖于对数据库指针的原子写,要么所有字节全部写出,要么没有任何字节写出。磁盘系统提供对整个块的原子性更新,或至少对一个磁盘扇区的原子性更新。换句话说,操作系统只要将数据库指针存放在块的开头,即可确保数据库指针完全处于单个扇区中,磁盘系统就能原子性地更新数据库指针。

影子复制模式适用于正文编辑器。正文编辑器中保存文件等价于事务提交,不保存文件就退出等价于事务中止。对于小型数据库,影子复制系统负担不大,但是对大型的数据库的复制就会昂贵耗时。

因此,对影子复制加以变种,称作影子分页(Shadow Paging),也称为阴影页,用来减少复制工作量。

阴影页模式使用一个包含指向所有数据库页面的指针的页表;页表自身和所有更新的页面被复制到一个新的位置。事务没有更新的任何页面都不复制,而新的页表中对没有更新的页面只存储一个指向原来页面的指针。当提交事务时,系统原子性地更新指向页表的指针(页表的作用和数据库指针的作用相同),以指向新的页表副本。

影子分页对并发事务不能很好地工作,因此在数据库中应用不广泛。

9.4　日志恢复技术

日志恢复机制的两个关键问题是建立冗余数据和利用冗余数据实现恢复。建立冗余数据包括数据转储数据库本身和建立日志。

9.4.1　数据转储

数据转储是指数据库管理员将整个数据库复制到磁带或另一个磁盘上保存起来的过程。这些备用的数据文本称为后备副本或后援副本(Backup)。

数据转储方式有海量与增量两种,分别可以在静态与动态两种状态下进行。

1. 静态转储与动态转储

静态转储指在系统中无运行事务时进行转储,转储开始时数据库处于一致性状态,转储期间不允许对数据库的任何数据进行修改。静态存储实现简单,但是不允许事务在转储过程中修改数据库,极大地降低了数据库的可用性。转储必须等用户事务结束后才开始,而新的事务则必须等转储结束后才能开始。

动态转储指转储操作与用户事务并发进行,转储期间允许对数据库进行数据修改。

动态转储不用等待正在运行的用户事务结束,不会影响新事务的运行;但是正因为无须切断用户连接,数据操作与转储同时进行,动态转储不能保证副本中数据的一致性。

利用动态转储得到的副本进行故障恢复,需要把动态转储期间各事务对数据库的修改活动记录下来,建立日志文件。后备副本加上日志文件才能把数据库恢复到某一时刻的正确状态。

2. 海量转储与增量转储

海量转储指每次转储全部数据库,很多数据库产品称其为完整备份。增量转储只转储上次转储后更新过的数据。从恢复角度看,使用海量转储得到的后备副本进行恢复一般说来更为方便,但如果数据库很大,事务处理又十分频繁,则增量转储方式更实用、更有效。

3. 转储方法小结

转储方式有海量与增量两种,分别可以在静态与动态两种状态下进行,因此转储方法如表 9-1 所示可分为 4 类。

表 9-1　数据转储分类

转储方式	转储状态	
	动态转储	静态转储
海量转储	动态海量转储	静态海量转储
增量转储	动态增量转储	静态增量转储

一般地,应定期进行数据转储,制作后备副本。但是转储十分耗费时间与资源,不能频繁进行。数据库管理员应该根据数据库系统的实际情况确定适当的转储策略。例如,每天晚上进行动态增量转储,每周进行一次动态海量转储,每月进行一次静态海量转储。

9.4.2　日志文件格式

日志文件是用来记录事务对数据库的更新操作的文件。也可以说日志文件是日志记录的序列,记录着数据库中所有更新活动。

1. 日志文件登记

各个事务的开始标记(BEGIN TRANSACTION);

各个事务的结束标记(COMMIT 或 ROLLBACK);

各个事务的所有更新操作;

与事务有关的内部更新操作。

不同数据库系统采用的日志文件格式并不完全一样。概括起来日志文件主要有两种格式:以记录为单位的日志文件和以数据块为单位的日志文件。

2. 基于记录的日志文件中的一个日志记录（Log Record）登记

事务标识（标明是哪个事务）；

操作类型（插入、删除或修改）；

操作对象（记录内部标识）；

更新前数据的旧值（对插入操作而言，此项为空值）；

更新后数据的新值（对删除操作而言，此项为空值）。

3. 基于数据块的日志文件中的一个日志记录登记

事务标识（标明是哪个事务）；

被更新的数据块号；

更新前数据所在的整个数据块的值（对插入操作而言，此项为空值）；

更新后整个数据块的值（对删除操作而言，此项为空值）。

为了从系统故障和介质故障中恢复时能使用日志记录，日志必须存放在稳定存储器中。一般地，每一个日志记录创建后立即写入稳定存储器中的日志文件尾部。

4. 日志记录标记

为了方便，本节将日志记录简记如下。

更新日志记录表示为 $<T_i, X_j, V_1, V_2>$，表示事务 T_i 对数据项 X_j 执行了一个写操作，写操作前 X_j 的值是 V_1，写操作后 X_j 的值是 V_2。

类似地有 $<T_i\ \text{start}>$，表示事务 T_i 开始；$<T_i\ \text{commit}>$，表示事务 T_i 提交；$<T_i\ \text{abort}>$，表示事务 T_i 中止。

9.4.3 日志登记原则

1. 日志登记原则

为保证数据库是可恢复的，登记日志文件时必须遵循以下两条原则。

（1）登记的次序严格按并行事务执行的时间次序。

（2）必须先写日志文件后写数据库。

将数据的修改写到数据库中和对应这个修改的日志记录是两个不同的操作。写日志文件操作指把对应数据修改的日志记录写到日志文件。写数据库操作指把对数据的修改写到数据库中。先写日志的理由在 9.6.1 节说明。

2. 日志技术下的事务提交

当一个事务的 COMMIT 日志记录输出到稳定存储器后，这个事务就提交了。COMMIT 日志记录是事务的最后一个日志记录，这时所有更早的日志记录都已经输出到稳定存储器。日志中有足够的信息来保证即使发生系统崩溃，事务所做的更新也可以重做。

如果系统崩溃发生在日志记录<T_i commit>输出到稳定存储器之前,事务 T_i 将回滚。这样,包含 COMMIT 日志记录的块的输出是单个原子动作,它导致一个事务的提交。

在原理上,要求事务提交时,包含该事务修改的数据块的块输出到稳定存储器。但对于大多数基于日志的恢复技术,这个输出可以延迟到某个时间再输出。

9.4.4 使用日志重做和撤销事务

本节分析系统如何利用日志从系统崩溃中进行恢复以及正常操作中对事务的回滚。

例 9-1 考虑简化的银行转账事务,事务 T_0 从 A 账户转账 50 元到 B 账户,A 账户初始值为 1000,B 账户初始值为 2000,事务序列如下:

```
T0: read(A);
    A:=A-50;
    write(A);
    read(B);
    B:=B+50;
    write(B);
```

事务 T_1 从 C 账户中取出 100 元,C 账户初始值为 700,事务序列如下:

```
T1: read(C);
    C:=C-100;
    write(C);
```

日志文件包含与这两个事务相关信息的部分,如图 9-3 所示。

图 9-3 是可串行化调度中一个可能的调度。事务 T_0 和事务 T_1 的执行结果,其涉及的数据和日志文件都实际输出到稳定存储器。

利用日志,只要存储日志的非易失性存储器不发生故障,系统就可以对任何故障实现恢复。恢复子系统使用两个恢复过程 redo 和 undo 来完成恢复操作。这两个过程都利用日志查找更新过的数据项的集合,以及它们各自的旧值和新值。

redo(T):将事务 T 更新过的所有数据项的值都设置成新值。

redo 执行更新的顺序是非常重要的。当从系统崩溃中恢复时,如果对某数据项的多个更新的执行顺序不同于原来的执行顺序,那么该数据项的最终状态是一个错误值。大多数恢复算法,都不会把每个事务的重做分别执行,而是对日志进行一次扫描,在扫描过程中每遇到一个需要 redo 的日志记录就执行 redo 动作。这种方法能确保执行时的更新顺序,并且效率更高,因为仅需要整体读一遍日志,而不是对每个事务读一遍日志。

<T_0 start>
<T_0, A, 1000, 950>
<T_0, B, 2000, 2050>
<T_0 commit>
<T_1 start>
<T_1, C, 700, 600>
<T_1 commit>

图 9-3 日志文件中与 T_0 和 T_1
　　　相关的部分

undo(T)：将事务 T 更新过的所有数据项的值都恢复成旧值。

undo 操作不仅将数据项恢复成它的旧值,而且作为撤销过程的一部分,还写日志记录来记下所执行的更新。这些日志记录是特殊的 redo-only 日志记录(redo-only 日志记录在 9.6 节进行说明)。与 redo 过程一样,执行更新的顺序仍是非常重要的。对事务 T 的 undo 操作完成后,undo 过程往日志中写一个<T abort>记录,表明撤销完成。对于每个事务,undo(T)只执行一次,其执行的情况有两种:一种是在正常处理中该事务的回滚;一种是在系统崩溃后的恢复中既没有发现事务的 commit 记录,也没有发现事务的 abort 记录。日志文件中,每一个事务最终有一条 commit 记录或者一条 abort 记录。

发生系统崩溃后,系统查阅日志为了保持原子性,需要确定哪些事务进行重做,哪些事务进行撤销。如果日志只有<T_i start>记录,既没有<T_i commit>记录,也没有<T_i abort>记录,那么事务 T_i 需要撤销;如果日志有<T_i start>记录和<T_i commit>记录或者<T_i abort>记录,那么事务 T_i 需要重做;如果日志包括<T_i abort>,还要重做对应的事务 T_i,是因为在日志中有<T_i abort>记录的事务,日志中会有 undo 操作所写的那些 redo-only 日志记录。在这种情况下,最终结果是对 T_i 所做的修改进行撤销。轻微的冗余会简化恢复过程,使得整个恢复速度变快。

回到本节开始的简化银行事务的例 9-1,事务 T_0 和 T_1 按照先 T_0 后 T_1 的顺序执行。假定在事务完成之前系统崩溃,考虑 3 种情形,如图 9-4 所示。

<T_0 start>	<T_0 start>	<T_0 start>
<T_0, A, 1000, 950>	<T_0, A, 1000, 950>	<T_0, A, 1000, 950>
<T_0, B, 2000, 2050>	<T_0, B, 2000, 2050>	<T_0, B, 2000, 2050>
	<T_0 commit>	<T_0 commit>
	<T_1 start>	<T_1 start>
	<T_1, C, 700, 600>	<T_1, C, 700, 600>
		<T_1 commit>
a	b	c

图 9-4　例 9-1 系统崩溃的 3 种情形

情况 a,假定崩溃发生在事务 T_0 的 write(B)步骤已经写到稳定存储器之后。当重新启动时,系统查找日志,对于事务 T_0,只有<T_0 start>记录,没有<T_0 commit>和<T_0 abort>记录,事务 T_0 必须撤销,执行 undo(T_0)。恢复结果是存储器上账户 A 和账户 B 的值分别为 1000 和 2000。

情况 b,假定崩溃发生在事务 T_1 的 write(C)步骤已经写到稳定存储器之后。当重新启动时,系统查找日志,对于事务 T_0,既有<T_0 start>记录,又有<T_0 commit>记录。事务 T_0 必须重做,执行 redo(T_0)。对于事务 T_1,只有<T_1 start>记录,没有<T_1 commit>和<T_1 abort>记录,事务 T_1 必须撤销,执行 undo(T_1)。整个恢复过程结束时,存储器上账户 A、B 和 C 的值分别为 950、2050 和 700。

情况 c，假定崩溃发生在事务 T_1 的日志记录 $<T_1\ commit>$ 已经写到稳定存储器之后。当重新启动时，系统查找日志，事务 T_0 在日志中既有 $<T_0\ start>$ 记录，又有 $<T_0\ commit>$ 记录，事务 T_1 在日志中也既有 $<T_0\ start>$ 记录，又有 $<T_0\ commit>$ 记录，事务 T_0 和 T_1 都需要重做。在系统执行 redo(T_0) 和 redo(T_1) 过程后，存储器上账户 A、B 和 C 的值分别为 950、2050 和 600。

9.4.5　检查点

当系统发生故障时，恢复子系统利用日志进行恢复，必须检查所有日志记录，即搜索整个日志来确定哪些事务需要重做，哪些事务需要撤销。这带来两个问题：①搜索整个日志将耗费大量的时间；②很多需要重做处理的事务的更新操作实际上已经写到了数据库中，即已经输出至稳定存储器，对这些事务的 redo 处理，将浪费大量时间。

为降低这些不必要的开销，引入检查点（Checkpoint）机制。

检查点技术在日志文件中增加一类新的记录——检查点记录，并让恢复子系统在登记日志文件期间动态地维护日志。简单起见，本节中建立检查点过程中不允许执行任何更新，并将所有更新过的缓冲块输出到磁盘。9.5.2 节将介绍如何强制满足在建立检查点过程中不允许任何更新的要求，9.5.3 节将会讨论如何放松这两条要求来修改检查点和恢复过程，以达到更高的灵活性。

检查点的建立过程如下。

（1）将当前位于主存缓冲区的所有日志记录输出到稳定存储器。

（2）将所有更新过的数据缓冲块输出到磁盘。

（3）将一个日志记录 $<$checkpoint L$>$ 输出到稳定存储器，其中 L 是执行检查点时正活跃的事务列表。

在日志中引入 $<$checkpoint L$>$ 检查点记录，大幅提高恢复效率。

对于在检查点前完成的事务 T_i，记录在日志中的 $<T_1\ commit>$ 或 $<T_1\ abort>$ 出现在 $<$checkpoint L$>$ 记录之前。T_i 所做的任何数据库修改都已经在检查点前或者作为检查点的一部分写入了数据库，因此恢复时就不必再对 T 执行 redo 操作。

系统崩溃发生之后，系统检查日志找到最后一条 $<$checkpoint L$>$ 记录（通过从尾端开始反向搜索日志，遇到第一条 $<$checkpoint L$>$ 记录即是最后一条 $<$checkpoint L$>$ 记录）。只需要对 L 中的事务，以及 $<$checkpoint L$>$ 之后才开始执行的事务进行 undo 或者 redo 操作，将这个事务集合记为 T。

对 T 中的事务 T_i，若事务 T_i 中既没有 $<T_i\ commit>$ 记录，也没有 $<T_i\ abort>$ 记录，则对事务执行 undo(T_i)；若事务 T_i 在日志中有 $<T_i\ commit>$ 或 $<T_i\ abort>$ 记录，则执行 redo(T_i)。

要找出事务集合 T，还要确定 T 中每个事务是否有 commit 或者 abort 记录出现在日志中，只需要检查日志中从最后一条 checkpoint 日志记录开始的部分。

考虑日志集合 $\{T_0, T_1, T_2, \cdots, T_{97}\}$。假设最近的检查点发生在事务 T_{67} 和 T_{69} 执行的过程中，而 T_{68} 和下角标小于 67 的所有事务在检查点之前都已经完成。检查点恢复机制

只需要考虑事务 $T_{67}, T_{69}, \cdots, T_{97}$。其中已经完成(提交或中止)的事务需要重做,未完成的事务需要撤销。

对于检查点日志记录中的事务集合 L 及 L 中的每一个事务 T_i,如果 T_i 没有提交,该事务发生在检查点日志记录之前的所有日志记录也需要撤销。更进一步地分析,一旦检查点完成,最先出现在 <T_i start> 日志记录之前的所有日志记录就不再需要了。这里,T_i 是 L 中的某个事务。当数据库系统需要回收日志记录占用的空间时,就可以清除最早的 <T_i start> 之前的日志记录。

检查点过程中不允许事务对缓冲块或者日志进行任何更新,这对系统处理要求很高,因为它必须停顿事务处理。模糊检查点(Fuzzy Checkpoint)在缓冲块写出时也允许事务执行更新。

9.5 缓冲区管理

缓冲区管理对于保证数据一致性和减少数据库故障恢复开销十分重要。

9.5.1 日志记录缓冲

在本节之前的章节中,假设日志记录在创建时都输出到稳定存储器,这其实会增加大量系统开销。因为向稳定存储器输出是以块为单位来进行的,而一个日志记录比块小得多,每个日志记录的实时输出会转换成物理上大得多的输出。所以最好一次输出多个日志记录。

因此,实际的做法是将日志记录写到主存的日志缓冲区,日志记录在输出至稳定存储器以前临时保存在日志缓冲区,然后再输出至稳定存储器。稳定存储器中的日志记录顺序必须与写入日志缓冲区的顺序完全一样。

由于日志记录在输出至稳定存储器之前可能有一段时间只存在于主存中。如果这段时间系统发生崩溃,这种日志记录将会丢失,无法恢复这些日志对应的数据库操作。因此对恢复技术增加一些要求来保证事务的原子性。

(1) 在日志记录 <T commit> 输出到稳定存储器之前,事务 T 进入提交状态。

(2) 在日志记录 <T commit> 输出到稳定存储器之前,与事务 T 有关的所有日志记录必须已经输出至稳定存储器。

(3) 在主存中的数据块输出到数据库之前,所有与该数据块中数据有关的日志记录必须已经输出到稳定存储器。

这一规则称为先写日志规则(Write-Ahead Logging,WAL)。严格地说,WAL 规则只要求日志中的 undo 信息已经输出到稳定存储器中,而 redo 信息允许以后再写。

WAL 规则使得在某些情况下某些日志记录必须已经输出到稳定存储器中,而提前输出日志记录不会造成任何问题。因此,当系统发现需要将一个日志记录输出到稳定存储器时,如果主存中有足够的日志记录可以填满整个日志记录块,就将其整个输出。如果没有足够的日志记录填充日志块,那么就将主存中的所有日志记录填入一个部分填充的块,并输出到稳定存储器。

重新考虑例 9-1 的银行简化事务 T_0 和 T_1。

事务 T_0 从 A 账户转账 50 元到 B 账户，A 账户初始值为 1000，B 账户初始值为 2000，事务序列如下：

```
T₀: read(A);
    A: =A-50;
    write(A);
    read(B);
    B: =B+50;
    write(B);
```

事务 T_1 从 C 账户中取出 100 元，C 账户初始值为 700，事务序列如下：

```
T₁: read(C);
    C: =C-100;
    write(C);
```

假设日志文件中与这两个事务相关的日志记录状态如下：

```
<T₀ start>
<T₀,A,1000,950>
```

接下来事务 T_0 执行 read(B)。假设 B 所在的数据块不在主存中，并且主存已满。系统选择将 A 所在的块输出到磁盘上。如果这时系统崩溃，数据库中 A，B，C 的值分别就是 950，2000 和 700，导致数据库的不一致。但是由于有先写日志规则，日志记录$<T_0$，A，1000，950$>$ 必须在输出 A 所在块之前输出到稳定存储器中。根据这条日志记录，系统可以将 A 的值恢复到事务 T_0 开始时的 1000，也就是恢复到一致状态。

9.5.2　数据库缓冲

9.2.3 节描述了两层存储层次结构。系统将数据库存储在非易失性存储器中（如磁盘），并且在需要时将数据库调入主存。由于主存比整个数据库小很多，某次因为需要将块 B 调入主存的时候可能会覆盖主存中的块 A。如果块 A 已经被修改过，那么块 A 必须在块 B 调入之前就输出。当要将块 A 输出到稳定存储器时，所有与块 A 中数据相关的日志记录必须在块 A 输出之前先输出到稳定存储器。因此，当块 A 正在输出时，不能对其进行写操作，因为这样会违反先写日志规则。

数据库管理系统在数据库缓冲区中使用特殊的封锁协议来保证没有正在进行写操作。

当事务对一个数据项执行写操作之前，必须先获得该数据项所在块的排他锁，当更新执行完毕后，立即释放该锁；当对一个块输出时，先获取该块上的排他锁，将与块 A 相关的所有日志记录输出到稳定存储器，将块 A 输出到磁盘，输出完成时释放锁。值得一提的是，缓冲区中的锁与事务并发控制的锁无关，按照非两段锁协议获得释放这样的锁对于事务可串行化没有任何影响，称之为闩锁（Latch）。

在检查点建立过程中，利用闩锁在检查点操作开始之前获得所有缓冲块上的排他锁以及对日志缓冲块的排他锁,就可以保证在这个过程里缓冲块不更新,而且没有新日志记录产生。

数据库管理系统通常有一个循环检查缓冲块,将修改过的缓冲块输出到磁盘的进程。这样不断输出修改过的缓冲块,缓冲区中的脏块(即缓冲区修改过但还没有输出到磁盘的块)数目极大地减少。在检查点来临时,需要输出的块数目减少,缩短了检查点建立时间。

1. 强制策略与非强制策略

如果事务在提交时强制地将修改过的所有块都输出到磁盘,这样的策略称为强制策略(Force)。对应就有非强制策略(No-Force),即使事务修改了的某些块还没有写回磁盘,也允许事务提交。

非强制策略使得事务能更快速地提交,并且可以将块的多个更新积聚在一起一次输出至稳定存储器,这大大减少了被频繁更新块的输出操作次数。因此,大多数系统所采用的恢复算法都支持非强制策略。

2. 窃取策略与非窃取策略

没有提交的活跃事务修改过的块都不输出到磁盘,称之为非窃取策略(No-Steal)。非窃取策略不适合大量更新的事务,因为不输出更新过的块将逐渐导致缓冲区被页面占满,系统中的事务不能继续进行下去。

窃取策略(Steal)是允许系统将活跃事务修改过的块写到磁盘,即便这些事务还没有提交。为避免事务阻塞引发死锁,大多数数据库管理系统采用窃取策略。

9.5.3 模糊检查点

检查点技术要求检查点建立过程中暂缓执行数据库更新,如果缓冲区中数据块数量很大,则建立检查点的时间花费会很长。为了不影响并发度,可以采用模糊检查点技术。模糊检查点允许在 checkpoint 记录写入日志后,在修改过的缓冲块写到磁盘前开始更新。由于在写入 checkpoint 记录之后的页面才输出到磁盘,所以如果系统在所有页面写完之前发生崩溃,磁盘上的检查点就可能是不完全的,同时数据库也可能是不一致的。

解决模糊检查点技术中检查点不完全的常用方法是,将最后一个在日志中检查点完全的位置记录在非易失性存储器的固定位置 last checkpoint 上。系统写入当前 checkpoint 记录时,先不更新 last checkpoint,同时创建所有修改过的块列表,当该列表中的所有块都输出到磁盘上以后,last checkpoint 信息才会更新为当前的 checkpoint 值。值得注意的是,正在输出到磁盘的块不能更新,并且与输出块相关的日志记录在该块输出前应该先写到稳定存储器中。

9.6 恢复算法

本节讨论使用日志记录从事务故障中恢复的完整恢复算法,最近的检查点和日志记录结合起来的系统故障恢复算法,以及数据库部分或者完全破坏的介质故障恢复算法。

本节讨论的恢复算法要求未提交的事务更新过的数据项不能被其他任何事务修改,直至更新它的事务提交或者中止。

9.6.1　事务故障恢复——事务回滚

首先考虑正常操作时的事务回滚,即逻辑回滚。事务 T_i 的回滚执行操作如下。

(1) 从日志尾部往前扫描,对于所发现的 T_i 的每一个形如 $<T_i,X_j,V_1,V_2>$ 的日志记录,值 V_1 被写到数据项 X_j 中,并且往日志中写一个特殊的只读日志记录 $<T_i,X_j,V_1>$,其中 V_1 是在本次回滚中数据项 X_j 恢复的值。有时称这种特殊的日志记录为补偿日志记录(Compensation Log Record)。这样的日志记录不需要 undo 信息,因为不需要撤销这样的 undo 操作。后面解释如何使用这些日志记录。

(2) 一旦发现 $<T_i\ start>$ 日志记录,就停止扫描,并往日志中写一个 $<T_i\ abort>$ 日志记录。

事务回滚后,事务所做的每一个更新动作(包括将数据项恢复成其旧值的动作),都记录到日志中。

9.6.2　系统故障恢复

崩溃发生后数据库重启时,恢复动作分两阶段进行。

1. 重做阶段

系统通过从最后一个检查点开始正向地扫描日志来重放所有事务的更新。重放的日志记录包括在系统崩溃之前已经回滚的事务的日志记录,以及在系统崩溃发生时还没有提交的事务的日志记录。这个阶段同时还确定在系统故障发生时,未完成必须回滚的事务。确定的原理是,故障发生时,未完成事务可能在检查点时是活跃的,因此会出现在检查点记录的事务列表中,也可能是在检查点之后开始的。而且,这样的未完成事务在日志中既没有 $<T_i\ abort>$ 记录,也没有 $<T_i\ commit>$ 记录。

扫描日志过程中所采用的具体步骤如下。

(1) 将要回滚的事务的列表 undo-list 初始设定为 $<checkpoint\ L>$ 日志记录中的 L 列表。

(2) 一旦遇到形如 $<T_i,X_j,V_1,V_2>$ 的正常日志记录或者形如 $<T_i,X_j,V_2>$ 的 redo-only 日志记录,就重做这个操作,也就是说将 V_2 的值写给数据项 X_j。这里的 redo-only 记录中的 V_2 对应 9.6.1 节补偿日志记录中的 V_1,相当于算法函数的形参与实参。

(3) 一旦发现形如 $<T_i\ start>$ 的日志记录,就把 T_i 加到 undo-list 中。

(4) 一旦发现形如 $<T_i\ commit>$ 或 $<T_i\ abort>$ 的日志记录,就把 T_i 从 undo-list 中去掉。

在 redo 阶段的末尾,undo-list 包括在系统崩溃之前尚未完成的所有事务,即既没有提交,也没有完成回滚的那些事务。

2. 撤销阶段

系统回滚 undo-list 中的所有事务。系统从尾端开始反向扫描日志来执行回滚。

（1）一旦发现属于 undo-list 中事务的日志记录，就执行 undo 操作，就像在一个失败事务的回滚过程中发现了该日志记录一样。

（2）当系统发现 undo-list 中事务 T_i 的 $<T_i\ start>$ 日志记录，系统就往日志中写一个 $<T_i\ abort>$ 日志记录，并且把 T_i 从 undo-list 中删除。

（3）一旦 undo-list 变为空列表，系统就找到了位于 undo-list 中所有事务的 $<T_i\ start>$ 日志记录，则撤销阶段结束。

恢复过程的撤销阶段结束之后，就可以重新开始正常的事务处理了。

在重做阶段，从最近的检查点记录开始重放每一个日志记录。这句话的意思具体指，重启恢复这个阶段将重复执行检查点之后输出至稳定存储器的日志记录对应的所有数据更新动作。这些动作包括未完成事务的动作和回滚失败的事务所执行的动作，当然也包括成功提交的事务动作。这些动作按照它们原先执行的次序重复执行，因此将这一过程称为重复历史（Repeating History）。对失败事务也重复执行，可能浪费系统资源，但实际上简化了恢复过程。

图 9-5 显示了在正常操作时由日志记录记录的动作，以及在故障恢复中执行的动作的一个例子。

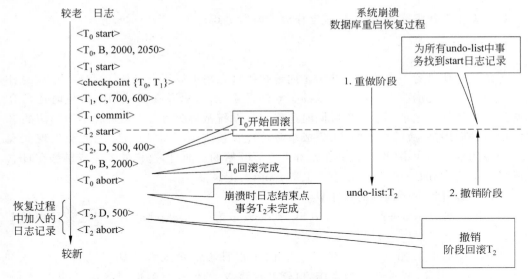

图 9-5　带检查点的系统故障恢复

图 9-5 显示的日志中，在系统崩溃之前，事务 T_1 已经提交，事务 T_0 已经完全回滚。检查点记录的活动事务列表包含 T_0 和 T_1。

当从崩溃中恢复时，在重做阶段，系统对最后一个检查点记录之后的所有操作执行 redo。在这个阶段中，undo-list 初始时包含 T_0 和 T_1；当 T_1 的 commit 日志记录被发现时，T_1 从 undo-list 列表中被删除；当 T_2 的 start 日志记录被发现时，T_2 被加到 undo-list 列表中；当事务 T_0 的 abort 日志记录被发现时，T_0 从 undo-list 列表中被删除。最后只剩 T_2 在 undo-list 列表中。撤销阶段从日志尾部开始反向扫描日志，当发现 T_2 更新 D 的日志记录时，将 D 恢复成旧值，并往日志中写一个 redo-only 日志记录。当发现 T_2 的 start 日志记录时,就为 T_2 添加一条 abort 记录。由于 undo-list 不再包含任何事务,撤销阶段中止,恢复完成。

9.6.3　介质故障后的恢复

介质故障发生的情况很少,但会导致非易失性存储器中的数据丢失,这种故障最为严重。基本的恢复策略是将数据库内容周期性地转储(Dump)到稳定存储器中。比如,一天一次转储到磁盘阵列。如果磁盘上数据库发生了丢失、破坏或部分损坏而不能正常使用的情况,也就是介质故障,利用最近一次的数据库转储就可以将数据库恢复至转储时的一致性状态,再结合转储时刻至发生故障时刻的日志将数据库恢复至最近的一致性状态。

针对介质故障恢复策略的转储分为静态转储与动态转储两种,如 9.4.1 节所述。

1. 介质故障的静态转储

在数据库转储过程中,静态转储不能有事务处于活跃状态。静态转储结合检查点技术的转储过程大致如下。

(1) 主存中日志缓冲区的日志块输出至稳定存储器中。

(2) 将主存中数据缓冲区的数据块输出至稳定存储器中。

(3) 将数据库的内容复制到稳定存储器,这里的稳定存储器指用于保存转储副本的稳定存储器。

(4) 将日志文件转储至用于保存日志副本的稳定存储器。

对于数据库完全丢失或者损坏的情况,系统利用最近一次的转储将数据库恢复到磁盘,然后利用日志重做最近一次转储后所有成功提交事务的更新动作。

对于数据库部分损坏的情况,可以只对损坏的数据块或者数据文件还原,并只对那些块或者数据文件进行重做处理。例如,MS SQL Server 备份与恢复机制提供文件与文件组备份与恢复。

2. 介质故障的动态转储

静态转储需要暂停事务处理,降低并发度并且造成 CPU 空闲。动态转储对其改进,允许转储过程中事务仍然是活跃的,动态转储类似于模糊检查点机制。系统在转储过程结束时,会创建转储过程中被修改过的数据块列表,并将列表保存到转储稳定存储器。

9.7　ARIES 恢复技术

ARIES(Algorithms for Recovery and Isolation Exploiting Semantics)最早是 IBM 数据库恢复的原型算法,是基于非强制策略与窃取策略的恢复算法。ARIES 恢复技术是迄今为止的最佳数据库恢复技术。9.6 节讨论的 3 种故障下的恢复算法是仿照 ARIES 设计并且将其大大简化得到的。

ARIES 在建立日志过程中,减少了检查点开销与日志信息量;在恢复过程中,尽量避免对已经重做过的日志记录重做,以减少恢复时间。因此,ARIES 的复杂度大大增加,但带来的好处显而易见。

9.7.1 ARIES 特点

与 9.6 节所述恢复原理算法相比,ARIES 具有如下 4 个特点。

(1) 使用日志序列号(Log Sequence Number,LSN)标识日志记录,并且将 LSN 存储在数据页中来表示哪些操作已经在一个数据页上实现过了。

(2) 支持物理逻辑 redo 操作(Physiological Redo)。物理逻辑 redo 操作指这个操作是物理的,但是在数据页内部它可能是逻辑的。这是因为,对于常见的分槽页结构数据页,从页中删除一条记录可能导致页内很多记录被调整。采用物理 redo 日志必须为每条受影响的记录登记日志,物理逻辑 redo 日志只记录删除操作,重做这个删除操作时,删除本记录的同时根据需要调整页内其他记录。

(3) 使用脏页表(Dirty Page Table)。脏页指内存缓冲中已经被更新,却没有写回磁盘更新磁盘数据的页。脏页表机制可以最大限度减少恢复操作时的重做时间。

(4) 支持模糊检查点机制。只记录脏页及其相关信息,在检查点时不要求立即将脏页写到磁盘。

9.7.2 ARIES 数据结构

1. LSN

ARIES 的每个日志记录都有一个唯一标识该记录的日志序列号 LSN,日志记录产生的时间越晚,其 LSN 值越大。

基于 LSN 的特性,可以用定位日志记录的方式产生一个日志记录的 LSN。例如,数据库的逻辑日志,系统可以将其分成多个日志文件存储,每个文件有一个文件号。ARIES 可以使用日志记录所在日志文件号加该记录在日志文件内的偏移量组成日志的 LSN。

2. PageLSN

数据文件中的每一个数据页有一个页日志序列号 PageLSN。每当有更新操作发生在数据页上时,ARIES 将这个更新操作对应日志记录的 LSN 赋值给 PageLSN。在数据库恢复的撤销阶段,LSN 小于或者等于该页 PageLSN 的日志记录不必在该页上执行,因为日志记录的更新动作已经反映在该页上了。将 PageLSN 与检查点建立相结合的方式,ARIES 可以省略许多读数据页操作,当日志记录对应的更新操作已经反映在这些数据页上时,读取该页就不需要了。如此,恢复时间大为减少。

3. PrevLSN 与 UndoNextLSN

每个日志记录还包含一个 PrevLSN 字段,用来保存与本日志记录同一事务的前一日志记录的 LSN。利用 PrevLSN,事务的日志记录可以从后向前提取,而不必逆序扫描日志文件。

事务回滚过程中,会产生 redo-only 日志记录。ARIES 称其为补偿日志记录

(Compensation Log Record,CLR)。CLR 中有一个 UndoNextLSN 字段,记录当事务回滚时,日志中下一个需要 undo 的日志记录的 LSN。CLR 的这个字段 UndoNextLSN 可以使系统在进行恢复操作时,跳过那些已经回滚的日志记录。

4．脏页表

脏页表是保存在数据库缓冲区中已更新页的列表。脏页表为每一页保存其 PageLSN 和 RecLSN 字段,RecLSN 标识已经实施于脏页对应磁盘上数据页的最后一个日志记录的 LSN。根据先写日志原则,虽然这时缓冲区中的脏页的修改并没有写回磁盘,但是对页内数据的更新操作已经记录至稳定日志,因此可以认为这个数据项更新已经实施于磁盘数据页,脏页回写的问题可以视为系统后台调度。当一个被系统读入缓冲区的某数据页第一次被修改时,该页的列表信息作为一行插入到脏页表中,其 RecLSN 值设置为日志的当前末尾。只要缓冲区中该页被写回磁盘,就从脏页表中移除该页的记录。

5．检查点日志记录

检查点日志记录(Checkpoint Log Record)包含脏页表和活动事务列表。检查点记录每个活动事务所写的最后一个日志记录的 LSN,记为 LastLSN 字段。磁盘上的固定位置记录最后一个完整检查点日志记录的 LSN。

ARIES 数据结构简图如图 9-6 所示。

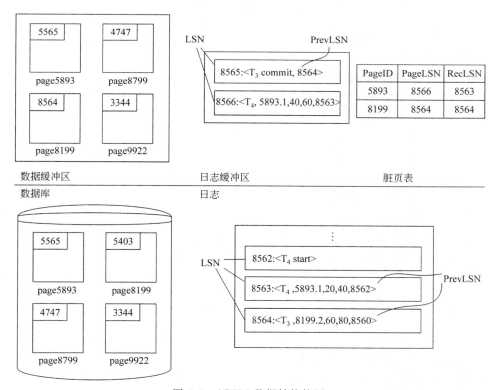

图 9-6　ARIES 数据结构简图

每个页都有一个 PageLSN 字段,在图 9-6 中,缓冲区里最后一个日志记录,其 LSN 为 8566,是对 5893 页进行更新,因此缓冲区中该页的 PageLSN 为 8566,与对应稳定存储器中的页相比,前者 PageLSN 大于后者 PageLSN。比较缓冲区中数据页的 PageLSN 与稳定存储器中对应数据页的 PageLSN,脏页表存放的页条目是读入缓冲区后被更新过的页面列表。脏页表中的 RecLSN 表示当前页被加入脏页表条目时对应事务在日志末端的 LSN,大于或者等于稳定存储器中页的 PageLSN。

日志记录前面的数字,表示该日志记录的 LSN,实际的日志系统里,不会显式存储,但 LSN 可以通过日志记录在文件中的位置推断出来。日志记录中的数据项用<页码. 记录号>的格式表示。例如 5893.1,表示更新的数据项是 5893 页的第一条记录,假设数据页采取分槽页式结构。

9.7.3 ARIES 恢复算法

ARIES 恢复分为分析阶段(Analysis Pass)、重做阶段(Redo Pass)、撤销阶段(Undo Pass)3 个步骤。

1. 分析阶段

ARIES 在分析阶段判断出哪些事务要撤销,哪些数据页是脏数据页,以及重做从哪个 LSN 开始。

具体做法如下。

(1) 找到最后一个完整检查点日志记录,读入该记录里的脏页表。

(2) 将 RedoLSN 设置为脏页表中脏页记录的最小 RecLSN 值。如果没有脏页记录,RedoLSN 设置为检查点日志记录的 LSN。

(3) 初始化撤销事务队列(undo-list)为检查点日志记录中的活动事务列表。

(4) 数据库管理系统从 RedoLSN 开始扫描日志,因为 RedoLSN 之前的日志记录已经反映到稳定存储器的数据库中了。在正向扫描过程中,每遇到一个不在撤销事务队列中的事务日志记录,就将该事务加入撤销事务队列,每遇到一个事务的结束日志记录,就将该事务从撤销事务列表中删除。扫描结束时,留在撤销事务队列中的事务将在 undo 阶段中回滚。扫描分析过程中,系统一旦发现某个日志记录记载了更新数据页的操作,如果该数据页本来就是脏页列表项,更新脏页列表的 RecLSN 为日志记录的 LSN;如果该数据项不在脏页列表项,将该页加入脏页列表,设置其 RecLSN 为日志记录的 LSN。

(5) 同时,数据库管理系统记录撤销事务队列的每一个事务的最后一个日志记录的 LSN。

2. 重做阶段

重做从分析阶段决定的位置开始,重演所有没有在磁盘页中反映的更新动作,将数据库恢复到发生崩溃前的状态。

ARIES 重做阶段从 RedoLSN 开始正向扫描日志,对于每一个更新日志记录,执行如下操作。

（1）如果日志涉及的数据页不在脏页表列表中，或者该日志记录的 LSN 小于脏页表中该页的 RecLSN，表明日志记录的更新已经反映到页面中，日志记录不必重做，跳过该日志记录。

（2）否则从磁盘调出该数据页，如果其 PageLSN 大于等于日志记录的 LSN，表明日志记录的更新已经反映到页面中，日志记录不必重做。如果其 PageLSN 小于日志记录的 LSN，重做该日志记录。

3. 撤销阶段

撤销阶段回滚系统崩溃时没有完成的事务。系统对日志反向扫描，对撤销事务队列的所有事务进行撤销。撤销阶段只检查撤销事务队列的日志记录。具体步骤如下。

（1）利用分析阶段（5）中记录的每个事务的最后一个日志记录的 LSN 找到撤销事务队列中每个事务的最后一个日志记录，找出这些日志记录 LSN 的最大值，开始执行 undo。撤销阶段每完成一步，要执行 undo 的下一个日志记录是撤销事务队列中所有事务下一个日志记录 LSN 中最大的一个日志记录。

（2）对于每一个更新数据的日志记录，对其执行 undo 操作，产生一个包含 undo 执行动作的补偿日志记录 CLR。该 CLR 的 UndoNextLSN 设置为该更新日志记录的 PrevLSN 值。

（3）对于反向扫描遇到的每一个 CLR，其 UndoNextLSN 值指明了该事务需要 undo 的下一个日志记录 LSN；除 CLR 之外的日志记录，PrevLSN 字段指明该事务需要 undo 的下一个日志记录的 LSN。

（4）反向扫描，每遇到一个事务的开始标记，即完成该事务的撤销，将事务从队列中移除，直到撤销事务队列为空。

图 9-7 是一个 ARIES 恢复的例子。磁盘上最后一个完整检查点日志记录的 LSN 为 8567，日志记录末端的四位数字记录了 PrevLSN 以及额外的 UndoNextLSN（对于补偿日志记录）。

分析阶段：从读入检查点脏页表开始正向扫描日志文件，RedoLSN 设置为脏页表中 RecLSN 的最小值 8563，撤销事务队列中只有事务 T_4，它的最后一个日志记录 LastLSN 为 8566，脏页表中除了已经有的页面 5893 与 8199，还会添加一行页面 3389，它的 RecLSN 为 8568。

重做阶段：从 8563（T_4 LastLSN 值）日志记录开始正向扫描，重做更新日志记录。本例中 8563 日志记录与 8566 日志记录涉及脏数据页 5893，8564 日志记录涉及的脏数据页 8199，对于检查点之后的更新日志记录 8569 日志记录涉及脏数据页 3389，ARIES 重做这几个更新日志记录。

撤销阶段：撤销队列中只有事务 T_4，从 8566（T_4 LastLSN 值）日志记录开始，反向扫描，直至在 LSN 8562 遇到 T_4 开始记录。

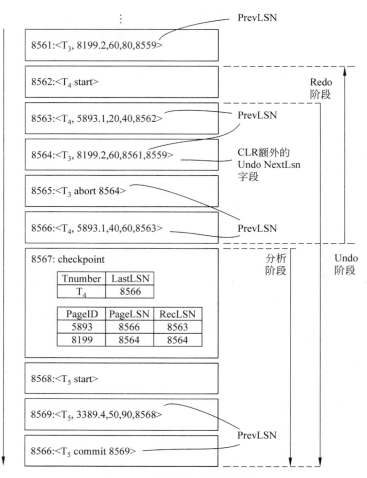

图 9-7　ARIES 恢复操作示例

9.7.4　ARIES 恢复算法特征

1. 封锁粒度小

ARIES 恢复算法的封锁粒度可以细化到索引元组级，大大提高并发性。

2. 恢复独立性高

数据页的恢复独立于其他页，而其他页的恢复不影响本数据页的读取。当磁盘的某些页出错，ARIES 无须停止其他页上的事务处理就能恢复出错页。

3. 恢复时间短

ARIES 利用脏页表在重做阶段可以提前读取数据页。重做也可以不按照顺序完成，当系统正在从磁盘读取该页时，系统可以重做其他数据页已经被读取到缓冲区的日志记录,对应该页上的重做推迟执行。因此,ARIES 的恢复速度很快。

ARIES 算法是数据库恢复技术的最佳水平算法,并发度高、日志开销小、恢复时间短。

9.8　容灾备份系统

容灾备份系统(Disaster Recovery System),很多时候也称为远程备份系统(Remote Backup System)。容灾备份系统是指在物理相隔较远的异地,建立两套及两套以上功能相同的数据库系统,互相之间可以进行系统状态监视和功能切换,当一处系统因意外(如火灾、洪水、地震等)停止工作时,整个应用系统可以切换到另一处,使得该系统功能可以继续正常工作。

容灾系统必须提供高可用性,即系统不能使用的时间非常短暂。容灾技术是系统的高可用性的技术组成部分,容灾备份系统更加强调处理外界环境对系统的影响,特别是灾难性事件对整个数据库节点的影响,提供节点级别的数据库系统恢复功能。

1. 容灾备份

容灾备份可以分为数据容灾和应用容灾。

(1) 数据容灾

数据容灾就是指建立一个异地的数据系统,该系统是本地关键应用数据的一个可用复制。当主站点本地数据及整个应用系统出现灾难时,系统至少在异地保存有一份以上可用的关键业务的数据备份。该数据备份可以是与主站点数据完全实时地复制,也可以比本地数据略滞后,但一定是可用的。数据容灾采用的主要技术是数据备份和异地数据复制技术。异地数据复制主要可以分为同步传输方式和异步传输方式。

(2) 应用容灾

应用容灾是在数据容灾的基础上,在异地建立一套完整的与本地事务运行系统相当的备份应用系统(也可以互为备份),在灾难情况下,远程系统迅速接管业务运行。

2. 容灾备份系统

数据容灾是防御灾难的保障,而应用容灾则是容灾系统建设的目标。建立容灾系统是比较复杂的,不仅需要一份可用的数据复制,还要有包括网络、主机、应用系统等各资源之间的良好协调。

高可用容灾系统在多个服务器运行一个或多个应用系统的情况下,确保在任意服务器出现故障时,运行其上的应用系统不需要中断即可迅速切换到其他服务器上运行。

容灾系统依靠热备份、集群系统和多层次的广域网故障切换机制等技术实现。

(1) 热备份

热备份指系统处于正常运转状态下的备份。在异地建立一个热备份点,通过网络以同步或异步方式把主站点的数据备份到备份站点,备份站点只备份数据,不承担事务运行业务。

（2）集群系统

集群系统（Clustering System）是一种由互相连接的计算机组成的并行或分布式系统，可以作为单独、统一的计算资源来使用。集群中的计算机站点通过把软件作为一个主站点来使用，高可靠性软件自动检测系统的运行状态，在集群中某个站点出现故障服务不可用时，备份站点自动接替运行站点的工作而不用重新启动系统，而当故障服务器恢复正常后，按照设定以自动或手动方式将服务切换回原来站点上运行。一个性能配备优良的站点可同时作为某一服务的运行站点和另一服务的备份站点使用，即两个站点互为备份。一个站点可以运行多个服务，也可以作为多个服务的备份站点。

（3）多层次的广域网故障切换机制

容灾系统中，要实现完整的应用容灾，既要包含本地系统的安全机制、远程的数据复制机制，还应具有广域网范围的远程故障切换能力和故障诊断能力。也就是说，一旦故障发生，系统要有强大的故障诊断和切换策略，确保快速反应以及应用事务处理被迅速接管。实际上，广域网范围的高可用能力与本地系统的高可用能力应形成一个整体，实现多层次的故障切换和恢复机制，确保系统在各个范围的可靠和安全。

可以说，容灾备份系统是数据备份恢复的最高层次。

3. 容灾备份系统体系结构

容灾系统中，执行事务处理的站点称为主站点（Primary Site），另外一个或多个站点称为远程备份站点（Remote Backup），拥有主站点全部数据或者关键数据的备份。远程备份站点有时也叫辅助站点（Secondary Site）。远程站点数据保持与主站点同步，系统通过发送主站点的日志记录到远程备份站点来达到同步。容灾备份系统体系结构如图 9-8 所示。

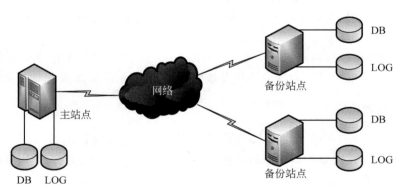

图 9-8　容灾备份系统体系结构

当主站点发生故障，远程备份站点就接管处理事务。这时远程站点首先使用源于主站点的数据备份恢复基本数据（注意这个备份可能已经过时），然后利用从主站点接收的日志记录执行恢复至故障点的操作。实际上，远程备份站点执行的恢复动作就是主站点故障恢复时需要执行的恢复动作，对标准的恢复算法稍加修改，就可以用于远程站点的恢复。远程站点完成恢复之后，立即开始处理事务。

9.9 小 结

数据库管理系统具有能把数据库从被破坏、不正确的状态恢复到最近一个正确状态的能力，称之为数据库的可恢复性。

数据库系统运行时，可能会出现各种各样的故障，数据库管理系统的恢复子系统必须采取一系列措施保证在任何情况下都能保持事务的原子性和持久性。

恢复子系统是数据库管理系统的一个重要组成部分，常占整个系统代码的十分之一以上。数据库系统所采用的恢复技术是否行之有效，不仅对系统的可靠程度起着决定性作用，而且对系统的运行效率也有很大影响。

系统可能发生各种各样的故障，大致分为事务故障、系统故障和介质故障 3 类。

使用最广泛的数据库恢复技术是日志恢复技术，也是本章重点讨论的数据库恢复技术。日志恢复技术的基本原理很简单，就是建立"冗余"，即数据库的重复存储。基本的实现方法如下。

（1）平时做好两件事情：转储和建立日志。

（2）一旦发生数据库故障：如果数据库已经被破坏，数据库不能正常运行，这时装入最近一次复制的数据库备份到新的磁盘，然后利用日志将这两个数据库状态之间的所有成功更新重做一遍。这样既恢复了原有的数据库，又没有丢失对数据库的更新操作。如果数据库没有被破坏，但是有些数据已经不可靠，受到质疑，这时只要通过日志执行撤销处理，撤销所有不可靠的修改，把数据库恢复到正确的状态即可。

日志恢复的原理很简单，实现的方法也很清晰，但是实现技术相当复杂。

日志文件是用来记录事务对数据库的更新操作的文件。也可以说日志文件是日志记录的序列，记录着数据库中所有更新活动。为保证数据库是可恢复的，登记日志文件时必须遵循两条原则：登记的次序严格按并行事务执行的时间次序；必须先写日志文件后写数据库。

当系统发生故障，恢复子系统利用日志进行恢复，搜索整个日志，将耗费大量的时间，同时很多需要重做处理的事务的更新操作实际上已经写到了数据库中，对这些更新操作的重做处理将浪费大量时间。为降低这些不必要的开销，引入检查点机制。

检查点技术在日志文件中增加一类新的记录——检查点记录。

ARIES 恢复技术是迄今为止的最佳数据库恢复技术。很多恢复算法是仿照 ARIES 设计并且将其大大简化得到的。

容灾备份系统，很多时候也称为远程备份系统。容灾备份系统是指在物理相隔较远的异地，建立两套及两套以上功能相同的数据库系统，互相之间可以进行系统状态监视和功能切换，当一处系统因意外（如火灾、地震等）停止工作时，整个应用系统可以切换到另一处，使得该系统功能可以继续正常工作。容灾备份系统是数据备份恢复的最高层次。

思 考 题

1. 什么是数据库恢复？
2. 试述恢复的基本原理。
3. 试述日志登记的原则。
4. 简述事务故障恢复的过程。
5. 简述系统故障恢复的过程。
6. 简述介质故障恢复的过程。
7. 简述 ARIES 恢复算法的一般步骤。
8. 什么是检查点记录？检查点记录包括哪些内容？

第 10 章 数据库管理系统性能配置

数据库管理系统性能配置包括发现消除瓶颈、调整参数、添加适当硬件等。性能配置可以提高应用系统运行速度。很多情况下,投入运行的应用系统,其运行速度往往比设计期望慢。有时,数据库应用系统每秒处理事务数量少于用户需求数量而引起用户不满。这就需要性能配置调优。

性能基准程序是一些任务的标准化集合,用于量化数据库管理系统性能特征。性能基准程序是对数据库管理系统及数据库产品进行性能比较的标准。不同的 TPC 基准程序用于不同工作负载下的数据库管理系统性能比较。

数据库系统分为若干彼此独立而又需要交互的部件组成。例如,客户端程序可以独立于后台数据库服务,并且二者彼此交互。复杂异构数据库系统之间成功交换数据,需要系统各部件遵循相应的标准。由于数据库管理系统及数据库系统的复杂性和互相访问的需要,标准对数据库管理系统来说很重要。

10.1 性能配置

性能配置主要包括确定瓶颈(必要时消除瓶颈)、调整各种参数、选择设计方案等,以提高数据库管理系统特定应用下的性能。实际上数据库系统的各个方面,从模式设计、事务设计,到数据库参数(如缓冲区大小)及硬件配置(如磁盘数目)都影响数据库管理系统性能的发挥。为提高数据库管理系统性能,上述方面都可以调整。

数据库管理员可以在硬件层、数据库系统参数、模式与事务三个级别对数据库管理系统性能进行调优。它们相互影响,具体进行配置时,必须有机结合起来考虑。

10.1.1 瓶颈位置

系统性能受制于一个或几个部件性能,这样的部件即为瓶颈(Bottleneck)。如果程序接近 80% 的时间耗费在代码的一个循环体上,这个循环体就是一个瓶颈。提高非瓶颈部件的性能对于提高系统总体速度帮助不大。通过调高剩余代码的速度不可能使总体速度提高 20% 以上,而提高瓶颈循环体的速度最好情况下可以将总体速度调高近 80%。

基于此,对数据库管理系统进行性能配置,首先应该试着找出瓶颈,然后通过提高导致这些瓶颈的系统部件性能来消除瓶颈。消除一个瓶颈之后,可能会导致另一个部件成为新的瓶颈。性能均衡的数据库管理系统中,任何单个部件都不会成为瓶颈。如果系统中存在瓶颈,没有成为瓶颈的那些部件就不能被充分使用,可以用性能较低、价格较便宜的部件来代替。

对于简单的程序,代码各个部分花费的时间就决定了总体执行时间。数据库管理系统复杂得多,一般使用排队系统(Queueing System)建模。事务向数据库管理系统请求各种服务,从进入一个服务器进程开始,执行过程中要读磁盘,申请 CPU 周期,申请锁等。对应的磁盘管理器、CPU 管理器、并发控制管理器等服务都有一个队列与之关联。小事务往往可能把大多数时间都花费在队列等待尤其是磁盘 I/O 队列等待上,而非事务执行上。

数据库管理系统在运行过程中存在着大量队列,瓶颈问题常常表现为某个特定服务的队列很长,换句话说,就是某个特定服务的利用率很高。如果请求的分布非常均匀,并且为一个请求服务的时间小于或等于下一请求到来的时间,那么每个请求都会发现资源是空闲的,可以立即执行且不需要等待。但是,数据库管理系统中的请求到达从来都不是均匀的,而是随机的。

图 10-1 为数据库管理系统队列系统简图。假设事务请求均匀而随机地达到数据库管理系统,队列长度随利用率指数增长。当资源利用率接近 100% 时,队列长度急剧增加,导致等待时间过长。因此资源利用率应保持足够低,以保持较短的队列长度。排队系统经验表明,资源利用率在 70% 左右较好,超过 90% 就会导致显著的延迟。

10.1.2 硬件调整

硬件级上系统性能配置的选项包括:磁盘 I/O、磁盘缓冲容量和 CPU 使用。如果磁盘 I/O 是瓶颈,则增加磁盘或使用 RAID 系统;如果磁盘缓冲容量是瓶颈,则增加内存;如果 CPU 是瓶颈,则改用更快的处理器。

数据库管理员在硬件层面进行性能配置的重要方面就是确保磁盘子系统处理 I/O 操作所需要的速率。事务处理系统中,如果事务所需的数据在磁盘上,那么每个事务就需要 I/O 操作。现今流行的磁盘平均数据传输率是每秒 $25 \sim 100$MB,考虑访问时间为 10 毫秒的磁盘,这样的磁盘为 I/O 块操作提供每秒略少于 100 次的随机访问。假设事务只需 2 次 I/O 操作,单个磁盘每秒最多可支持 50 个事务。想要每秒支持更多的事务,唯一的方法是增加磁盘数量。如果系统每秒有 n 个并行事务,每个事务执行 2 次 I/O 操作,那么数据必须被划分在至少 $n/50$ 个磁盘上。并且,磁盘子系统处理 I/O 操作速率的限制

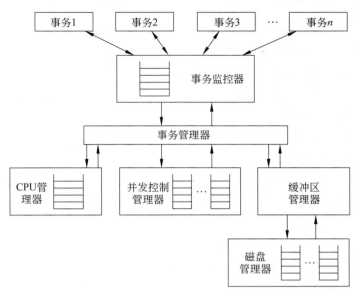

图 10-1　数据库管理系统队列系统模型

因素并不只有磁盘容量,还有能够随机进行数据访问的速度,即磁盘臂的移动速度。

在硬件层面性能上,配置的磁盘 I/O 的另一个问题就是,选择 RAID1 还是 RAID5。这取决于数据更新的频繁程度。RAID5 比 RAID1 在随机写上要慢很多。假设应用程序在特定的吞吐率下每秒要执行 m 次随机读和 n 次随机写,对于很多应用程序而言,m 和 n 的值都很大,$(n+m)/100$ 足以容纳全部数据的两个副本。对于这些应用,如果使用 RAID1,则所需的磁盘数少于 RAID5 所需磁盘数。只有在数据存储量要求很大并且更新率较小时,RAID5 才是有效的。

硬件层面提高系统性能还可以考虑将更多的数据存放在内存中,减少事务进行 I/O 操作的次数。理想状态下,所有数据都存放在内存中,除了写操作以外,将不会有磁盘 I/O 操作。将经常使用的数据放在内存中有可能需要增加额外的内存,但是这可以减少磁盘 I/O。一般地,数据是否放在内存中,依据 5 分钟规则(five-minute rule)及其变体判定。5 分钟规则指如果一页在 5 分钟里被使用的次数多于一次,则将其存储在内存中。对于访问不频繁的数据,系统设计者与管理员考虑购买足够的磁盘以支持这些数据所需要的 I/O 访问率。

随着闪存以及基于闪存的"固态硬盘"的普及,数据库管理员可以将经常使用的数据存储在闪存存储器上,这种方式称为闪存作为缓冲区(flash-as-buffer)方式。闪存作为永久缓冲区,经常使用的块被存储在闪存中,存储其上的每一块在磁盘上对应有永久位置。当闪存存储器存满,相对使用频度低的块就被移除,如果它被更新过,则将其写回磁盘。闪存缓冲区方式需要改变数据库系统结构。即使数据库管理系统不支持闪存作为缓冲区,数据库管理员也可以控制关系或索引到磁盘的映射,并给经常使用的关系或索引分配闪存存储。

10.1.3 数据库系统参数调整

可调整的数据库系统参数集合取决于特定的数据库管理系统,例如缓冲区大小和检查点间隔等。大多数数据库管理系统手册提供了数据库系统参数调整说明以及如何选择参数值的说明。设计良好的数据库管理系统应该尽可能多地自动进行调整,以减轻用户和数据库管理员的负担。例如,缓冲区大小固定,但是可调。如果系统能够根据页错误率等指标来自动调整缓冲区的大小,那么数据库管理员就不必为调整缓冲区大小而烦恼。

10.1.4 模式与事务调整

数据库管理员可以调整模式的设计、创建索引以及调整长事务来提高系统性能。这一级的调整与数据库管理系统相对独立。

1. 模式调整

模式调整可以是模式垂直划分、存储解除规范化的关系与物化视图。

垂直划分指在范式约束下,对关系进行垂直分解。对于关系模式 R(ABC),A 为主键,如果对 R 的大多数访问只涉及属性组 AB,不涉及属性组 C。则在范式约束下,数据库管理员可以将关系 R 划分为两个关系:R_1(AB),R_2(AC)。这样,缓冲区中可以分别放下 R_1 和 R_2 的元组数目比 R 多,系统性能得到提高。

存储解除规范化的关系指将关系的连接结果存储为关系,这样的关系是解除了规范化的关系。虽然存储解除规范化关系在更新数据时,为了维护关系的一致性需要付出更大的代价,但是连接查询效率会得到提高。如果连接查询被执行的非常频繁,使用解除规范化关系可以提高查询性能。

物化视图(Materialized View)将视图的定义转化为实际的关系,当构成视图定义的关系被更新时,进行物化视图维护(Materialized View Maintenance),保持物化视图在最新数据状态。物化视图能够提供解除规范化关系所带来的好处,但是需要付出存储代价,它将维护冗余数据的一致性任务交给数据库管理系统而非程序员。只要数据库管理系统支持,物化视图是更可取的选择。

2. 索引调整

如果查询是瓶颈,数据库管理员可以通过在关系上创建适当的索引来加快查询。如果更新是瓶颈,有可能是索引太多(因为关系数据更新时会引起索引的更新),这时删除某些索引可以加快某些更新。

索引文件组织结构的选择会影响性能配置。不同的数据库管理系统支持不同结构类型的索引。以范围查询为例,B 树索引结构比散列索引结构更适合。

索引是否作为聚集索引是性能配置的一个选项。一个关系上只允许一个聚集索引,通常将有利于最大查询数量和更新的索引设为聚集索引。

3. 事务调整

事务的并发执行在封锁机制下,由于锁竞争可能导致并发度降低,影响事务性能。基于事务的性能调整分为读写竞争、写写竞争以及长事务性能问题集中情况。

（1）事务读写竞争（read-write contention）调整。考虑这样的事务读写竞争情况，写数据的小更新事务不断执行，这些小事务往往只涉及关系的某行或者若干行，读整个关系的大查询事务（例如统计事务）同时执行。查询事务对关系进行扫描过程中，很可能阻塞所有对关系的更新操作，这对系统运行性能会带来很大的影响。数据库管理系统既可以使用快照隔离，也可以将事务隔离级别设置为已提交读。有些 DBMS 产品，快照隔离选项为 SNAPSHOT，有些使用关键字 SERIALIZABLE 替换关键字 SNAPSHOT 具有相同的效果。若设置为已提交读，则可以提高并发度，但是不能保证查询结果的一致性。

（2）事务写写竞争（write-write contention）调整。锁机制下被更新频繁的数据项称为更新热点（Update hot Spot），更新热点可能带来性能问题。考虑数据库管理系统采用快照隔离的情况，事务需要为待插入到数据库中的数据项分配唯一标识符，为此 DBMS 读取并且递增存储在数据库某个元组中的序号计数器值。在更新频繁并且对序号计数器以两阶段方式封锁的情况下，包含序号计数器的元组称为一个更新热点。更新热点会由于写验证失败而导致频繁的事务中止，影响并发度。

调整方法是，在序号计数器被读取并递增后立即释放其上的锁，即使事务中止，DBMS 也不回滚对序号计数器的更新。大多数数据库管理系统产品提供创建序号计数器的数据结构，实现撤销日志，使得事务中止时对计数器的更新不会被回滚。

（3）长事务调整。长更新事务会带来系统日志的性能问题，并且增加系统崩溃后的恢复时间。太长的更新事务，可能导致系统日志在事务完成前就存满了，长事务不得不回滚。甚至在日志系统设计不好的情况下，长更新事务可能阻塞日志中旧的部分的删除，最终导致日志存满。为避免上述情况，许多数据库管理系统对单个事务所能进行的更新数目进行了严格的限制，或者将长更新事务分成一组较小的更新事务。

另外，长事务无论只读还是更新，都可能导致锁表变满。如果查询事务扫描大型关系，查询优化器将确保它得到关系锁，但是如果查询事务执行大量的小型查询或者更新，事务就有可能获得大量的锁，导致锁表变满。为避免这个问题，数据库管理系统提供自动的锁升级。如果事务已经获得大量的元组锁，元组锁就被升级为页锁甚至整个关系上的锁。一旦得到粗粒度的锁，就没有必要记录较细粒度的锁，锁表就可以删除细粒度锁，释放空间。

10.2　性能基准程序

由于数据库服务器变得越来越标准化，产品性能成为不同厂商的主要差异因素。性能基准测试程序（Performance Benchmark）是一套用于量化软件系统性能的任务。

10.2.1　任务集

由于大多数数据库管理系统都很复杂，不同厂商的实现会有许多不同。因此，针对不同任务它们在性能上存在显著差异。一个系统在某个特定任务上可能是最有效的，而另一系统可能在另一个不同的任务上是最有效的。因此，仅用一个任务来量化系统性能通常是不够的,而要用一个称作性能基准测试程序的标准化任务集合来度量系统性能。

　　将来自多个任务的性能值结合起来的工作必须小心进行。假设有两个任务 T_1 和 T_2,并且用给定的时间(如 1 秒)内所运行的每类事务的数量来作为系统吞吐量的度量。假设系统 A 运行 T_1 时是每秒 99 个事务,运行 T_2 时是每秒 1 个事务。类似地,设系统 B 每秒运行 T_1 和 T_2 时都是 50 个事务。还假设工作负载是两种类型事务的一个等比混合。

　　如果取这两对数(即 99 和 1、50 和 50)的均值,看起来这两个系统的性能似乎一样。但是以这种形式取均值是错误的——如果每种类型运行 50 个事务,系统 A 要用 50.5 秒才能完成,而系统 B 只要 2 秒就可以完成。

　　上例表明,如果有不止一种类型的事务,对性能进行简单的度量会导致错误。综合性能值的正确方法是采用工作负载的完成时间,而不是采用每类事务吞吐量的平均值。这样,对于具体工作负载,可以用每秒事务数准确地计算系统性能。因此,系统 A 执行每个事务平均需要 50.5/100 即 0.505 秒,而系统 B 执行每个事务平均需要 0.02 秒。用吞吐量来描述,系统 A 平均每秒执行 1.98 个事务,而系统 B 平均每秒执行 50 个事务。假设每类事务发生的可能性相等,则综合不同事务类型吞吐量的正确方法是求这些吞吐量的调和平均数。

　　n 个吞吐量 $t_1, t_2, \cdots, t_n$ 的调和平均数定义为:

$$\frac{n}{\left(\dfrac{1}{t_1} + \dfrac{1}{t_2} + \cdots + \dfrac{1}{t_n}\right)}$$

　　对上例来说,系统 A 吞吐量的调和平均值为 1.98,而系统 B 吞吐量的调和平均值为 50。因此,对于由这两种示例类型事务等量混合而成的工作负载而言,系统 B 大约比系统 A 快 25 倍。

10.2.2　数据库应用类型

　　联机事务处理(Online Transaction Processing,OLTP)和决策支持(Decision Support)(包括联机分析处理(Online Analytical Processing,OLAP))是数据库管理系统所处理的两大类应用。这两类任务具有不同的需求。一方面,支持频繁地更新事务需要有高的并发度和能加速事务提交处理的好技术。另一方面,决策支持又需要有好的执行算法和查询优化。一些数据库管理系统的体系结构被调整为适用于事务处理,而另一些数据库管理系统(如 Teradata 并行数据库系统系列)的体系结构被调整为适用于决策支持。另外还有一些厂商力争在这两类任务间取得平衡。

　　通常应用中混合着事务处理和决策支持的需求。因此,对一个应用来说,哪个数据库管理系统最好,取决于该应用中这两类需求的混合比例。

　　假设分别有这两类应用的吞吐量数值,并且当前的应用是这两类事务的混合。由于事务间的干扰,即使求吞吐量数值的调和平均数时,我们也必须小心。例如,一个长的决策支持事务可能获得很多锁,这可能阻碍所有更新事务的进行。吞吐量的调和平均值只能在事务互不干扰时使用。

10.2.3　TPC 基准测试

事务处理性能委员会(Transaction Processing Performance Council,TPC)定义了一系列数据库系统基准测试的标准。TPC 不给出基准程序的代码,而只给出基准程序的标准规范(Standard Specification)。任何厂家或其他测试者都可以根据规范,最优地构造出自己的系统(测试平台和测试程序)。为保证测试结果的客观性,被测试者(通常是厂家)必须提交给 TPC 一套完整的报告(Full Disclosure Report),包括被测系统的详细配置、分类价格和包含 5 年维护费用在内的总价格。该报告必须由 TPC 授权的审核员核实(TPC 本身并不做审计)。

TPC 的标准规范定义得非常详细。它定义了关系的集合和元组的大小,它并没有把关系中的元组数定义为一个固定的数值,而是定义为所宣称的每秒事务数目的倍数,以反映更高的事务执行速度可能会与更多的账目数相联系。用来度量性能的尺度是吞吐量,用每秒事务数(Transaction Per Second,TPS)表示。在测量性能时,系统必须提供在一定范围内的响应时间。这样,获得高吞吐量就不能以很长的响应时间为代价。另外,对商业应用来说,代价是非常重要的。因此,TPC 基准测试还用每 TPS 的代价值来度量性能。一个大系统可能每秒有很高的事务数,但可能代价很高(即每 TPS 的代价值很高)。

TPC 推出过 12 套基准程序,分别是正在使用的 TPC-C、TPC-DI、TPC-DS、TPC-E、TPC-H 和 TPC-VMS,过时的 TPC-App、TPC-A、TPC-B、TPC-D、TPC-R 和 TPC-W。

1. TPC-A 和 TPC-B

该系列中的第一个标准是 TPC-A,于 1989 年 11 月发布,用于评估联机事务处理(OLTP)应用程序中典型的更新密集型数据库环境中的性能。TPC-A 测量从多个终端驱动的系统每秒可执行多少事务。虽然没有指定终端的数量,但它要求公司根据吞吐量或 TPS 等级来调整(增加或减少)终端的数量。TPC-A 可以在广域或局域网络配置下运行,具有以 TPS 衡量的两个度量:本地吞吐量和宽吞吐量所描述的性能。这两个指标是不同的,不能比较。TPC-A 基准规范要求所有公司充分披露基准测试的细节,系统配置和成本(包括 5 年维护成本)。1990 年 8 月,TPC 批准了第二个基准 TPC-B。与 TPC-A 相反,TPC-B 不是 OLTP 基准。TPC-B 可以看作是数据库压力测试,是被设计为对数据库系统的核心部分进行压力测试,以每秒系统可以执行多少事务来衡量吞吐量。相比TPC-A,它没有用户,没有通信线路,也没有终端,仅针对数据库管理系统(DBMS)批处理应用程序和后端数据库服务器市场部分(独立或客户端服务器)。TPC-A 和 TPC-B 均已过期,现在没有使用了。

2. TPC-C

TPC-C 是一个联机事务处理(OLTP)基准,于 1992 年被批准。它具有多种事务类型,更复杂的数据库和全面的执行结构,比之前的 TPC-A 等 OLTP 基准测试更为复杂。该数据库由 9 种类型的表格组成,通过模拟仓库和订单管理系统,测试广泛的数据库功能,包括查询、更新和队列式小批量事务。TPC-C 以每分钟交易量(tpmC)来衡量。虽然基准描绘了批发供应商的活动，但 TPC-C 不限于任何特定业务部门的活动，而是代表任何必须管理、销售或分销产品和服务的行业。

TPC-C 测试的结果主要有两个指标，即流量指标（Throughput，简称 tpmC）和性价比（Price/Performance，简称 Price/tpmC）。

流量指标（Throughput，简称 tpmC）：按照 TPC 组织的定义，流量指标描述了系统在执行支付操作、订单状态查询、发货和库存状态查询这 4 种交易的同时，每分钟可以处理多少个新订单交易。所有交易的响应时间必须满足 TPC-C 测试规范的要求，且各种交易数量所占的比例也应该满足 TPC-C 测试规范的要求。在这种情况下，流量指标值越大说明系统的联机事务处理能力越高。

性价比（Price/Performance，简称 Price/tpmC）：即测试系统的整体价格与流量指标的比值，在获得相同的 tpmC 值的情况下，价格越低越好。

TPC-C 测试的系统所执行的事务处理包括 3 种前台交易和 2 种后台事务处理。3 种前台交易分别为送入新订单、查询订单状态和支付款项。2 种后台事务处理分别为库存水平查询和产品发送。每个后台事务处理的工作量比前台交易大得多。例如，库存水平查询需要扫描仓库的整个库存，从中找出已经脱销或即将脱销的货品。每个终端上都需要运行远程终端仿真程序（RTE），用于在性能测试期间内按照规定的混合比例连续向服务器发送 5 种作业。系统通过连续执行各个终端上 RTE 发送的 5 种作业，模拟企业分布式数据库应用系统。每种作业都有一个时间阈值，规定相应类型作业最长的系统响应时间。例如，送入新订单作业的阈值为 5 秒，即送入新订单的系统响应时间不能超过 5 秒。系统在保证执行各类作业的时间都不超过阈值的条件下，每分钟所执行的送入新订单作业量即为系统的 tpmC 基准测试指标。系统的总成本除以 tpmC 值，即为每个 tpmC 的价格，称为量度系统的性价比。

TPC-C 逼真地模拟了 OLTP 应用，在发布后逐渐得到广大用户的认可，使用 tpmC 作为其计算机系统性能评价体系基础的用户数量逐年上升，这大大地鼓舞了软硬件厂商参与 TPC-C 测试的热情，纷纷斥巨资进行这一测试，随之而来的是测试规模的不断扩大，其中以磁盘数目为最，以目前排名第二的 HP 测试成绩来说，其中使用了 7000 多块硬盘，总成本达到将近 1200 万美元。

不过，随着信息产业的不断发展，TPC-C 的一些问题也逐渐暴露出来。首先，随着 B2B、B2C 等新型应用逐渐兴起，TPC-C 现有的仓库管理系统测试模型已经距离目前的 OLTP 用户应用模式越来越远，5 种作业需求也不足以覆盖用户现有的典型操作；其次，众多的测试设备投入使得 TPC-C 测试给厂商带来了较大的压力，这并不是 TPC 组织愿意看到的。因此 TPC 组织于 2007 年 3 月推出了全新的 OLTP 测试标准——TPC-E，意在用这个测试标准取代 TPC-C 测试，从而对上述问题起到解决作用。但取代过程不是一蹴而就的，目前状态是 TPC-C 与 TPC-E 测试并存。

3. TPC-E

TPC-E 在测试模型上进行了巨大的革新与改进。TPC-E 是以美国纽约证券交易所为模型，该测试模拟了一系列后端处理数据以及证券公司前端客户在股票交易市场的典型行为——账户查询、在线交易和市场调研。该模拟证券公司也与外界的金融市场相联系,根据市场变化执行指令并更新相关的账户和市场信息。它不仅包含了 C2B 的环境,还包含了 B2B 的环境,这种商业模型更为人们熟悉也更容易理解,同时更贴近现有用户的应用,如图 10-2 所示。

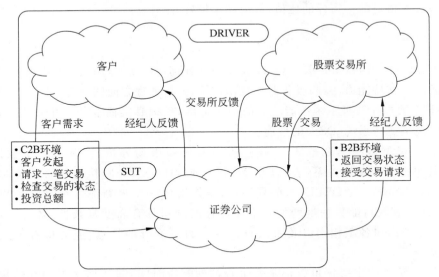

图 10-2　TPC-E 所模拟的实际应用

　　针对以上模型,TPC-E 建立了比 TPC-C 更为复杂的数据库表结构。与 TPC-C 测量事务类型只有 4 种相比较,TPC-E 的事务类型更加丰富,数量达到了 12 种,其中包括交易查询事务、交易执行事务、交易结果更新事务等。前 10 种事务按照一定比例混合即成为最终测试事务合集。在这 12 种事务中数据维护事务、交易清理事务较为特殊,他们不是由客户端发起请求,而是数据库自身维护所要完成的工作,数据维护事务每秒钟执行一次,而交易清理事务在每次测试开始时执行一次。每个事务对应数据库管理系统中的一个或多个带输入和输出参数的存储过程,单个存储过程称为一个事务帧。TPC-E 测试标准要求每项事务中 90% 的响应时间要在某一个指定时间内完成,这是出于在实际环境中对客户真实应用情况的一个考虑。虽然不同的事务所要求的响应时间约束不同,但基本上都是要求在 3 秒钟内完成。

　　虽然 TPC-E 使用了更多的表结构及事务,但由于 TPC-E 使用了更有效的存储过程,从而减少了对磁盘 I/O 的利用,降低了系统对磁盘数目的要求——使用同一数据库服务器,TPC-E 相比 TPC-C 减少 2/3 的硬盘数目,这对于降低参加测试系统的整体费用具有非常重要的意义。

　　从实际测试过程上看,TPC 给出基准程序的标准规范(Standard Specification),参与测试的厂商则根据 TPC 组织公布的规范标准,最优地构造出自己的系统,使用最优的平台和最高效的应用程序。为保证测试结果的客观性,同 TPC-C 一样,参与测试的厂商必须提交给 TPC 一套完整的报告,包括被测系统的详细配置、分类价格和包括 3 年服务费用在内的总价格等,该报告必须由 TPC 授权的审核员核实。

与 TPC-C 一样，TPC-E 的测试结果也主要有两个指标：性能指标（tpsE，transactions per second E）和性价比（美元/tpsE）。其中，性能指标是指系统在执行多种交易时，每秒钟可以处理多少交易（tpmC 以分钟为单位），其指标值越大越好，最终测试成绩 tpsE＝交易执行事务总数/测量区间（Measurement Interval）；性价比（美元/tpsE）则是指系统价格与前一指标的比值，数值越小越好。

4. TPC-H

TPC-H（TPC Benchmark™ H，H 表示动态查询 Ad-Hoc Query）主要目的是评价特定查询的决策支持能力，强调服务器在数据挖掘、分析处理方面的能力，是 TPC 组织制定的 OLAP 型数据库管理系统性能测试的一个标准，模拟真实商业的应用环境，以评估商业分析中决策支持系统（DSS）的性能。

TPC-H 模型遵照第 3 范式（3NF），模拟零售商市场分析，实现了一个数据仓库。模型中共包含 8 个基本关系/表，以及 22 个查询（Q1～Q22）随机组成查询流和由 2 个更新（带有 INSERT 和 DELETE 的程序段）操作组成一个更新流。查询流和更新流并发执行，查询流数目随数据量增加而增加。查询语句具有高度复杂性、各种访问模式、随机性、22 条语句各不相同以及每次查询的参数可变等的特点，能够检查绝大多数的可用数据。

TPC-H 模型的主要评价指标是各个查询的响应时间，即从提交查询到结果返回所需的时间。它的度量单位是每小时执行的查询数（QphH@size），H 表示每小时系统执行复杂查询的平均次数，size 表示数据库规模大小，它能反映系统在处理查询时的能力。

由于数据量的大小对查询速度有直接的影响，TPC-H 标准对数据库系统中的数据量有严格、明确的规定。用 SF 描述数据量，1SF 对应 1GB 单位，SF 由低到高依次是 1、10、30、100、300、1000、3000、10 000。需要强调，SF 规定的数据量只是 8 个基本表的数据量，不包括索引和临时表。

从 TPC-H 测试全程来看，需要的数据存储空间大，一般包括基本表、索引、临时表、数据文件和备份文件。基本表的大小为 x；索引和临时空间的经验值为 3～5 位，取上限 5x；DBGEN 产生的数据文件的大小为 x；备份文件大小为 x；总计需要的存储空间为 8x。就是说 SF＝1，需要准备 8 倍，即 8GB 存储空间，才能顺利地进行测试。

TPC-H 测试围绕 22 个 SELECT 语句展开，每个 SELECT 严格定义，遵守 SQL-92 语法，并且不允许用户修改。标准中从 4 个方面定义每个 SELECT 语句，即商业问题、SELECT 的语法、参数和查询确认。这些 SELECT 语句的复杂程度超过大多数实际的 OLTP 应用，一个 SELECT 执行时间少则几十秒，多则达 15 小时以上，22 个查询语句执行一遍需数小时。为了逼真地模拟数据仓库的实际应用环境，在 22 个查询执行的同时，还有一对更新操作 RF1 和 RF2 并发地执行。RF1 向 Order 表和 Lineitem 表中插入原行数的 0.1% 的新行，模拟新销售业务的数据加入到数据库中；RF2 从 Order 表和 Lineitem 表中删除与 RF1 等量增加的数据，模拟旧的销售数据被淘汰。RF1 和 RF2 的执行必须保证数据库的 ACID 约束，并保持测试前后的数据库中的数据量不变。更新操作除输出成功或失败信息外,不产生其他输出信息。

TPC-H 测试分解为 3 个子测试:数据装载测试、Power 测试和 Throughput 测试。建立测试数据库的过程被称为装载数据,数据装载测试是为测试 DBMS 装载数据的能力。数据装载测试是第一项测试,测试装载数据的时间,这项操作非常耗时。Power 测试是在数据装载测试完成后,数据库处于初始状态,未进行其他任何操作,特别是缓冲区还没有被测试的数据库数据,被称为 raw 查询。Power 测试要求 22 个查询顺序地执行 1 遍,同时执行一对 RF1 和 RF2 操作。最后进行 Throughput 测试,也是最核心和最复杂的测试,它更接近于实际应用环境,与 Power 测试对比,SUT 系统的压力有非常大的增加,有多个查询语句组,同时有一对 RF1 和 RF2 更新流。

测试中测量的基础数据都与执行时间有关,这些时间又可分为装载数据的每一步操作时间、每个查询执行时间和每个更新操作执行时间,由这些时间可计算出数据装载时间、Power@Size、Throughput@Size、QphH@Size 和 \$ /QphH@Size。

装载数据的全过程有计时操作和不计时操作,计时操作必须测量所用时间,并计入数据装载时间中。一般情况下,需要计时的操作有建表、插入数据和建立索引。

在 Power 测试和 Throughput 测试中所有查询和更新流的时间必须被测量和记录,每个查询时间的计时是从被提交查询的第一个字符开始到获得查询结果最后一个字符的时间为止。更新时间要分别测量 RF1 和 RF2 的时间,是从提交操作开始到完成操作结束的时间。

10.3 数据库标准

数据库标准定义数据库产品的功能与接口。数据库正式标准由标准化组织(如 ISO)或行业组织(如 IEEE 等)通过公开的程序来制定。占统治地位的产品有时会成为事实标准。

由数据库任务组提出的网状数据库标准 DBTG CODASYL 是用于数据库的早期正式标准之一。因为 IBM 占据了数据库市场很大份额,所以早些年 IBM 数据库产品曾经建立过事实标准。Sun Microsystems 提出的 JDBC 规范,是另一个被广泛使用的事实标准。

10.3.1 SQL 标准

SQL 是数据库标准语言,ANSI 和 ISO 以及各数据库厂商对其标准化都做了很多工作。SQL-86 是最初的版本。IBM 的 SQL 标准于 1987 年发布。随着更多的特性需求,正式 SQL 标准的更新版本 SQL-89 和 SQL-92(SQL 2)被制定出来。

SQL:1999 版本(SQL 3)给 SQL 增加了许多特性。SQL:2003 版本是对 SQL:1999 标准的细微扩充。

SQL 标准的最新版本是 SQL:2006 和 SQL:2008 以及 SQL:2016,前者增加了几个与 XML 相关的特性,后者引入了许多对 SQL 语言的扩展。

10.3.2　数据库连接标准

1. ODBC 标准

开放数据库互连 ODBC(Open Database Connectivity, ODBC)标准是广泛应用的客户端应用程序与数据库管理系统之间进行通信的标准。ODBC 基于 X/Open 行业协会和 SQL Access Group 制定的 SQL 调用层接口,但有所扩展。ODBC 是微软公司开放服务结构中有关数据库的一个组成部分,它建立了一组规范,并提供了一组对数据库访问的标准应用程序编程接口 API。ODBC API 定义了一个 CLI、一个 SQL 语法定义和关于允许的 CLI 调用序列的规则。这些 API 利用 SQL 来完成其大部分任务。ODBC 本身也提供对 SQL 语言的支持,用户可以直接将 SQL 语句传送给 ODBC。

ODBC 允许一个客户端同时连接到多个数据源,并且在这些数据源之间进行切换,但各个数据源上的事务是独立的。ODBC 不支持两阶段提交。

2. X/Open XA 标准

分布式系统提供比客户—服务器系统更通用的环境。X/Open 协会制定了 X/Open XA 标准。X/Open XA 标准定义了兼容数据库应该提供的事务管理原语,如事务开始、提交、中止和准备提交。事务管理器可以调用这些原语,利用两阶段提交实现分布式事务。X/Open XA 标准独立于数据模型,是客户端与数据库之间交换数据的特定接口。利用 XA 协议可以实现分布式事务系统,在这样的系统里,事务既能访问关系数据库又能访问面向对象数据库,事务管理器通过两阶段提交保证全局一致性。

10.3.3　对象数据库标准

面向对象数据库的标准到目前为止主要由 OODB 厂商驱动。

对象数据库管理组(Object Database Management Group, ODMG)是由 OODB 厂商组成对 OODB 数据模型和语言接口进行标准化的团体。ODMG 已不再活跃,JDO 是为 Java 增加持久性的标准。

对象管理组(Object Management Group, OMG)是由公司组成的一个协会,其目标是制定基于面向对象模型的分布式软件应用的标准体系结构。OMG 提出了对象管理体系结构(OMA)参考模型。对象请求代理(ORB)是 OMA 体系结构中的一个组件,为分布式对象提供透明的消息分发,因而对象的地理位置无关紧要。通用对象请求代理体系结构(Common Object Request Broker Architecture, CORBA)为 ORB 提供了详细的说明,还包括了用于定义数据交换中所采用数据类型的接口描述语言(Interface Description Language, IDL)。当数据在数据表示不同的系统间传递时,IDL 提供数据转换。

10.3.4　XML 标准

XML 标准中许多都与电子商务有关,包括非盈利团体发布的标准以及为企业建立的事实标准。

RosettaNet 属于非盈利团体发布标准,利用基于 XML 的标准来帮助计算机与信息技术产业中的供应链管理。

电子市场的参与者可能将数据存储在多种数据库系统中,这些系统可能使用不同的数据模型、数据格式和数据类型。数据间可能存在语义差异(不同流通货币等)。电子市场的标准包括使用 XML 模式包装每个异构系统的方法。这些 XML 包装器为分布在市场参与方的数据建立了统一视图的基础。

简单对象访问协议(Simple Object Access Protocol,SOAP)是一种远程过程调用标准,它使用 XML 编码数据(参数和结果),利用 HTTP 作为传输协议。这样,函数调用就成为一个 HTTP 请求。SOAP 由万维网联盟(W3C)支持,并且获得了产业界广泛支持。

10.4　小　　结

调整数据库管理系统参数和更高级别的数据库设计,如模式、索引和事务,对于提高系统性能至关重要。调整的最好办法是确定瓶颈,然后消除瓶颈。数据库管理系统通常有多种可调参数,如缓冲区大小、内存大小和磁盘数量。可以选择适当的索引和物化视图,使总体代价最小。可以调整事务使锁竞争达到最小。快照隔离和支持锁释放的序号计数器是减少读写与写写竞争的有效设置。

在数据库管理系统变得越来越与标准兼容的今天,性能基准程序在对数据库管理系统进行性能比较方面扮演了重要角色。TPC 基准程序集使用广泛,不同的 TPC 基准程序可以用于不同工作负载下的数据库管理系统性能比较。

数据库管理系统的复杂与异构互联,需要数据库标准。SQL 有正式标准、事实标准、ODBC、JDBC 等数据库连接标准。被行业组织所采纳的标准,如 CORBA,在客户—服务器数据库系统发展中发挥了重要作用。

思　考　题

1. 调整数据库系统的哪几个方面可以提高数据库管理系统性能?
2. 当进行性能配置时,应该首先调整硬件,还是首先调整事务? 试述理由。
3. 将长事务分割成一系列小事务的动机是什么?
4. 简述性能基准程序及其在数据库领域的地位。
5. 简述数据库连接标准与 XML 标准。

第 11 章　新型数据库管理系统

CHAPTER 11

　　数据库管理系统是数据库的核心,从诞生至今不过五十余年的历史,已经历着第三代演变,取得了辉煌的成就。数据库管理系统已发展成为一门内容丰富的计算机分支,也已成为计算机软件系统的核心技术与商用智能应用系统的基础支撑,带动了总量达数百亿美元的软件产业。市场上具有代表性的数据库产品包括 Oracle 公司的 Oracle、IBM 公司的 DB2 以及微软的 SQL Server 等。在一定意义上,这些产品的特征反映了当前数据库产业界的最高水平和发展趋势。

　　目前,关系数据库管理系统的市场份额仍占整个数据库市场的绝大部分,RDBMS 仍然是占主导地位的数据库软件。尽管互联网应用兴起,XML 格式数据大量出现,但是在相当长一段时间,无论是多媒体内容管理、XML 数据支持,还是复杂对象支持等都将是在关系数据库管理系统内核技术基础上的扩展。

　　同时数据库管理系统也在向智能化、集成化方向扩展。数据库技术的广泛使用为企业、组织收集存储了大量数据,进而涌现了联机分析处理(Online Analysis Processing,OLAP)、数据仓库(Data Warehousing)和数据挖掘(Data Mining)等技术,促使数据库管理系统向智能化方向发展。同时企业应用越来越复杂,会涉及应用服务器、Web 服务器、其他数据库、旧应用系统以及第三方软件等,数据库管理系统与这些软件是否能够良好地集成与交互会影响整个系统的性能。例如,Oracle 提供一套完整的商业智能(Business Intelligence,BI)支持平台,将中间件产品与其核心数据库紧密集成。IBM 公司也把 BI 套件作为其数据库管理系统的一个重点来发展。微软也认为商务智能将是其下一代数据库管理系统产品的主要利润点。

11.1　数据库管理系统发展的三个阶段

数据模型是数据库管理系统的核心和基础。依据数据模型的发展,数据库管理系统可以相应地分为三个发展阶段。第一代以网状、层次数据库管理系统为代表,第二代以关系数据库管理系统为代表,以及第三代的新型数据库管理系统大家族。

11.1.1　第一代数据库管理系统——基于格式化模型 DBMS

层次模型和网状模型都是格式化模型,有时也称它们为非关系模型(与关系模型对应),采用这两种数据模型的 DBMS 属于第一代数据库管理系统。

第一代 DBMS 的代表有 1969 年 IBM 公司研制的层次型数据库管理系统 IMS、美国数据库系统语言研究会下属的数据库任务组(DBTG)提出的 DBTG 报告(基于网状模型)。

格式化模型数据库管理系统的主要特点有以下 4 点。

(1) 支持外模式、模式、内模式三级模式体系结构。模式之间有映射功能。

(2) 用存取路径来表示数据之间的联系。数据库不仅存储数据,还存储数据之间的联系,这是数据库系统和文件系统的主要区别之一。层次与网状数据库管理系统都是用存取路径来表示和实现数据之间的联系。

(3) 具有独立的数据定义语言描述三级模式以及映像。模式一旦定义,很难修改。

(4) 具有独立的数据操纵语言用来查询更新数据。这里的操纵语言是一次一记录的过程化语言。导航式数据操纵语言的优点是按照预设的路径存取数据,效率高;缺点是编写代码烦琐,应用程序可移植性差,数据的逻辑独立性不强。

11.1.2　第二代数据库管理系统——关系 DBMS

1970 年,IBM 公司的研究员 E. F. Codd 发表了题为《大型共享数据库数据的关系模型》的论文,提出关系模型,开创了数据库关系方法和关系数据理论的研究。支持关系模型的关系数据库管理系统是第二代数据库管理系统。

关系数据库管理系统具有模型简单清晰,有数学理论基础,数据独立性强,数据库语言非过程化和标准化等特点,本书前面章节的内容对其进行了详尽的阐述。

以 IBM 的 System R 和 Berkeley 大学研制的 INGRES 为典型的研究开发,实现了关系数据库管理系统中的查询优化、事务管理、并发控制、故障恢复等一系列关键技术。大大丰富数据库管理系统实现技术和数据库理论的同时,也促进了数据库产业化。

11.1.3　第三代数据库管理系统——新一代 DBMS

层次、网状和关系模型虽然描述了现实世界数据的结构与联系,但是仍不能完全表达出现实数据所具有的丰富和重要的语义。为此发展新型数据模型,并以此为基础构造更丰富多样数据管理功能的新型数据库管理系统。

1990 年,高级 DBMS 功能委员会发表了《第三代数据库系统宣言》,提出了第三代

DBMS 应具有的 3 个基本特征。

（1）第三代 DBMS 应该支持数据管理、对象管理和知识管理。除了提供传统的数据管理服务，第三代 DBMS 将支持更加丰富的对象结构和规则，应集数据管理、对象管理和知识管理为一体。无论新型 DBMS 支持何种复杂的、非传统的数据模型，它都应该具有面向对象模型的基本特征。

（2）第三代 DBMS 必须保持或者继承第二代数据库 DBMS 的技术。保持第二代数据库管理系统的非过程化数据存取方式和数据独立性，既能很好地支持对象管理和规则管理，也能更好地支持原有的数据管理，支持即时查询等。

（3）第三代 DBMS 必须是开放的系统。DBMS 开放性指支持数据库语言标准、支持标准网络协议、系统具有良好的可移植性、可连接性、可扩展性和可互操作性等。

11.2　基于新型数据模型的数据库管理系统

作为数据库管理系统的核心，描述现实数据的数据模型，其发展变化会迅速反映在数据库管理系统上。随着数据库应用领域的扩展、数据处理对象的多元化，传统的关系数据模型显露出一些弱点，如语义表达能力弱，缺乏灵活丰富的建模能力，对时空、音频、视频数据类型的处理能力不强等。由此，出现了许多新的数据模型与新型数据库管理系统，本节介绍面向对象数据库管理系统、关系对象数据库管理系统和 XML 数据库管理系统。

11.2.1　面向对象数据库管理系统

1. 面向对象模型

面向对象数据模型将数据模型和面向对象程序设计方法结合起来，用面向对象的观点来描述现实世界实体（对象）的逻辑组织与对象间联系。现实世界的任何事物都被建模为对象，对象是其属性和方法的封装，其状态和行为在对象外部不可见，相同属性和方法的对象全体构成了类，类具有继承性。

面向对象模型作为一种数据模型，仍是分为数据结构、数据操作和完整性约束 3 方面来描述数据。

（1）数据结构，面向对象数据模型的基本结构是对象和类。现实世界的任一实体都被统一地抽象为一个对象。

（2）数据操作，面向对象数据模型中，数据操作分为两个部分：一部分封装在类之中，称为方法；另一部分是类之间相互沟通的操作，称为消息。

（3）完整性约束，面向对象数据模型中一般使用消息或方法表示完整性约束条件，称为完整性约束消息与完整性约束方法。

2. 面向对象数据库管理系统

面向对象数据库管理系统（Object Oriented Database Management System，OODBMS)是支持对象模型的数据库管理系统。OODBMS 与传统数据库一样具有数据操纵功能,也具有并发控制、故障恢复、存储管理、安全性、完整性控制等基本管理功能。

ODMG(Object Data Management Group)国际组织统一了面向对象数据库标准ODMG-93。它是基于对象的并把对象作为基本构造,用于面向对象数据库管理产品接口的一个定义。ODL(Object Definition Language)是基于面向对象定义语言,而OQL(Object Query Language)是基于面向对象的数据查询语言。

OODBMS支持传统数据库应用,也能支持非传统领域应用,包括CAD/CAM、OA、CIMS、GIS以及图形图像等多媒体领域、工程领域和数据集成等领域。

但是面向对象数据库管理系统太过于复杂,企图让面向对象数据库完全代替关系数据库产品的思路也得不到客户的支持,因此面向对象数据库产品没有在市场上获得成功。

11.2.2 关系对象数据库管理系统

关系对象型数据库管理系统(Object Relational Database Management System,ORDBMS)是在关系型数据库管理系统基础上,增加支持面向对象功能的数据库管理系统。

ORDBMS保持了关系数据库管理系统的非过程化数据存取方式和数据独立性,继承关系数据库的已有技术,支持原有的关系数据管理,又能支持OO模型和对象管理。支持面向对象的某些特性,主要是能扩充基本数据类型、支持复合对象、增加复合对象继承机制和支持规则系统。

为了支持面向对象模型,各数据库厂商在其原有产品中扩展支持OO模型功能而得到各自的ORDBMS产品。

1999年国际标准化组织ISO发布了SQL:1999标准,又称为SQL 99,增加了SQL/Object Language Binding,提供面向对象功能标准。SQL:1999标准对ORDBMS标准的制定滞后于实际系统的实现。所以各个ORDBMS产品在支持对象模型方面虽然思想一致,但是采用的术语、语言方法、扩展功能不尽相同。

OODBMS、ORDBMS与关系型数据库管理系统RDBMS的区别如下。

(1)关系型数据库管理系统不支持用户自定义数据类型和面向对象的特征,而ORDBMS和OODBMS支持。

(2)ORDBMS支持SQL:1999语言标准,而OODBMS支持ODMG-97中的OQL和ODL。

(3)ORDBMS和OODBMS的面向对象的实现原理不同,ORDBMS是在RDBMS中增加新的数据类型和面向对象的特征,而OODBMS则是在程序设计语言中增加数据库管理系统功能。

11.2.3 XML数据库管理系统

1. XML数据模型

随着互联网的迅速发展,Web上各种半结构化、非结构化数据源已经成为重要的信息来源,可扩展标记语言(eXtended Markup Language,XML)已经成为互联网数据交换的标准和数据研究热点,由此出现了表示半结构化数据的 XML 数据模型。

XML 数据模型由表示 XML 文档的结点标记树、结点标记树上的操作和语义约束组成。

XML 结点标记树中包括不同类型的结点。其中,文档结点是树的根结点,XML 文档的根元素作为该文档结构的子结点;元素结点对应 XML 文档中的每个元素;子元素结点的排列顺序按照 XML 文档中对应标签的出现次序;属性结点对应元素相关的属性值,元素结点是它的每个属性结点的父结点;命名空间结点描述元素的命名空间字符串。结点标记树的操作主要包括树中子树的定位以及树和树之间的转换。XML 元素中的ID/IDref 属性提供了一定程度的语义约束支持。

2. XML 数据库管理系统

XML 数据库管理系统是支持 XML 数据模型的数据库管理系统。XML 数据库管理系统的实现方式可以采取纯 XML 数据方式。纯 XML 数据库管理系统基于 XML 结点树模型,可以自然地支持 XML 数据管理。但是纯 XML 数据库管理系统需要解决传统关系数据库的各项问题,如查询优化、并发、事务、索引等,并且纯 XML 数据库管理系统目前没有良好的解决办法。

因此,XML 数据库管理系统一般采取在传统的关系数据库系统基础上扩展对 XML数据支持的方式。通过关系数据管理系统查询引擎的内部扩展,XML 数据库管理系统可以更加有效地利用现有关系数据库成熟的查询技术。

11.3　大数据管理系统

大数据作为热点科技,正得到各行各业的关注。科技界与工业界正在合力研究大数据理论与技术,开发大数据系统,政府机构、企业等都在普及应用大数据。大数据的发展成熟将促使新的学科和数据科学的诞生。

11.3.1　大数据

数据库中管理的数据集超过百万条,就被认为是"超大规模数据"(Very Large Data)。在 21 世纪初,更大并且拥有更加丰富数据类型的数据集,即被认为是"海量数据"(Massive Data)。数据规模继续增长到 2008 年,*Science* 发表了一篇文章 *Big Data : Science in the Petabyte Era*,这时的数据增长规模已经对当时的计算机存储技术和处理技术水平提出了挑战,大数据规模的数据管理需要业界研究发展更先进的技术,才能有效地管理、存储和处理数据。至此,"大数据"这个词才开始被引用传播起来。

Wikipedia 对大数据的定义是,大数据(Big Data)是指其大小或复杂性无法通过现有常用的软件工具,以合理的成本并在可接受的时限内对其进行获取、管理和处理的数据集。这些困难包括数据的收集、存储、搜索、共享、分析和可视化。

通常,数据规模达到 PB(10^3 TB)或 EB(10^6 TB)或更高数量级的数据,即被认为大数据,包括结构化、半结构化的和非结构化的数据。

大数据具有巨量(Volume)、多样(Variety)、快变(Velocity)、价值(Value)四个"V"特性。

(1) 巨量(Volume)。大数据的首要特征是大规模,数据量巨大并且持续急剧地膨胀。例如,2010年全世界信息总量是1ZB,最近几年信息社会产生的信息量已经超过了人类在之前历史产生的所有信息之和;沃尔玛数据仓库的数据规模达到4PB,并且不断增长;搜索引擎一天产生的日志高达35TB;Google一天处理的数据量超过25PB;YouTube一天上传的视频总时长为5万小时等。

无论组织机构还是个人,近年来无时无刻不在产生数据,管理大规模且迅速增长的数据一直是极具挑战性的问题。数据增长的速度超过了计算资源增长的速度,需要设计新的计算机硬件以及新的系统架构,设计新硬件下的存储子系统。而存储子系统的改变将影响数据管理和数据处理的各个方面,包括数据分布、数据复制、负载平衡、查询算法、查询调度、一致性控制、并发控制和恢复方法等。

(2) 多样(Variety)。多样性通常指异构的数据类型、不同的数据表示和语义解释。越来越多的应用所产生的数据不再是单一结构化的关系数据,更多的是半结构化、非结构化数据,如文本、图形、图像、音频、视频、网页、博客等。互联网应用导致了非结构化数据大幅增长,非结构化数据已经占有总数据量的90%以上的比例。

对异构海量数据的组织、分析、检索、管理和建模是对数据处理基础性的挑战。图像和视频等非结构化数据虽然具有存储和播放结构,但这种结构不适合进行上下文语义分析和搜索。对非结构化数据的分析在许多应用中成为一个瓶颈问题。半结构化、非结构化数据的高效表达、存取和分析技术,需要认真细致的基础研究。

(3) 快变(Velocity)。快变性也称为数据实时性,快变一方面指数据到达的速度快,另一方面指能够进行处理的时间短或者说要求响应速度快。这里的响应速度快指实时响应。

许多大数据以数据流的形式大量地动态、快速产生与演变,并且对其处理具有很强的实效性。由于处理的数据量大,数据分析需要较长一段时间来完成,然而实际的应用需求却经常要求立即得到分析结果。因此,对大数据的采集、过滤、存储和利用需要充分考虑其快变性。大数据的实时性要求对大数据查询与分析中的优化技术提出了极大挑战。

(4) 价值(Value)。大数据中蕴藏巨大价值,这是大数据最重要的特点。大数据不仅具有经济价值和产业价值,还具有科学价值。伴随着数据就是资源,数据就是财富时代的来临,一个国家拥有的数据规模和运用数据的能力将成为新的综合国力组成部分。对数据的占有与控制也将成为国家之间、企业之间新的争夺焦点。

大数据价值具有潜在性。大数据中的巨大价值要通过对大数据以及数据之间蕴含的联系进行复杂的分析、反复深入的挖掘才能获得。而大数据规模巨大、异构多样、快变复杂,同时大数据涉及隐私、信息私有等,这些客观事实都阻碍了数据价值的创造。大数据的巨大潜力和被寄予的目标实现之间还存在着巨大的鸿沟。

除了上述4个"V",IBM还提出了另一个"V",即真实性(Veracity),旨在针对大数据噪音、数据缺失、数据不确定等问题强调数据质量的重要性,以及保证数据质量所面临的巨大挑战。

11.3.2　大数据建模——基于分析的用户建模

随着个性化的 Web 2.0 兴起,很多大数据应用的数据来源于规模庞大的用户群体。依托百万甚至上亿规模的用户,面向大众信息服务的大数据系统在为其提供信息服务的同时,通过用户原创内容(User Generated Content,UGC)或者系统日志等方式不断地收集数据。利用这些与用户的行为紧密相关的数据,来分析用户的特征,创建用户的描述文件(User Profile),这就是基于用户建模的大数据分析。

1. 面向用户建模的大数据系统

用户建模的目的是为了准确把握用户的行为特征、特征爱好等,进而精准地向用户提供个性化的信息服务或信息推荐。例如,商务网站识别用户的偏好向其投放精准广告;移动公司为用户定制个性套餐。基于用户建模的大数据分析在很多大型信息服务应用中发挥着至关重要的作用。

面向用户建模的大数据系统基本框架如图 11-1 所示。在面向用户的大数据采集和存储基础上,使用在线分析和离线分析两类技术,从大数据中发现用户的特征属性,建立动态的用户特征模型,以数据服务的方式管理和维护用户特征模型中的数据,支持上层的各类应用服务,比如信息推荐应用。

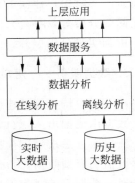

图 11-1　面向用户建模的大数据系统基本框架

2. 数据分析——用户建模基础

传统的信息服务类应用一般采用静态的用户建模方式,即系统在构建之初就定义好了用户特征模型所包含的属性维度。随着互联网的迅速发展以及随之而来的大数据,面向大众的信息服务应用不再满足于静态建模,而是开始关注从用户行为相关的实时大数据中,利用众多的数据分析和挖掘技术,得到能够反映用户特征发展变化的动态模型。这种动态模型不仅包含属性值的变化,还包含属性类型、属性数量的变化。

基于大数据的用户建模通常为每个用户生成高维度的特征属性向量,维度可以达到数百甚至数千以上。针对不同属性,系统将运行不同的用户建模任务,一个用户建模任务为用户或用户群生成一部分属性值,从而较为细致和深入地得到刻画用户在众多方面的特征属性。

用户特征建模方法种类繁多,总体来说大致分为两类:离线分析和实时在线分析。

(1) 离线分析用户建模方法。离线分析用户建模采用批处理方式,对结构化或者半结构化的历史日志数据进行 SQL 分析或者使用数据挖掘和机器学习的深度分析方法对历史大数据进行离线分析。离线方式处理的是超大规模的历史数据,有时一些任务需要运行数个小时甚至几天。离线分析方法复杂度高,处理代价巨大,不能频繁调用。分析得到的用户特征属性更新也不频繁,实时性比在线方式要差。

离线分析适用于分析那些通过大规模数据得出的相对稳定的用户特征属性。大数据离线分析的主要挑战来自于分析处理的性能。目前研究工作主要集中在两个方面：一是在 MapReduce 计算环境下如何提高各种离线分析处理算法的性能；二是在 Hadoop 环境下,开源大数据分析系统如何系统化地支持 SQL 分析与深度分析。

(2) 在线分析用户建模方法。在线分析用户建模采用实时分析,即来即分析,更强调数据的实时处理分析能力。对于一些时效性强的用户属性,离线分析不适用,因为这些属性是动态变化的,例如用户当前的位置、当前信号的强弱等特征属性。在线分析实时捕捉这些用户属性的最新特征,经过很短的处理时间,提供数据服务。用户属性的最新特征是在线分析的重要依据,价值也最高。当在线用户规模达到百万以上时,要实时分析处理众多用户产生的大数据,其代价都非常昂贵。数据流持续不断地涌入系统,系统要在很短的时间内处理完大量流数据,获取与分析用户特征属性,这样的系统必须具备很高的数据吞吐能力。实时用户建模的方法并不复杂,有时会涉及一些在线学习方法,例如时序分析、在线回归分析等,相应的计算负载就会高很多。目前在线分析的研究工作多围绕大数据流分析和实时分析展开。

3. 数据服务——用户建模的价值体现

在对用户特征属性建模基础上,数据分析将大数据的价值从规模庞大、不断变化的原始大数据中挖掘出来,数据服务为用户应用提供有价值的信息,大数据的价值得到真正发挥。数据服务是指管理维护数据分析得到的用户特征属性建模结果,利用这些蕴含了大数据价值的模型数据,为众多上层应用提供数据访问服务,将大数据的价值与上层应用需求打通。数据服务要为下层的数据分析任务和上层的各种应用提供高吞吐的数据读写服务。

用户建模背景下的数据服务与传统数据管理相比,不同之处在于：第一,被管理的对象是一张高维度、大规模的用户属性宽表,而且表中的列不是固定的;第二,许多属性值存在空值或者多值的情况;第三,用户属性宽表的数据读写负载非常巨大。

11.3.3 大数据管理系统

海量半结构化、结构化的数据,需要开发出高并发、高性能、高可用性的数据管理系统来支撑大数据分析与服务。目前,研究发展了以 Key/Value 非关系数据模型和 MapReduce 并行编程模型为代表的众多新技术和新系统。本节简要介绍大数据管理系统及其发展新格局。

1. NoSQL 数据管理系统

NoSQL 是一种分布式数据管理系统,采用 Key/Value 模型,支持高并发的读写负载和可变的数据模式,但是不能保证数据一致性,也放弃了 SQL 在查询分析上的很多功能。NoSQL 有两种解释：第一种是非关系数据库;第二种是 Not Only SQL,意思是数据管理不仅仅是 SQL。第二种解释更为流行。

NoSQL 数据库系统支持的数据模型通常分为键值模型、文档模型、图模型,列式存储模型。NoSQL 系统为了提高存储能力和并发读写能力采用极为简单的数据模型,支持简单的查询操作,把复杂的操作留给应用层实现。NoSQL 系统对数据进行划分,对各个数据分区进行备份,以应对结点可能的失败,提供系统可用性;通过大量结点的并行处理获得高性能,采用的是横向扩展方式。

2. NewSQL 数据管理系统

NewSQL 系统是融合了 NoSQL 系统和传统数据库事务管理功能的新型数据管理系统。SQL 适合结构化数据处理,但难以应对海量数据挑战。NoSQL 数据管理系统以其灵活性和良好的扩展性在大数据时代迅速崛起。但是 NoSQL 不支持 SQL,特别是不支持事务 ACID 性质,导致应用程序开发困难。NewSQL 是将 SQL 和 NoSQL 的优势结合起来,充分利用计算机硬件的新技术、新结构,研发创新数据管理实现技术的系统。

NewSQL 把关系模型的优势发挥到分布式体系结构中。从一开始就将 SQL 功能考虑在内并且精简传统关系数据库中不必要的组件,提高执行效率,可以完整无缝地替换原有系统的关系数据库。NewSQL 支持高扩展性,支持 SQL 语句,支持 ACID 一致性约束,支持高可用性,支持 Hadoop 集成等。典型的代表有 MySQL Cluster,它是 MySQL 的集群版本,既适合高可用集群,也适合高性能计算集群。

海量数据处理的方法中,MapReduce 是最流行的处理方法之一,它是 Google 公司的核心计算模型,它将运行于大规模集群上的复杂并行计算过程高度地抽象为 Map 和 Reduce 两个函数。从内存容量、硬盘容量、处理器速度等物理硬件的性能上考虑,可以采用一主多从的集中式数据存储管理系统,如 Google 的 Bigtable,但更多的是采用无主从节点之分的分布式并行架构的非集中式数据存储管理系统,如集群、云存储(如 Amazon 的 Dynamo)。

3. 大数据管理系统新格局

大数据各种相关技术包括数据存储、分区、复制与容错、压缩、缓存、处理、分析等都处于积极发展时期,都还没有很成熟的理论,是亟待发展的学科。

大数据的兴起对传统的关系数据库管理系统提出了新的要求。以 MapReduce 为代表的非关系数据管理技术,从关系数据库管理技术中挖掘可以借鉴的技术和方法,以提高自身的性能、易用等问题。关系数据管理系统针对自身的局限,也不断借鉴 MapReduce 的优秀思想对自身加以改造创新,增强管理海量数据的能力。

各种关系、非关系的数据管理系统和相关技术在竞争与相互借鉴中形成了并行发展、百家争鸣的新格局。大数据管理系统新格局如图 11-2 所示。

大致分为非关系分析型数据管理系统、关系分析型数据管理系统、关系操作型数据管理系统、非关系操作型数据管理系统 4 类。

其中非关系操作型数据管理系统主要指的是 NoSQL,分为键值数据库、列式存储数据库、图形存储数据库以及文档数据库 4 大类。关系操作型数据管理系统除了传统的关系型数据库管理系统之外,还包括新型的面向 OLTP 的数据管理系统,例如 NewSQL 数据管理系统。

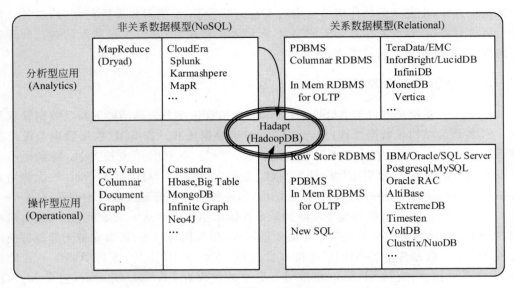

图 11-2　数据库系统新格局

11.4　小　　结

数据库管理系统是数据库的核心技术,从诞生至今已经历着第三代演变。

关系数据库管理系统仍然是占主导地位的数据库软件,但同时数据库管理系统也在向智能化、集成化方向扩展。

随着数据库应用领域的扩展,出现了许多新的数据模型与新型数据库管理系统,其中重要的 3 种是面向对象数据库管理系统、关系对象数据库管理系统和 XML 数据库管理系统。

面向对象数据库管理系统 OODBMS 是支持对象模型的数据库管理系统。

关系对象型数据库管理系统 ORDBMS 是在关系型数据库管理系统基础上,增加支持面向对象功能的数据库管理系统。

XML 数据库管理系统是支持 XML 数据模型的数据库管理系统。

大数据是指其大小或复杂性无法通过现有常用的软件工具,以合理的成本并在可接受的时限内对其进行获取、管理和处理的数据集。大数据具有巨量(Volume)、多样(Variety)、快变(Velocity)、价值(Value)4 个"V"特性。

依托百万甚至上亿规模的用户,大数据系统在为其提供信息服务的同时,通过用户原创内容或者系统日志等方式不断地收集数据。利用这些与用户行为紧密相关的数据,来分析用户的特征,创建用户的描述文件,这就是基于用户建模的大数据分析。

用户特征建模方法种类繁多,总体来说大致分为两类:离线分析和实时在线分析。

大数据的兴起需要开发出高并发、高性能、高可用性的数据管理系统来支撑大数据分析与服务。本章简要介绍了 NoSQL 数据管理系统、NewSQL 数据管理系统以及大数据管理系统发展新格局。

思　考　题

1. 试述数据库管理系统的发展过程。

2. 试述数据模型在数据库管理系统发展中的作用与地位。

3. 查找资料了解数据库管理系统与其他计算机技术相结合的成果。

4. 什么是大数据？试述大数据的基本特点。

5. 分析传统 RDBMS 在大数据时代的局限性。

6. 简述 NoSQL，试述 NoSQL 在大数据管理系统发展中的作用。

7. 什么是 NewSQL？查阅资料，分析 NewSQL 是如何融合 NoSQL 与 RDBMS 两者的优势的。

参 考 文 献

[1] Molina H G,Ullman J D,Widom J. 数据库管理系统实现[M]. 2 版.杨冬青,唐世谓,徐其钧,等译. 北京：机械工业出版社,2010.

[2] Merrett T H. Why Sort/Merger Gives the Best Implementation of the Natural Join[C]. ACM SIGMOD,1983(13)：2.

[3] Knuth D E. The Art of Computer Programming. Vol. III[M]. 1973.

[4] Boyce R,Chamberlin D D,Hammer M,et al. Specifying Queries as Relational Expressions[J]. CACM,1975(18)：11.

[5] Gulutzan P,Pelzer T. SQL-99 Complete,Really[M]. Miller Freeman,1999.

[6] Hammer M, Mcleod D. Semantic Integrity in a Relational DataBase System[C]. In Proceeding of VLDB,1975.

[7] Chamberlin D,et al. Sequel 2：A Unified Approach to Data Definition,Manipulation,and Control [J]. IBM Journal of Research and Development,1976(20)：6.

[8] Aho A V,Sagiv Y,Ullman J D. Efficient Optimization of a Class of Relational Expressions[J]. ACM TODS,1979(4)：4.

[9] Bernstein P A,Hadzilacos V,Goodman N. Concurrency Control and Recovery in Database Systems [M]. Addison Wesley Publishing Company,1987.

[10] Kedem Z M,Silberschatz A. Locking Protocols：From Exclusive to Shared Locks[J]. Journal of the ACM,1983(30)：4.

[11] Gray J N,Lorie R A,Putzolu G R. Granularity of Locks and Degrees of Consistency in a Shared Data Base[C]. In Proceedings of VLDB,1975.

[12] 何守才. 数据库百科全书[M]. 上海：上海交通大学出版社,2009.

[13] Fernfandez E B,Summers R C,Wood C. Database Security and Integrity[M]. Reading Mass：Addison Wesley,1981.

[14] Leiss E. Principles of Data Security[M]. Plenum Press,1982.

[15] 刘启原,刘怡. 数据库与信息系统的安全[M].北京：科学出版社,2000.

[16] 张俊,彭朝晖,肖艳芹,等. DBMS安全性评估保护轮廓PP的研究与开发[C]. 第 22 届全国数据库学术会议论文集,2005.

[17] Bernstein A,Hadzilacos V,Goodman W. Concurrency Control and Recovery in Database System [M]. Addison-Wesley,1987.

[18] Mohan C,Haderle D,Lindsay R,et al. ARIES：A Transaction Recovery Method Supporting Fine Granularity Locking and Partial Rollback Using Write-Ahead Logging[J]. ACM Transactions on Database Systems,1991.

[19] 刘伟. 数据恢复技术深度揭秘[M]. 2 版.北京：电子工业出版社,2016.

[20] 王珊. 数据库与信息系统：研究与挑战（1988—2003 研究报告）[M]. 北京：高等教育出版社,2005.

[21] 何新贵,唐常杰,李霖. 特种数据库技术[M].北京：科学出版社,2000.

[22] Alexandros Labrinidis, H. V. Jagadish. Challenges and Opportunities with Big Data[R]. A Community White Paper Developed by Leading Researchers Across the United States,2012.

［23］　申德荣,于戈,王习特,等. 支持大数据管理的 NoSQL 系统研究综述[J]. 软件学报,2013,24(8)：1786-1803.

［24］　徐述.基于大数据的数据挖掘研究[J]. 科技视界. 2014(32)：86.

［25］　徐述.基于 SOA 的数据挖掘系统构架研究[J]. 科技信息. 2011(34)：295-296.

［26］　徐述.基于云计算的数据挖掘分析[J]. 科技信息. 2012(34)：173-174.

［27］　徐述.高校图书馆馆藏管理中的数据挖掘研究[J]. 科技视界. 2013(28)：166-167.

［28］　徐述.基于粒子群算法高校考试优化安排的模型建立与算法设计[J]. 网络安全技术与应用. 2016(09)：23-24.

［29］　徐述.株洲电力物料仓储管理系统的设计与实现[J]. 科技信息. 2010(28)：272-275.

［30］　徐述.供应链管理模式下物流企业核心竞争力的模糊评价[J]. 科技信息,2009(18)：80-81.

［31］　王珊,萨师煊. 数据库系统概论[M]. 5 版. 北京：高等教育出版社,2014.

［32］　Abraham Silberschatz,Henry F. Korth,S. Sudarshan. 数据库系统概念(原书第 6 版)[M]. 杨冬青,李红燕,唐世渭,等译.北京：机械工业出版社,2016.

［33］　施伯乐,丁宝康,汪卫. 数据库系统教程[M].3 版.北京：高等教育出版社,2009.